MANNING

Making Sense of NoSQL

解读NoSQL

〔美〕Dan McCreary　Ann Kelly　著
范东来　滕雨橦　译

人民邮电出版社
北京

图书在版编目（CIP）数据

解读NoSQL / （美）麦克雷（McCreary，D.），（美）
凯利（Kelly，A.）著 ; 范东来，滕雨橦译. -- 北京：
人民邮电出版社，2016.2（2018.1重印）
书名原文：Making Sense of NoSQL
ISBN 978-7-115-41110-5

Ⅰ．①解… Ⅱ．①麦… ②凯… ③范… ④滕… Ⅲ．
①数据库系统 Ⅳ．①TP311.138

中国版本图书馆CIP数据核字（2015）第302980号

版权声明

◆ 著　　　　[美] Dan McCreary　Ann Kelly
　　译　　　　范东来　滕雨橦
　　责任编辑　杨海玲
　　责任印制　张佳莹　焦志炜

◆ 人民邮电出版社出版发行　　北京市丰台区成寿寺路 11 号
　　邮编　100164　电子邮件　315@ptpress.com.cn
　　网址　http://www.ptpress.com.cn
　　固安县铭成印刷有限公司印刷

◆ 开本：800×1000　1/16
　　印张：16.25
　　字数：346 千字　　　　　　　2016 年 2 月第 1 版
　　印数：3 301 – 3 600 册　　　　2018 年 1 月河北第 3 次印刷
　　著作权合同登记号　图字：01-2013-8988 号

定价：49.00 元
读者服务热线：**(010)81055410** 印装质量热线：**(010)81055316**
反盗版热线：**(010)81055315**

内容提要

  本书从 NoSQL 的相关理论开始，深入浅出地探讨了 NoSQL 最核心的架构模式、解决方案和一些高级主题，内容循序渐进，从理论回归于实践。

  全书分为 4 个部分。第一部分介绍 NoSQL 的相关理论，如 CAP 理论、BASE 理论、一致性散列算法等；第二部分介绍 NoSQL 最核心的架构模式——键值存储、图存储、列族存储、文档存储；第三部分展现一些常用的 NoSQL 解决方案，如 HA、全文搜索等；第四部分讨论 NoSQL 的一些高级主题，如函数式编程。

  全书理论与实践并重，每章后面还有通俗的案例。对于 NoSQL 的初学者来说，不失为一本了解 NoSQL 技术全貌的优秀读物。

译者序

在大数据处理领域，NoSQL无疑是一颗璀璨的明珠。近年来，NoSQL数据库凭借其易扩展、高性能、高可用、数据模型灵活等特色获得了大批互联网公司的青睐，百度、阿里巴巴、京东等都分别在自己的业务系统中尝试了NoSQL解决方案。随着传统的RMDBS在某些业务场景下越来越乏力，可以预见的是，越来越多的组织将会乐意尝试使用NoSQL解决方案来解决实际问题。

得益于工业界和学术界的高度关注和大力支持，许多NoSQL产品在短时间内大量涌现，方兴未艾，如HBase、Cassandra、CouchDB、MongoDB、Redis、Neo4j等。如此多的产品为架构师提供了大量的选择，但却给初学者带来一些学习的困扰。

我认为，学习一门技术，起点很重要。如果初学者将自己的起点定位在某一种NoSQL产品上，那么学习完这种产品，得到的知识只是NoSQL技术中很小的一部分。但如果将起点定位在NoSQL的架构、模式上，那么初学者很快就会对NoSQL的全貌有个清晰的认识，这样在学习具体产品时，就会事半功倍。

本书对于NoSQL的学习者来说是一本很好的读物，它能让初学者快速地领略到NoSQL技术的全貌，为后面的学习打下坚实的基础。本书的两位作者Dan McCreary和Ann Kelly是两位经验丰富的架构师，具有高屋建瓴的视角，更为难得的是，他们这本书还具有深入浅出的特点。我相信，本书作为技术人员的第一本NoSQL书籍来说是很合适的。

在本书翻译过程中，得到了BBD小伙伴们的大力支持，在此对曾途、尹康、何宏靖、刘世林、赵飞、颜如宾、王维、杨舟、陈丽竹Ju、利晓蕾、李倩、黄艳、宋开发、丁梦希、夏阳、唐婷婷、吴松珏等表示感谢。

就像本书第2章提到的CAP理论，无论是RMDBS还是NoSQL都不可能同时满足CAP理论的三个方面，要学会接受缺憾。技术如此，人生亦如此。

范东来

2015年10月于成都

译者简介

范东来

北京航空航天大学硕士，BBD（数联铭品）大数据技术部负责人，大数据平台架构师，极客学院布道师，著有《Hadoop 海量数据处理：技术详解与项目实战》。研究方向：图挖掘、模式分类。

滕雨樵

清华大学苏州汽车研究院大数据处理中心高级研发工程师。常年从事基于 HBase、Redis、Cassandra 等 NoSQL 数据库的应用开发，具有丰富的 NoSQL 系统架构和性能调优经验。研究方向：大数据处理、数学机械化。

序

如果一个主题被定义为它不是什么而不是它是什么，我们该如何向别人解释它？相信我，按照一位过去 3 年在这个领域传道授业的人的说法，这是非常困难的，这也是许多专家、学者、技术厂商的共识。尽管很少人认为 NoSQL 这个名字是最好的，但似乎每个人都同意，它比其他术语更加贴切地定义了这一类产品和技术。所以我强烈建议不要由于 NoSQL 的定义方式，而放弃学习这些新的技术。要我来说，这些是值得你花费时间的。

接下来，是一些个人背景的简要介绍：作为一个信息管理方面的出版商，我听说过 NoSQL 这个词，但当时并不知道它的含义，直到 3 年前我在多伦多参加一次会议时，在走廊上碰到了 Dan McCreary。他告诉了我一些情况，使我了解了他目前的项目、使用的令人兴奋的技术和优秀的工作伙伴。他使我相信 NoSQL 技术将呈星火燎原之势蓬勃发展，像我这样的人应该尽可能地学习这方面的知识。这无疑是一个极佳的建议，于是从那时起，我们就建立了良好的伙伴关系，如共同参加学术会议、发起在线研讨会、共同撰写论文。同所有 NoSQL 社区的参与者一样，Dan 是一位才华横溢的技术高手。

就像从事一些复杂而深奥的工作的人一样，为了使那些不具备和我同等学习热情和背景的人理解，我经常试图用简单的词汇来解释复杂的事物。但就算你理解了一次完美的电梯演讲的价值，或者拼命地想要向你的母亲解释你将要做的事情，正确的解释仍然是模糊的。有时向更有学识的人解释新事物反而更加困难。这尤其体现在 NoSQL 方面，由于 RDBMS 拥有庞大的社区和无数的拥簇者，他们只需要一个查询工具就高效而愉快地工作了 30 年。

这就是《解读 NoSQL》出现的原因。如果你参与企业信息系统的建设并且正试着理解 NoSQL 的价值，那么你将会庆幸这本书的出现，因为它对你来说非常直观。诚然，新技术的使用能够使技术先驱者尝到甜头，但是对于企业 IT 从业人员来说，仍然存在一些令人望而生畏的障碍。其中的一个原因是由于这些年来成熟技术的沉淀和积累，周围的人会质疑你到底是为了什么想要将数据转换成一个"四不像"而不是用优美的、有序的表来进行存储。

本书的作者也意识到了这一点，并且针对你将会面对到的技术架构之间的取舍问题做了大量的研究分析。除此之外，我还欣赏他们付出了大量努力所提供的贯穿全书的案例研究。案例通常是说服的关键，当你向你的组织介绍这些新技术时，这些源自真实线上应用的案例对于你想要表达的主题来说，其价值是难以估量的。

虽然 Dan McCreary 和 Ann Kelly 给出了第一个 NoSQL 全面的定义和为什么在生产环境中使用 NoSQL 的原因，但本书并不仅仅是一本单纯的技术书籍，它背后包含了作者与架构师、开发人员一起付出的大量努力以确保不同 NoSQL 产品的细节和特点都在本书得到了完整呈现。

本书是一本易于理解的 NoSQL 指南，对于技术经理、架构师和开发人员来说有很高的参考价值。它适合需要全方位了解数据管理解决方案以应对世界上日益增长的、复杂的、海量的、快速流动的数据所带来的严峻挑战的任何人。第 1 章的标题是"NoSQL：明智的选择"，当你选择这本书的时候，你已经做出了一个明智的选择。

Tony Shaw
Dataversity 创始人和首席执行官

前言

有时候，现实迫使我们重新审视我们认为已经了解的事物。在花费了大量的工作时间专注于以行式数据结构存储数据的数据建模任务之后，我们发现，其实建模环节并不是非做不可的。但是这些信息并不意味着我们现有的知识体系是无效的，它迫使我们去审视应该如何解决企业的技术难题。有了新的知识、技术和解决问题方式的武装之后，我们的思路才能得以扩展。

2006 年，在一个涉及房地产交易的项目中，我们花了好几个月的时间设计 XML 的语言模式和形式以存储层次结构复杂的数据。根据我的一个朋友 Kurt Cagle 的建议，我们发现，用原生 XML 数据库对数据进行存储为我们的项目节省了数月的对象建模、设计关系型数据库以及对象关系映射时间，并最终形成一个可以由非专业人员进行维护的异常简单的架构。

对进入 NoSQL 领域的人来说，能意识到企业数据可以用 RDBMS 以外的架构进行存储是重要的转折点。最初，我们可能对这些消息持怀疑态度，会带着恐惧和自我怀疑的复杂心情来看待这些信息。我们会质疑自己的技能和为我们提供培训的教育机构以及那些强调 RDBMS 和对象是解决问题唯一途径的组织。但是，我们如果要公平地对待客户和用户，就必须进行一种全方位的尝试来寻找解决企业问题的最佳方案并评估其他数据库产品架构。

2010 年，一直缺乏关注的 NoSQL 数据库技术得以在大型企业数据会议中露面，当时我们和来自 Dataversity 的 Tony Shaw 一起讨论了关于启动一个新的会议的议题。该会议旨在为所有对 NoSQL 技术感兴趣的人提供一个平台，供他们学习和展示如何使用 NoSQL 数据库技术。2011 年 8 月第一届 NoSQL Now!会议在加州圣何塞成功举行，吸引了大约 500 名感兴趣和好奇的参会者。

在会议上，我们发现没有任何一份资料覆盖了 NoSQL 架构，或者客观地介绍了一个针对业务来选择 NoSQL 数据库产品的流程。人们想要的不仅仅是开源项目中的"Hello World"示例，而是一本能够帮助他们根据具体业务选择技术架构并像评估商业数据库系统那样评估开源技术的指南。

找到一家能够认同我们现有技术文档的出版机构是第一步，幸运的是，我们发现 Mannning 出版社理解这种出版价值。

致谢

我们要感谢 Manning 出版社的每一个人，是你们帮助我们把最初的思想转化为一本书。Michael Stephens 带领我们的工作步入正轨；Elizabeth Lexleigh 是我们的开发编辑，她非常耐心地阅读每一章的每一版；Nick Chase 完成了所有的技术工作；还有市场营销和生产团队以及每一个幕后工作者，我们衷心感谢你们的努力、指导和鼓励。

感谢那些回顾了案例研究和为我们提供真实 NoSQL 案例的人们，感谢你们宝贵的时间和专业知识：George Bina、Ben Brumfield、Dipti Borkar、Kurt Cagle、Richard Carlsson、Amy Friedman、Randolph Kahle、Shannon Kempe、Amir Halfon、John Hudzina、Martin Logan、Michaline Todd、Eric Merritt、Pete Palmer、Amar Shan、Christine Schwartz、Tony Shaw、Joe Wicentowski、Melinda Wilken 和 Frank Weige。

感谢那些在书稿修改过程中提出了宝贵意见和反馈的评阅者们，有了你们的参与，我们的书才会更好：Aldrich Wright、Brandon Wilhite、Craig Smith、Gabriela Jack、Ian Stirk、Ignacio Lopez Vellon、Jason Kolter、Jeff Lehn、John Guthrie、Kamesh Sampah、Michael Piscatello、Mikkel Eide Eriksen、Philipp K. Janert、Ray Lugo、Jr.、Rodrigo Abreu 和 Roland Civet。

在此，特别感谢我们的朋友 Alex Bleasdale 为我们提供 NoSQL 安全机制对应章中有关基于用户的访问控制的案例研究的代码。特别感谢 Tony Shaw 为本书撰写的序和 Leo Polovets 在出版前对最终书稿的技术审校。

关于本书

编写本书的过程中，我们抱着两个目标：第一个目标是介绍 NoSQL 数据库；第二个目标则是为读者展示将 NoSQL 系统作为独立解决方案的方法，以及扩展当前 SQL 系统解决业务问题的途径。我们欢迎任何对 NoSQL 感兴趣的读者将本书作为参考。你会发现本书包含的信息、例子以及案例的目标受众是那些有兴趣学习 NoSQL 的技术经理、解决方案架构师和数据架构师。

本书将会帮助你客观地评估 SQL 和 NoSQL 数据库系统以明白它们各自解决了哪类业务问题。如果你想要的是一本关于某个产品的编程指导，那么本书可能就不是你想要的。在本书中，你将了解到 NoSQL 兴起背后的动机以及相关的术语和概念。对于书中有些章节介绍的内容，你可能已经了解，可以根据实际情况略看或直接跳过该部分，而把精力集中在你仍然不了解的部分。

最后，我们非常重视和关注行业标准。SQL 系统相关的行业标准允许应用在使用统一语言的情况下自由切换底层数据库。但遗憾的是，NoSQL 系统还不能作出这个保证。在不久的将来，NoSQL 应用提供商会敦促 NoSQL 数据库供应商采纳一系列标准以使其能像 SQL 一样具备兼容性。

路线图

本书分为 4 部分。第一部分由 NoSQL 定义和 NoSQL 运动背后的基本概念回顾组成。

在第 1 章 "NoSQL：明智的选择" 中，我们定义了术语 NoSQL，讨论了触发 NoSQL 运动的关键性事件，并阐述了 NoSQL 系统带来的大局上的商业收益。熟悉 NoSQL 运动及其商业收益的读者可以选择略过本章。

在第 2 章 "NoSQL 概念" 中，我们引入了 NoSQL 运动中的核心概念。读者在初次通读的过程中，可以选择略过本章，但这一章对于帮助理解之后的章节非常重要。我们建议将本章作为一个参考指导，在遇到相关概念时再返回本章仔细阅读相关内容。

在第二部分 "数据库模式" 中，我们深入回顾了 SQL 和 NoSQL 数据库的架构模式。我们探讨了不同的数据库结构、如何访问它们，并通过用例展示了每种架构最适用的场景。

第 3 章介绍了 "基础数据架构模式"。本章以回顾关系型数据库背后的驱动力以及 ERP 系统需求如何塑造出现今关系型数据库和商业智能/数据仓库（BI/DW）系统开始，还简略地讨论了其他数据库系统，如对象数据库、修改控制系统。如果已经熟悉了这些系统，可以略过本章。

在第 4 章"NoSQL 数据架构模式"中，我们介绍了 NoSQL 相关的数据库模式。我们探讨了键值存储、图存储、列族存储（BigTable）以及文档存储。本章将用定义、示例和案例研究等内容辅助读者理解。

第 5 章覆盖了"原生 XML 数据库"的内容。因其低廉的成本和对标准的支持，该数据库常被用于政府和出版应用。我们为读者展示了两个来自金融和政府出版领域的案例。

第三部分探讨了将 NoSQL 系统应用到大数据、搜索、高可用性以及敏捷网站部署等问题上的方法。

在第 6 章"用 NoSQL 管理大数据"中，你将了解到配置 NoSQL 系统在商用硬件上高效处理大体量数据的方法。我们还有一个关于分布式计算和横向可扩展性的讨论。同时，我们还为读者展示了一个不能通过商用硬件扩展完成巨型图分析的案例。

在第 7 章"用 NoSQL 搜索获取信息"中，你将学习到如何通过实现文档模型和保留文档内容的方式提升搜索质量。我们讨论了采用 MapReduce 转化技术创建倒排索引并最终获得快速搜索性能的方法，还回顾了用于文档和数据库的搜索系统，并展示了采用结构化搜索解决方案获得准确的搜索结果排序的方法。

第 8 章的内容覆盖了"用 NoSQL 构建高可用的解决方案"。我们阐述了如何使用 NoSQL 系统自带的复制和分布式特性提升系统可用性。你将了解到在采用了数据同步技术的情况下，如何使用大量低廉 CPU 来提供更长的在线时间。我们的案例研究揭示了纯点对点架构能比其他分布式模型提供更高可用性的原因。

在第 9 章中，我们讨论了"用 NoSQL 提升敏捷性"。因为移除了对象关系映射层，NoSQL 软件开发变得更简单且能快速适应业务需求的变更。你将了解到这些 NoSQL 系统是如何将富有经验的开发人员和非编程人员整合到软件开发生命周期过程中的。

在第四部分中，我们先介绍了函数式编程、安全等"高级主题"，然后，回顾了一个正式的 NoSQL 系统选型过程。

在第 10 章中，我们介绍了关于"NoSQL 与函数式编程"和类似 MapReduce 的分布式转化架构的要求这两方面内容。我们探讨了函数式编程对 NoSQL 解决方案能使用大量低廉 CPU 能力的影响，以及许多 NoSQL 数据库系统采用类似 Erlang 的基于角色的框架的原因。我们还通过 NetKernel 系统的案例介绍了结合函数式编程和面向资源编程构建性能可扩展的分布式系统的方法。

第 11 章覆盖了"安全：保护 NoSQL 系统中的数据"相关的内容。我们回顾了 NoSQL 解决方案中安全性方面的历史以及关键的安全性问题。我们还通过例子为读者展示了键值存储、列族存储和文档存储实现一个健壮的安全模型的能力。

在第 12 章"选择合适的 NoSQL 解决方案"中，我们遍历了企业为业务问题选型合适数据库的正式流程。最后，我们将以一些关于这些技术会如何影响业务系统选型的想法和信息结束本章。

代码约定和下载

清单和文本中的源代码会以等宽字体出现，以便和普通文本区分开。你可以从 Mannning 出版社的网站（www.manning.com/MakingSenseofNoSQL）上下载清单中的源代码。

作者在线论坛

购买本书后，读者享有由 Mannning 出版社运营的私有网页论坛的免费访问权。在该论坛上，读者可以评论本书、询问技术问题以及从作者和其他用户那获得帮助。如果想访问和订阅这个论坛，读者可以访问 www.manning.com/MakingSenseofNoSQL。这个页面提供了如何在注册后登录论坛、可以获得哪些帮助以及论坛行为规范等信息。

Mannning 出版社对读者承诺，要为读者与读者、读者与作者之间有意义的交流提供一个空间。这不是一个针对任何特定数量的作者的承诺。任何在论坛中做出过贡献的作者都是志愿且不计酬劳的。因此，我们建议读者试着询问作者一些更具挑战性的问题，以免他们对问题毫无兴趣。

只要书籍仍在印刷，这个作者在线论坛和历史讨论存档就一直可以通过出版社的网站访问。

关于作者

Dan McCrearay 是一个对行业标准具有强烈兴趣的数据架构咨询师。他曾经在贝尔实验室（负责集成电路设计）、超级计算行业（负责移植 UNIX）以及史蒂夫·乔布斯（Steve Jobs）创办的 NeXT 计算机公司（软件布道师）工作，也创办了自己的咨询公司。Dan 于 2002 年开始参与制定美国联邦数据标准，该标准也在国家信息交换模型（NIEM）中获得了启用。在 2006 年面对用原生 XML 数据库存储数据时，Dan 开始了他的 NoSQL 开发历程。他还是万维网 XForms 标准制定小组的客座专家以及 NoSQL Now!会议的联合创始人。

Ann Kelly 是 Kelly McCrearay 咨询公司的软件咨询师。在从事多年保险行业软件开发和管理项目之后，她于 2011 年开始转投 NoSQL 领域。从那时起，她就开始为客户构建能快速高效地解决业务问题的 NoSQL 解决方案，同时还提供管理应用的培训。

目录

第三部分 NoSQL 解决方案

第 11 章 安全：保护 NoSQL 系统中的数据 200

第 12 章 选择合适的 NoSQL 解决方案 221

第一部分

了解 NoSQL

在第一部分中，我们将介绍 NoSQL。我们将定义什么是 NoSQL，讨论为什么 NoSQL 运动开始流行，了解 NoSQL 的核心主题，讨论基于 NoSQL 的解决方案能给企业带来什么样的好处。

第 1 章从定义 NoSQL 开始，然后谈到 NoSQL 流行背后的商业驱动和动机。第 2 章会在第 1 章的基础上进行扩展，并对 NoSQL 相关的核心概念进行探讨。

如果你对 NoSQL 运动已经足够熟悉，你可能会希望略过第 1 章和第 2 章中介绍 NoSQL 相关概念的部分，但是我们仍然鼓励所有人都阅读第 2 章中的相关概念，因为这些概念将从始至终贯穿全书。

第1章 NoSQL：明智的选择

本章主要内容

- 什么是 NoSQL
- NoSQL 的商业驱动
- NoSQL 的案例研究

最小部件所耗费的复杂度约每两年增长一倍。当然，如果这个增长速度不再增长的话，短期内这样的增长速度仍然会继续。

——Gordon Moore（戈登·摩尔，Intel 创始人之一），1965

……你最好开始游泳，否则你将沉入水底……因为时代在变革。

——Bob Dylan

我们编写本书有两个初衷：第一，介绍 NoSQL 数据库；第二，展示如何使用 NoSQL 系统作为独立的解决方案或对现有 SQL 系统进行补充以解决实际业务问题。尽管我们希望所有对 NoSQL 感兴趣的人都能够将本书作为指南，但是本书中的内容、样例、案例研究面向的是希望学习 NoSQL 的技术经理、解决方案架构师和数据架构师。

本书将帮你评估 SQL 数据库系统和 NoSQL 数据库系统能够胜任的业务场景。如果你在寻找一本详细的、具体的编程指南，那么本书不适合你。在这里你会发现 NoSQL 背后的发展动机、相关技术和概念。或许你已经理解本书某些章节所提到的主题，那么可以略过它们并专注于那些新的知识。

最后，我们对标准表示强烈的关注。SQL 系统的相关标准使得应用可以使用一种通用的语言在不同的数据库产品之间进行迁移。遗憾的是，NoSQL 系统目前并没有相关的标准。在将来，NoSQL 应用的开发者将会向 NoSQL 数据库厂商施压，迫使它们采用一系列标准，以使 NoSQL 应用的移植性能够媲美 SQL。

在本章，我们将给出 NoSQL 的定义并探讨使 NoSQL 产品如此有趣并在业界流行的原因。最后，我们将看到 5 个通过实施 NoSQL 产品解决具体业务问题的成功的行业案例。

1.1　什么是 NoSQL

准确定义 NoSQL 本身就具有挑战性。NoSQL 这个术语其实是有待商榷的，因为它并没有真正意义上揭示 NoSQL 运动的核心主题。这个术语来源于一群定期在湾区开会并讨论一些共同关注的可扩展的开源数据库的人们，它就这样出现了。不管它形不形象，它似乎出现在所有地方：行业期刊、产品说明和各种会议。在本书，我们将用 NoSQL 区别于传统的关系型数据库管理系统（RDBMS）。

按照我们的目标，我们将从以下几个方面定义 NoSQL。

NoSQL 是关于快速而高效地处理数据，专注于性能、可靠性和敏捷性的一组概念。

这听起来有些宽泛，是吧？它没有排除 SQL 或者 RDBMS，对吗？这其实并没有错。重要的是，我们需要搞清楚 NoSQL 背后的核心主题：它是什么，最重要的是，它不是什么。那么 NoSQL 究竟是什么？

- NoSQL 不仅仅是普通意义上的表——NoSQL 系统可以从许多格式中存储和检索数据：键值存储、图数据库、列族存储、文档存储甚至是普通的表。
- NoSQL 避免连接操作——NoSQL 系统能够通过简单的接口提取数据从而避免连接操作。
- NoSQL 是模式无关的——NoSQL 系统允许将数据拖曳到一个文件夹并进行查询，而不需要创建对象-关系模型。
- NoSQL 工作在多核处理器之上——NoSQL 系统允许将数据库部署在多核处理器之上从而保持良好的性能。
- NoSQL 运行在无共享的商用计算机——大多数（并不是所有的）NoSQL 系统利用廉价的商用处理器、独立的硬盘和内存进行搭建。
- NoSQL 支持线性扩展——当你增加更多的处理器时，你的单位性能增量始终是一致的。
- NoSQL 是创新的——NoSQL 对于存储、检索、操作数据提供了更多的选择。NoSQL 的支持者（也被称为 NoSQLers）对于 NoSQL 和 SQL 解决方案持一种兼收并蓄的态度。对于 NoSQL 社区来说，NoSQL 的意思是"不只是 SQL"。

同样重要的是，NoSQL 不是什么。

- NoSQL 不是一种 SQL 语言——NoSQL 并不是采用非 SQL 查询语言的应用。SQL 和其他查询语言也可以被用于 NoSQL 数据库。
- NoSQL 不仅是开源的——尽管许多 NoSQL 系统都有一个开源模式，但是借鉴 NoSQL 思想的商业产品同样也不排斥开源。你仍然可以通过商业产品创新地解决问题。
- NoSQL 不仅仅代表海量数据——大部分但不是所有的 NoSQL 应用都是来源于为应对海量数据而提升当前应用运行规模的需求。虽然数据的容量和数据处理速度很重要，但 NoSQL 也专注于数据的种类和敏捷性。
- NoSQL 和云计算没有关系——虽然很多 NoSQL 系统为了能在负载变化时利用云端动态扩展的优势而部署在云端，但是 NoSQL 系统也能像在云端运行那样运行在公司的数据中心。

- 这不是关于如何用好 RAM 和 SSD——NoSQL 专注于高效地使用 RAM 和固态硬盘获得性能的提升，尽管这很重要，但是 NoSQL 系统可以运行在普通硬件之上。
- NoSQL 并不是精英团体的专属产品——NoSQL 不是一个排他的、只有少数产品的俱乐部，也并没有为加入设置门槛。想成为一个 NoSQLer，你只需说服别人，对于他们的业务难题你有创新的解决思路。

NoSQL 应用采用很多数据存储类型（不同的数据库）。有简单的表现键值关系的键值存储、表现关联关系的图存储、用以存储可变数据的文档存储，每一种 NoSQL 数据存储类型都有其独特的属性和使用场景，如表 1-1 所示。

表 1-1　NoSQsL 数据存储类型——4 种主要的 NoSQL 系统及其代表产品

类型	典型的应用	案例
键值对——一种简单的数据存储形式，可以通过键来访问值	• 图像存储 • 基于键的文件系统 • 对象缓存 • 设计为可扩展的系统	• Berkeley DB • Memcache • Redis • Riak • DynamoDB
列族——稀疏矩阵的形式，可以用行和列作为键	• 网络爬虫的结果 • 大数据的问题 • 软一致性	• Apache HBase • Apache Cassandra • Hypertable • Apache Accumulo
图存储——适用于对关联性要求高的问题	• 社交网络 • 欺诈侦测 • 强关联的数据	• Neo4j • AllegroGraph • Bigdata（RDF 数据存储） • InfiniteGraph（Objectivity 公司）
文档存储——将层次化的数据结构直接存储到数据库中	• 高度变化的数据 • 文档搜索 • 集成中心 • 互联网内容管理 • 出版物	• MongoDB（10Gen 公司） • CouchDB • Couchbase • MarkLogic • eXist-db • Berkeley DB XML

NoSQL 系统拥有独特的特性能够使其单独使用或者与已有系统配合使用。许多机构认为 NoSQL 系统这样做的原因是为了克服一些常见的问题，如数据的容量、流动的速度、数据的种类和数据的敏捷性以及 NoSQL 运动背后的商业驱动所使然。

1.2　NoSQL 的商业驱动

哲学家、科学家 Thomas Kuhn 提出了"模式转变"（paradigm shift）的概念来描述在科学试验中反复出现的过程，也是这样才有很多创新的思想爆发出来，并以非线性的方式影响了世界。我们将采用 Kuhn 对于模式转变的定义去思考和解释当今 NoSQL 运动以及思维模式、架构、涌现的方法的改变。

许多使用基于单 CPU 的关系型系统的机构都面临着技术的十字路口：机构的需求正在发生变化。企业通过不断采集和分析海量的可变数据获得价值，并基于获得的信息对业务作出快速调整。

图 1-1 展示了来自于数据容量、流动速度、多样性和敏捷性的需求是如何在 NoSQL 解决方案的涌现中起关键作用的。正由于这些商业驱动都对单处理器的关系型模型产生压力，它的基础正变得不那么稳定，再也不能满足机构的需求。

图 1-1　我们看见了诸如数据容量、处理速度、多样性和敏捷性的商业驱动是如何对单 CPU 系统产生压力，甚至导致崩溃。数据容量和流动速度涉及处理飞速到达的大型数据集的能力，而多样性则涉及如何将各种不同类型的数据转化为结构化的表，敏捷性则涉及系统如何快速地对业务改变进行响应

1.2.1　容量

毫无疑问，迫使机构关注他们目前的 RDBMS 的替代品的关键因素是需要通过商用处理器集群查询海量数据。直到 2005 年左右，对性能的提升还停留在购买更快的处理器。但现在，提高处理器的处理速度并不是一个合适的选择。这是因为随着芯片集成度的提高，当芯片过热时，热量将不再能够及时地消散。这种现象，被称之为"功率墙"（power wall），也正是如此，迫使了系统的设计者将注意力从提高单个芯片的处理速度转移到让更多的芯片协同工作。规模向外扩展（也叫横向扩展）而不是规模向上扩展（更快的处理器）的需求，使机构将数据问题切分成独立的路径并交给独立的处理器去分而治之地工作，也就是从串行执行到并行执行。

1.2.2　速度

尽管海量数据已经成为了一个使用户放弃 RDBMS 的原因，但是单处理器系统的快速读写能力的瓶颈亦是关键。许多基于单处理器的 RDBMS 已经不能满足由一些面向公众的网站所发出的实时写入和在线查询的需求。每当新加入一行，RDBMS 都会频繁地对该行的许多列新建索引，这个过程会影响系统性能。当 RDBMS 被作为网上商店的后台，网络拥塞所引发的随机突发事件会使系统对所有人的响应变慢，而且对系统进行调优以满足必须的高速读写吞吐量的代价是非常高的。

1.2.3   敏捷性

基于 RDBMS 构建应用最复杂的部分莫过于数据读取和写入的过程。如果你的数据具有嵌套和重复子组的数据结构，你就需要一个对象关系映射层（ORM）。该层负责根据对数据库的增删改查的操作在关系型数据库持久化层对对象数据进行导出或导入。这个过程并不简单，并且当开发新应用或者修改现有的应用需要快速改变时，该层并不能很好地作出变化。

通常，对象关系映射的工作需要对对象关系映射框架（如 Java 的 Hibernate 或者.Net 系统的 NHibernate）非常熟悉和有经验的工程师。但就算是有经验的工程师，小小的改动也将拖慢开发速度和测试流程。

从上面可以看到，速度、容量、多样性和敏捷性是与 NoSQL 运动关系最紧密的驱动力。现在你已经熟悉了这些驱动力，你也可以审视一下自己的机构，看看 NoSQL 的解决方案是否能够对这些驱动力产生积极的影响，从而帮助业务面对当今竞争激烈的市场的需求变化。

1.3   NoSQL 案例研究

我们的经济正在发生变革，企业想要保持竞争力就必须找到吸引并留住客户的新方法。要做到这一点，就必须得到技术和相关技术人员及时有效的支持。在这个技术前沿时代，解决方案需要运用新的思考方式，即如何实现从传统的思维方式向流程化、技术化的思维方式转变。

以下的案例研究展示了如何用打破陈规的思维方式更快、更经济、更有效地解决问题。表 1-2 总结了 NoSQL 解决方案用于解决特定业务问题的 5 个案例研究。表中展示了问题、业务驱动因素和最终结果。当你查看后面详细案例研究部分的内容时，你会发现这些案例都有一个共同的主题：很多业务问题需要新思路和新技术来提供最佳的解决方案。

表 1-2   与 NoSQL 相关的关键案例研究——所选方案的案例名称/标准、业务驱动、结果（发现）

案例名称/标准	业务驱动	结果
LiveJournal 的 Memcache 技术	需要提高数据库查询性能	通过使用散列和高速缓存来共享 RAM 中的数据，这减少了发送到数据库的读取请求并提高了性能
Google 的 MapReduce	需要基于低成本的硬件为搜索服务生成数十亿的网页索引	通过使用并行处理，数十亿的网页索引可以通过大量的商用处理器迅速完成
Google 的 BigTable	需要在分布式系统中灵活地存储表格数据	通过使用这种稀疏矩阵模式，用户可以认为不需要提前定义数据模型，数据是存储在一个由数十亿行、数百万列组成的表格中

案例名称/标准	业务驱动	结果
亚马逊的 Dynamo	需要每天 24 小时不间断地接收网络订单	键值存储，有着简单的查询接口，即使是海量数据也能完成复制操作
MarkLogic	需要用标准的查询语言来查询存储在商用硬盘中的大量的 XML 文档	通过将包含 XML 文档索引的查询分发至商用服务器，每个服务器通过在本地磁盘处理数据，并将结果返回至查询服务器的方式进行响应

1.3.1 案例研究：LiveJournal 的 Memcache 技术

LiveJournal 博客系统的工程师们正致力于研究如何运用他们最宝贵的资源——每个 Web 服务器中的 RAM——来运行系统。LiveJournal 网站存在一个问题：这个网站太受欢迎了，浏览网站的用户数量也在不断增长。要满足这种不断增长的需求就需要不断增加 Web 服务器，并且每个服务器都要有自己单独的 RAM。

为了提高性能，LiveJournal 工程师发现了一些将最常被数据库查询的数据保存在 RAM 中的方法，避免了在数据库中进行相同 SQL 查询的昂贵成本。但是查询数据的副本是保存在各自 Web 服务器的 RAM 中，所以即使是同一个机架上的服务器也不会知道旁边的服务器已经在 RAM 中保存了查询数据的副本。

因此，LiveJournal 的工程师发明了一个简单的方法来区分每一个 SQL 查询，那就是为每一个 SQL 查询设计一个"签名"。每个签名或散列值就代表一个 SQL SELECT 语句。Web 服务器之间只需要发送一个请求，就可以知道其他服务器中是否已经有执行的 SQL 结果的副本。如果其中一个服务器已有副本，它会将查询结果回传给发出请求的服务器，这样就避免了已经不堪重负的 SQL 数据库数据往返的昂贵成本。他们将这个新系统称作 Memcache，这是因为它管理了 RAM 中的内存高速缓存。

许多其他软件工程师在以前也遇到过这个问题。大型的共享内存的服务器资源池这个概念其实并不新，不同的是这次 LiveJournal 的工程师们在这个概念上领先了一步。他们不仅让这些系统运行（并且运行良好）并通过开放资源许可共享了他们的软件，还标准化了 Web 前端的通信协议（被称为 memcached 协议）。现在，如果有人想缓解因用户反复查询而导致的数据库超负荷运行的话，前端工具是一个不错的选择。

1.3.2 案例研究：Google 的 MapReduce——利用商用硬件生成搜索索引

关于 NoSQL 运动最有影响力的一个案例研究就是 Google 的 MapReduce 系统。在本节，Google 将和我们分享如何使用廉价的商用 CPU 将大量的 Web 数据转换为内容搜索索引。

尽管它们分享的内容是标志性的，但其实映射函数和化简函数的概念并不新。映射函数和化简函数仅仅是数据转换两个阶段的名称而已，如图 1-2 所示。

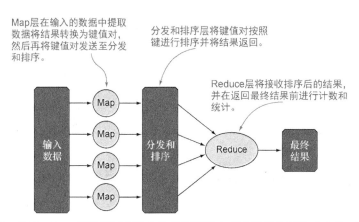

图 1-2　Map 和 Reduce 函数可以在独立的转换系统中将大数据集划分成小块。关键是要将每个函数隔离，这样就可以将其扩展到多个服务器

转换的初始阶段被称为映射操作（map operation），它们负责数据的提取、转换和过滤。然后将结果送到下一层，即化简函数（reduce function）。化简函数将结果进行排序、整合和汇总，从而得到最终结果。

映射和化简函数背后的核心概念基于坚实的计算机科学工作，那还是在 20 世纪 50 年代，麻省理工学院的程序员通过当时比较有影响力的 LISP 系统实现了这些函数。与其他编程语言不同，LISP 重视转化独立列表数据的函数，这是许多在分布式系统下表现出色的函数式编程语言的基础。

Google 扩展了映射和化简函数使其能够处理数十亿网页并能在数以千计的低成本商用 CPU 上可靠运行。利用这两个函数，Google 在海量数据上实现了让映射任务和化简任务经济高效地运行。Google 对 MapReduce 的运用使其他人对函数式编程的威力以及函数式编程系统通过数以千计的低成本 CPU 进行扩展的能力刮目相看。一些软件包，如 Hadoop，很大程度上就是模仿这些函数。

MapReduce 的应用启发了来自雅虎和其他组织的工程师们对 Google 的 MapReduce 创建了开源版本。它让我们逐渐意识到传统过程编程的局限性并鼓励我们使用函数式编程系统。

1.3.3　案例研究：Google 的 Bigtable——一个有着数十亿行和百万列的表

当 Google 发布 Bigtable 系统白皮书《A Distributed Storage System for Structured Data》的时候也影响了许多软件开发人员。Bigtable 背后的动力是存储用网页爬虫在互联网上收集到的 HTML 页面、图片、声音、视频和其他媒体的需求。这些数据太过庞大，以至于不太适合用单个关系型数据库进行存储，所以 Google 建立自己的存储系统。该系统建立的基本目标是可以轻易扩容以应对不断增长的数据存储需求并且不需要在硬件上投入过多。它既不是一个完整的关系型数据库也不是一个文档系统，Google 称它为与结构化数据一起工作的"分布式存储系统"。

据说，Bigtable 项目非常成功。它通过创建一个大表存储 Google 开发人员所需的数据从而为他们提供了数据的单一表格视图。此外，这个系统还允许物理硬件位于任何数据中心甚至世界上的任何角落，在这样的环境中，开发人员不需要关心自己所操控的数据所在的物理位置。

1.3.4 案例研究：亚马逊的 Dynamo——每天 24 小时接收订单

Google 的工作主要关注如何使分布式的批处理和报表生成更简单，而没有考虑对高度可伸缩的 Web 店面每天 24 小时运行需求的支持。在这方面，亚马逊考虑到了。亚马逊发表了另一篇的标志性论文《Amazon's 2007 Dynamo: A Highly Available Key-Value Store》。Dynamo 背后的业务驱动是亚马逊需要创建一个高可用的 Web 店面来支持来自世界各地每天 24 小时不间断的交易。

在几个不同地点经营的传统实体零售商的优势在于他们的收银机和销售设备只需要在营业时间运行，而在非营业时间可以做日常报告、备份和软件升级。亚马逊的运营模式与之不同，亚马逊的客户来自世界各地，每时每刻都有人在网站上购物。在购买周期内，任何的宕机都可能带来数百万美元的损失，所以亚马逊的系统在服务过程中需要用铁一般的可靠性和可伸缩性来确保零损失。

在 Dynamo 刚开始应用时，亚马逊使用关系型数据库来支持它的购物车系统和结账系统。他们拥有 RDBMS 软件的无限许可和充足的咨询预算，允许他们为项目雇用最好的和最精明的顾问。尽管有着充足的预算和权力，但他们最终还是意识到仅靠关系模型无法满足未来的业务需求。

NoSQL 社区里面的很多人都把亚马逊的 Dynamo 白皮书视为 NoSQL 运动的重要转折点。在关系模型还广泛使用的年代，NoSQL 挑战了当时的现状和当时的最佳应用。亚马逊发现，键值存储接口简单，更易于复制数据且更加可靠。最终，亚马逊用键值存储的形式构建了一个可靠的、可扩展的，并且可以支持每天 24 小时运行的商业模式的一站式服务系统，这使得亚马逊成为世界上最成功的网络零售商之一。

1.3.5 案例研究：MarkLogic

2001 年，一群住在旧金山湾区附近富有文档搜索经验的工程师们成立了一家专注于处理海量 XML 文档的公司。由于 XML 文档包含标记（markup），所以他们将公司命名为 MarkLogic。

MarkLogic 定义了两种类型的集群节点：查询和文档节点。查询节点接收查询请求并协调与执行查询相关的所有活动。文档节点包含 XML 文档，并负责在本地文件系统上执行查询。

查询请求被发送到一个查询节点后，即被分发到每个包含 XML 文档索引的远端服务器。所有符合要求的文档会被返回至查询节点。当所有文档节点完成响应后，查询结果即被返回。

MarkLogic 的架构是将查询任务移动至文档而不是将文档移动至查询服务器，这样的架构对千兆字节的文档具有线性可扩展性。

MarkLogic 发现他们在美国联邦政府系统中的产品有一个需求，即 TB 级的智库信息以及大型出版物需要存储和搜索它们的 XML 文档。自 2001 年以来，MarkLogic 已经发展成为成熟的、通用的、高度可扩展的文档存储并对 ACID 事务和细粒度的、基于角色的访问控制提供支持。最初，MarkLogic 开发者使用的主要语言是 XQuery 与 REST 的组合，新版本支持 Java 和其他语言的编程接口。

MarkLogic 是一个商业产品，对于任何超过 40 GB 的数据集都需要软件许可。NoSQL 与商用产品和开源产品联系紧密，为业务问题提供了创新的解决方案。

1.3.6   实践

为了展示这些概念在这本书中如何应用，我们将为您介绍 Sally 的解决方案。Sally 在一个有许多业务部门的大型组织中担任解决方案架构师。解决方案架构师帮助存在信息管理问题的业务部门选择最好的解决方案来应对这些信息挑战。Sally 致力于解决需要定制开发的应用程序项目，她对于 SQL 和 NoSQL 技术有着深入的了解。Sally 的工作就是为业务问题寻求最适合的解决方案。

现在让我们通过两个案例来看看 Sally 是如何应用她的知识的。在第一个案例中，一个需要跟踪硬件采购的设备授权信息的团队来寻求 Sally 的建议。由于在 RDBMS 中已经保存了硬件的信息，并且这个团队在 SQL 方面很有经验，Sally 推荐他们扩展 RDBMS 以包含授权信息并使用连接操作创建报表。在这种情况下，SQL 就很合适了。

在第二个示例中，一个负责在关系型数据库中存储数字图片信息的团队找到 Sally。他们遇到的问题是数据库性能正对他们的 Web 应用页面产生负面影响。在这种情况下，Sally 推荐他们将所有图片移至键值对形式的存储系统，用一个 URL 代表一个图片。键值存储对读密集型应用程序做了优化并能与内容分发网络相协作。当我们把图片管理负载从 RDBMS 迁出之后，Web 应用程序以及其他应用程序的性能都得到了改善。

请注意，Sally 没有将她的工作简单地按照非此即彼的方式，即不是 RDBMS 就是 NoSQL 的方式进行选择。有时最好的解决方案是兼收并蓄的。

1.4   小结

本章首先介绍了 NoSQL 的概念，回顾了 NoSQL 运动背后的核心业务驱动力。然后展示了性能瓶颈如何迫使系统设计师使用高度并行处理设计，用创新的思维来管理数据。你也可以了解到，使用对象-中间层和 RDBMS 数据库的传统系统需要使用复杂的对象-关系映射系统来操作数据。这些层通常会阻碍组织对变化作出快速反应的能力（敏捷性）。

任何一项新的技术都是有风险的，至关重要的是要理解每个领域都有自己解决问题的模式，这些模式所使用的技术是明显不同的。从 SQL 过渡到 NoSQL 也不例外。NoSQL 是一种新的范型，需要一系列新的模式识别的能力、新的思维方式和新的解决方案。也就是说它需要我们具备一种新的认知风格。

　　选择使用 NoSQL 技术可以帮助企业在他们所处的市场中获得竞争优势，使他们更敏捷、更好地适应不断变化的商业环境。NoSQL 可以利用大量的商用处理器为公司节省时间和金钱，并提高服务的可靠性。

　　正如在案例研究中看到的，这些变化带来的影响比早期的技术用户带来的影响还要大：使世界各地的工程师认识到 RDBMS 并不是我们唯一的选择，它是可以被替代的。新的公司专注于新思维、新技术以及新架构的涌现不是由于一时兴起，而是缘于解决那些不适用于关系模型的真实业务问题的必要性。随着企业持续变化和进入经济全球化时代，这一趋势将继续扩大。

　　在下一章中，我们将开始讨论关于 NoSQL 的核心理念和技术。我们将讨论其简洁的设计，同时会构建一个模块化、可扩展以及低成本的 NoSQL 系统的基础。

第 2 章　NoSQL 概念

本章主要内容

- NoSQL 概念
- 对于可靠的数据库事务的 ACID 和 BASE
- 最小化由于数据库分区所造成的宕机时间
- Brewer 的 CAP 定理

少即是多。

——Ludwig Mies van der Rohe

在本章，我们将介绍一些 NoSQL 系统的核心概念。阅读完本章之后，你将有能力识别和定义 NoSQL 的概念和术语，了解 NoSQL 厂商的产品及其特性并且能够决定这些特性是否适合你的 NoSQL 系统。接下来，我们将讨论如何在应用开发过程中利用简单的组件来降低复杂性和促进重用，从而使你在系统设计和维护时节约时间、降低开销。

2.1　保持组件简单以促进重用

如果你和关系型数据库打交道，那么你应该知道它们是多么复杂。一开始，它们是一个简单的系统，当被请求时，从单一的平面文件返回一个被选择的行即可。随着时间的迁移，它们需要管理不止一张表、执行连接操作、对查询进行优化、复制事务、运行存储过程、设置触发器、保证安全性、维护索引等。对于这些复杂的问题，NoSQL 系统另辟蹊径，通过在网络中构建简单的分布式应用来满足不同维度的需求。保持架构级别的组件简单使得在不同的应用中可以重用这些组件，帮助开发人员理解和测试，而且应用的架构迁移也变得更容易。

NoSQL 的观点认为，简单就是好的。构建一个应用时，并不需要在一个软件中包含所有的功能，应用的功能可以被分发到多个 NoSQL（或者 SQL）数据库上完成，这些系统由许多简单工具组成并具有简单的接口和清晰定义的功能。NoSQL 产品遵循的原则是做好几件事。为了说明这一点，我们来看看系统是如何通过清晰定义的功能构建而成，并关注基于这些功能组合成新的功能是多么地容易。

　　如果你对 UNIX 操作系统熟悉的话，你应该对 UNIX 管道的概念不陌生。UNIX 管道是一组相互连接的进程，前一个进程的输出正好是下一个进程的输入。与 UNIX 管道类似，NoSQL 系统由许多协同工作的功能模块构成。如图 2-1 所示，这是一个由一些小功能通过 UNIX 管道连接用来统计书中出现 figure 单词的次数。

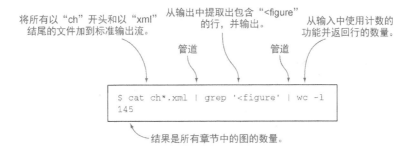

图 2-1　UNIX 管道是个复用一些简单功能以实现新功能的例证。该图显示将一个目录中的所有章节文件连接起来并对所有章节的图片数量进行统计。通过使用 UNIX 管道，我们可以将 3 个简单的命令拼接成一个字符串：连接（cat）、搜索函数（grep）和单词计数（wc）。没有多余的代码，每一个函数接受前一个函数的输出并进行处理

　　这个例子的显著特点是通过键入 40 来个字符你就可以创建一个有用的函数。如果是在不支持 UNIX 风格函数的系统中，情况就困难得多。事实上，在原生 XML 数据库上执行的查询可能还会比这条命令更短，但这并不是通用的。

　　许多 NoSQL 系统都遵循利用协同工作的模块化组件这一思想。为了取代单一的大型数据库层，它们经常采用通过重新组合许多更加简单的模块的方法来满足不同应用的需求。例如，某一个功能允许通过内存（或者是 memcache）共享对象，另一个功能负责运行批处理作业（如 MapReduce 作业），还有一个功能负责存储二进制文档（以键值对的方式存储）。我们注意到大多数 UNIX 管道的设计宗旨是在单一的处理器之上通过拼接线性的管道来达到传输面向行的数据流。而 NoSQL 的组件，尽管模块化，却不仅仅是一系列的线性管道组件。它们专注于那些常用于增强分布式 Web 服务的高效的数据服务。NoSQL 系统可以是文档、消息、消息存储、文件存储或者是通过通用的 API 提供基于 REST、JSON 或 XML 的 Web 服务，它们还提供装载、验证、转换和输出海量数据的工具，而 UNIX 管道实际上是被设计成只能在单处理器之上工作。

标准观察：用来处理结构化数据的通用管道

　　你这时候可能会问是否还能用 UNIX 管道背后的思想来处理结构化数据。如果你使用的是 JSON 或者是 XML 的标准，那么答案是肯定的。并且 W3C 已经意识到管道的思想可以用来处理任意非结构化的数据以满足通用的需求，他们提供了管道式处理数据的标准：XProc。一些 NoSQL 数据库已经内建并实现了 XProc 作为它们架构的一部分。XProc 标准允许一个 NoSQL 内建的数据转换管道不经任何修改就可以连接

到其他 XProc 系统。可以通过 http://www.w3.org/TR/xproc/找到更多有关 XProc 的信息。另外还有一个
XML 语法风格的 UNIX 脚本工具：XMLSH。可以通过 http://www.xmlsh.org 找到更多有关 XMLSH 的信息。

　　关于 NoSQL 系统的简单功能的概念将是反复出现的主题。哪怕是 NoSQL 系统不能在单一
系统中满足所有的需求，也要敢于建议使用或者真正去使用 NoSQL 系统。可以把它们看作是工
具的集合，如果对它们的组合使用方法了解越多，它们会变得越有用。接下来，我们将来看到这
个简单的概念对于基于 NoSQL 的应用层的开发的重要性。

2.2　将应用分层以简化设计

　　了解分层应用在整体架构上的作用对于客观地评估一个或者多个应用架构来说是很重要的。
当功能分布到每一层时，你可能无法立即做到管中窥全豹。如果想客观公正地比较系统之间的差
异，最好的方法是进行整体分析，看看所有架构层次的应用是如何满足系统需求的。

　　在架构中采用应用分层的思想可以构建弹性的、可重用的应用。采用应用分层的思想，当必
须做出一些改动时，可以选择新增或者修改某一个特定的层次，而不是重写它。在接下来的例子
中，通过比较关系型数据库系统和 NoSQL 系统，可以发现 NoSQL 应用的功能分布是不同的。

　　当应用设计者开始考虑存储持久化数据的软件系统时，他们有很多选择。其中一个就是决定
是否需要将整个应用的功能通过应用层进行划分。确定每一个应用层将应用拆分为架构独立的组
件，有助于软件设计者决定每一个组件需要承担的功能。
这种分离的特性有助于设计者向其他人解释系统时将复
杂问题简单化。

　　如图 2-2 所示，应用层通常被描绘为分层蛋糕的样子。
图中，用户事件（如用户点击网页上的按钮）在用户接口
层触发代码运行。用户接口层的输出或响应将被发送至中
间层。中间层可能会通过发送信息返回至用户接口层的方
式进行响应，也可能访问数据库层。数据库层会运行查询
并将查询结果返回至中间层。接着中间层将会利用收到的
信息产生报表并将报表发送至用户。无论是使用微软的
Windows、苹果的 OS X，或者是点击 Web 浏览器的 HTML
链接，这一过程是相同的。

　　在设计应用时，很重要的一点是对将功能分层的利弊
进行权衡。因为关系型数据库已经存在了很长一段时间，

图 2-2　应用层通常用来简化系统设计。
NoSQL 运动主要关注在最小化整个系统
的性能瓶颈，这意味着有时需要将某些关
键组件移出所在的应用层并将其移动至另
一个应用层

也非常成熟，数据库厂商通常会在数据库层上增加功能并和它们自己的软件一起发布，而不是复
用已经开发或者交付的组件。而 NoSQL 系统的设计者知道他们的软件必须能与其他应用一起在
复杂的环境中工作，重用和无缝的接口是必需的，所以他们倾向于构建小巧独立的功能，图 2-3
展示了 RDBMS 和 NoSQL 应用的差异。

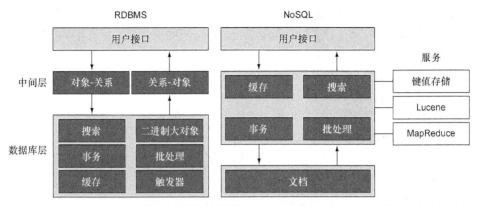

图 2-3 RDBMS 和 NoSQL 系统的应用层次结构对比。左边的 RDBMS 为了保证安全性和事务完整性，把许多功能放置在数据库层，中间层用来将对象转换为表中的数据。右边的 NoSQL 系统并不使用对象-关系映射的概念；它们将一些数据库的功能移动到中间层，并利用了一些额外的服务

在图 2-3 中，我们比较了关系型数据库和 NoSQL 将应用的功能分布至中间层和数据库层的方法。正如你看到的，无论选取哪种方法，都需要系统架构顶端的用户接口层。在关系型数据库中，大多数应用的功能都能在数据库层找到。而在 NoSQL 应用中，大多数应用的功能都集中在中间层。此外，NoSQL 系统还利用了更多的服务来管理二进制大对象数据（键值存储）、排序全文索引（Lucene 索引），以及执行批处理作业（MapReduce）。

一个好的 NoSQL 应用设计在考虑将功能放置在数据库层还是中间层时，一定是仔细地分析了两种方案的优势和劣势。NoSQL 解决方案允许你仔细考虑所有选项，并且如果需求包括了高扩展性组件，可以选择保持数据库层的简单性。在传统的关系型数据库系统中，数据库层的复杂性影响了应用的整体扩展性。

记住，如你只专注于某一个单独的层次，你将不会得到一个客观的比较。当在 RDBMS 与 NoSQL 系统之间进行权衡分析时，同样需要考虑数据的重分区对各个层次功能的影响程度。这个过程比较复杂并且需要熟悉 RDBMS 和 NoSQL 的架构。下面列举一些优势和劣势供做权衡分析时参考。

RDBMS 的优势如下。

■ 数据库级别的事务 ACID 特性让开发变得容易。

■ 使用视图的基于行列细粒度的安全性阻止了未授权用户查看和修改。

■ 大多数 SQL 代码都可以移植到其他 SQL 数据库，包括一些开源产品。

■ 预先定义的数据类型和约束条件在数据库加载数据之前将验证数据的有效性，从而提升数据的质量。

■ 用户已经对 SQL 和实体-关系的设计思想非常熟悉。

RDBMS 的劣势如下。

■ 对象-关系映射层很复杂。

■ 实体-关系模型必须在测试之前建立，这会拖慢开发速度。

- RDBMS 对于连接操作不能动态扩展。
- 可以将数据分片至多个服务器，但是需要进行应用级别的开发并且效率低下。
- 全文搜索需要第三方工具。
- 将高度灵活的数据保存到结构化的表中非常困难。

NoSQL 的优势如下。

- 在 ER 模型完成之前就可以用拖曳工具加载测试数据。
- 模块化的架构使组件之间可以交换。
- 可通过在集群中增加新处理节点来进行线性扩展。
- 通过自动分片可降低开销成本。
- 整合的搜索函数提供了高质量的排名搜索结果。
- 不需要对象-关系映射层。
- 存储变化性强的数据非常简单。

NoSQL 的劣势如下。

- 在数据库级别，ACID 事务只能在一个文档内完成，其他事务必须在应用层完成。
- 文档存储在元素级别不提供细粒度的安全性。
- NoSQL 系统对于很多员工来说是全新的，需要额外的培训。
- 文档存储有自己独有的非标准查询语言，这妨碍了可移植性。
- 文档存储不能与现有的报表和 OLAP 工具一起工作。

理解应用层中存在的功能的作用对理解应用如何执行是很重要的。另一个需要考虑的重要因素是存储，如 RAM、SSD 和磁盘会如何影响你的系统。

数据库集群技术

NoSQL 业界经常提到由处理节点组成的数据库集群。一般来说，一个集群都是由一些放置在机架上的商用计算机硬件组成，如图 2-4 所示。

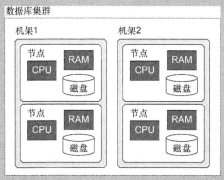

图 2-4　一些应用于分布式数据库集群中的术语。集群是由一系列被称作节点的处理单元构成，分机架组织在一起。节点都是商用处理计算机，每一台都有自己的 CPU、RAM 和磁盘

每一个独立的计算机称为一个节点。

本书的初衷，除非我们讨论的是定制的硬件，否则我们都将节点定义为包含一个被称为 CPU 的逻辑处理器的处理单元。每个节点都有自己的本地 RAM 和磁盘。CPU 某种程度上来说是由各种各样的芯片组成，每一个 CPU 都包含了多个内核处理器。磁盘系统也由多个独立的驱动器组成。

节点分机架组织在一起，一个机架内的节点具有很高的连接带宽。数据中心内的多个机架组合在一起形成一个数据库集群。一个数据中心可能包含多个数据库集群。正因为如此，我们注意到一些 NoSQL 事务必须在两个不同地理位置的节点存储相关的数据才会被认为成功。

2.3 策略地使用 RAM、SSD 和磁盘提升性能

NoSQL 系统如何通过不同类型的存储介质来提升系统性能？通常，传统的数据库管理系统不会关注存储管理方面的选项。与之不同，NoSQL 系统被设计成使用最少的昂贵的资源提供快速的用户响应。

如果你对数据库架构不熟悉，那么分清查询从 RAM（易失的随机读取记忆体）取得的数据和从磁盘驱动器取得的数据之间存在的性能差异，无疑是一个良好的开始。大多数人都知道，当他们关闭了工作了漫长一天的电脑，在 RAM 中的数据都会消失并且在下次使用时需要重新加载。而保存在固态硬盘（SSD）和机械硬盘（HDD）中的数据将会一直存在。我们还知道 RAM 的读取速度大大超过硬盘的读取速度。假设 1 纳秒近似等于 0.3 米，这是由于光通过 0.3 米所消耗的时间实际上近似等于 1 纳秒。那意味着，RAM 距离你是 3 米，而磁盘驱动器与你的距离达到 3000 米，即 3 千米。如果采用固态硬盘，访问速度还是会低于 RAM，但是已经明显超过了机械硬盘（如图 2-5 所示）。

图 2-5 为了得到访问硬盘获取数据和访问 RAM 缓存获取数据之间的存在显著差异的感性认识，先想想从你家后院取一样东西（RAM）的时间。再想想驱车去你的邻居处拿取（SSD）的时间，最后再想想如果你在芝加哥要去洛杉矶拿取（HDD）的时间。该图显示了从本地缓存返回查询结果的效率大大优于需要读取 HDD 的开销高的查询

让我们来到伊利诺伊州的芝加哥。如果你想要从 RAM 获取某些东西，通常就好像你在你家后院找东西；如果你正好把东西存储在固态硬盘中，就好像顺路去某个地方拜访一下你的邻居；但是如果你想从硬盘驱动器中获取某些东西，就好像需要去离这 3000 米的加州洛杉矶市。如果可以避免，你一定不想经常来一次这样的往返旅行。

与其想尽各种办法往返洛杉矶，不如在邻居家先看看他们是否已经有你需要的数据了。如今在芯片中完成一次计算所耗费的时间就好像光穿过芯片那样短暂。当等待你所需要的数据从洛杉矶返回时，你完全可以完成上万亿次的计算。这就是为什么计算散列值比访问磁盘快得多，你拥有越多的 RAM，那么你需要进行长途往返旅行的可能性也就越低。

搭建响应更加快速的系统的关键在于将所需要的信息尽可能多地保存在 RAM 中，并且检查本地服务器是否保存有副本。这种本地的快速数据存储经常被称作 RAM 缓存或者是内存缓存。但是，搭建一个这样的系统并决定某些数据是否需要存储在缓存中是一个难题。

许多内存缓存对缓存中的每一块内存都采用简单的时间戳进行标记，以此作为保存最近使用的对象的依据。当内存被占满，时间戳经常被用于判断内存中最老的对象并将其覆盖。一个更精确的视图能够计算出重新生成数据集并将其保存至内存所耗费的时间或者资源。这个"成本模型"使得代价更高的查询结果保存在 RAM 中的时间长于那些能够快速生成出来的简单条目。

有效利用 RAM 缓存的关键在于对下面的问题作出有效的判断，"我们以前运行过这个查询作业吗？"或者类似地，"我们以前见过这个文档吗？"一致性散列算法（consistent hashing）可以解答这个问题散列，它能让你知道一个对象是已经被保存至缓存，还是需要从 SSD、HDD 中重新获取。

2.4　使用一致性散列算法维护当前的缓存

我们已经知道了将经常使用的数据保存在 RAM 缓存中的重要性，以及如何通过减少非必要的磁盘访问来提升数据库性能。NoSQL 系统将基于这个概念进行深入探讨，并采用了一致性散列（consistent hashing）的算法使访问最频繁的数据保存在缓存中。

在评估 NoSQL 系统如何工作时，一致性散列算法是一种有效的通用流程。一致性散列算法能很快判断出一个新的查询或者文档是否和缓存中的某一个对象是相同的。了解这些将有助于减少不必要的磁盘访问并且使数据库保持高速运行的状态。

生成散列字符串（也称作校验和或者散列），是通过检查文档中的每一个字节并计算出一个字母序列的过程。散列字符串对于每个文档来说都是独一无二的标识，可以用来判断当前的文档和已有的文档是否一致。如果两个文档存在差异（即使是一个字节），那么散列的结果也会不同。从 20 世纪 90 年代开始，散列字符串就可以通过一些标准化的算法生成，如 MD5、SHA-1、SHA-256 和 RIPEMD-160。图 2-6 展示了一个典型的散列处理过程。

简单的查询或者是复杂的 JSON 和 XML 文档都可以生成散列值。一旦拥有了散列值，就可以用它来确保每次发送给其他人的信息是一致的。一致性散列使得网络中运行在不同节点上的两个不同的进程对于同一个对象能够生成同样的散列值。一致性散列确认了文档中信息没有被改动并且可以用于决定某个对象是否应该留在缓存或消息存储中，通过只在必要时才重新运行进程来节省宝贵的资源。

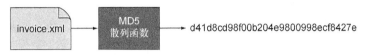

let $hash := hash($invoice, 'md5')

图 2-6　散列过程示例。一个文档（如商业发票）被作为一个散列函数的输入。散列函数处理的结果是一个字符串，这个字符串对原始的文档来说是独一无二的，哪怕是一个字节的改动都会导致散列函数处理的结果不同。散列可以被用来检测文件是否被修改或者对象是否已经存储在 RAM 缓存中

一致性散列也是同步分布式数据库的关键。例如，Git、Subversion 之类的修改控制系统不仅对目录中的单个文档求散列值，还会对目录中的所有文件进行散列校验。通过持续地对所有文件进行校验，可以发现本地目录与远程的目录是否同步，如果不同步，可以只对那些改变的项目执行更新操作。

一致性散列是维护当前缓存和系统高速运行的重要工具，即使缓存被分散到许多分布式系统中，一致性散列也可以对其进行维护。一致性散列也被用来将文档分派到分布式系统的数据库节点，并在需要同步时能快速地比较远程数据库。分布式的 NoSQL 系统依靠散列显著地提升了数据库的读能力，并且没有妨碍到写事务。

散列冲突

两个不同的文档仍然存在极小的机会可能生成同样的散列值，这将会导致散列冲突（hash collision）。发生冲突的可能性取决于散列值的长度和需要存储的文档数。散列值越长，发生冲突的可能性就越低。如果增加文档数，发生冲突的可能性会增大。许多系统采用 MD5 散列算法生成 128 位的散列字符串。一个 128 位的散列可以生成大约 10^{38} 种可能的输出。那就意味着，如果想将冲突的可能性保持在一个比较低的水平，如 10^{18} 分之一以下，那么需要将维护的文档数降低到 10^{13} 以下，或者限制在 10^5 亿文档左右。

对于大多数使用散列的应用，偶然的散列冲突并不是我们关注的焦点。但有些需要避免散列冲突的情况是我们关注的重点。那些使用散列作为安全验证的系统，如政府或者高度安全系统，需要超过 128 位的散列值。在这些情况中，更倾向于使用一些能生成超过 128 位散列值的算法，如 SHA-1、SHA-256、SHA-384 或者 SHA-512。

2.5　比较 ACID 和 BASE——两种可靠的数据库事务方法

兼顾性能和一致性的事务控制在分布式计算环境下是很重要的。通常会在两种事务控制

模型中选择其一使用：ACID 用于 RDBMS，BASE 用在很多 NoSQL 系统。即使数据库事务只有很少一部分需要事务完整性，但了解 RDBMS 和 NoSQL 系统能够采用这些事务控制策略也是很重要的。这两种模型的区别在于应用开发人员所付出的努力和事务控制所发生的位置（层级）。

让我们从一个简单的银行业务案例来展现一个可靠的事务。如今，许多人都有两个银行账户：储蓄账户和支票账户。如果你想将一些资金从一个账户转账到另一个账户，银行在网站上会有转账页面，进行如图 2-7 所示的一个资金转账流程。

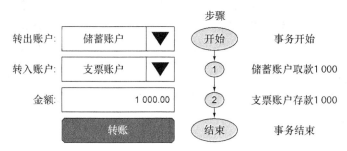

图 2-7　这一系列原子步骤将资金从一个账户转账到另一个账户。第一步从储蓄账户扣除所要转账的金额。第二步将相等的转账金额增加到支票账户。由于事务应该是可靠的，所以所有步骤要么都执行要么都不执行。在事务步骤之间，任何显示账户总额由于交易金额而减少的报表都不应该被允许运行

当点击了网页上的转账按钮，两个独立的操作必须共同执行。首先从储蓄账户中扣除转账金额，然后再加到支票账户中。事务管理是确保这两个操作作为一个整体一起发生或者一起不发生的过程。如果计算机在第一个步骤完成后而第二个步骤还没开始时崩溃了，你要损失 1 000 美元，你当然会对银行产生极大不满。

传统的商业数据库都以在金融事务方面的稳定和可靠而闻名。这不仅因为它们已经存在了相当长的时间，且一直不断地进行着优化，还因为它使得程序员通过在事务开始和结束的地方进行声明就可以很容易地保障关键事务的可靠性。这些声明被称作启动事务（OPEN TRANSACTION）和结束事务（END TRANSACTION）。通过添加它们，开发者能够获得高可靠的事务支持。如果两个原子操作中的一个没有完成，那么所有操作都会被回滚至它们最初的状态。

系统同样确保了不会有任何账户报表在操作进行到一半时生成。如果你在事务过程中执行生成账户余额报表，它将不会显示先有 1 000 数额的减少然后再增加 1 000。如果报表在事务的第一个步骤进行时开始生成，它将会被阻塞，直到整个事务完成。

在传统的 RDBMS 中，事务管理的复杂性由数据库层负责解决。应用开发者只需要处理在整个事务失败时，如何通知正确的组件或者不停重试直到事务完成。应用开发者并不需要知道如何撤销一个事务的各种部分，因为这已经成为了数据库内建的一部分。

由于可靠的事务对于大多数应用系统是很重要的，接下来的两小节将深入研究 RDBMS 的事务控制——ACID 和 NoSQL 系统的事务控制——BASE。

2.5.1　RDBMS 的事务控制——ACID

　　RDBMS 的事务控制通过原子性、一致性、隔离性和持久性（ACID）属性来保证事务是可靠的。接下来将对每一个属性进行定义。

- 原子性——在银行交易的例子中，我们提到过从储蓄账户到支票账户的现金转移的过程要么一起发生要么都不发生。如果用技术术语来形容就是原子性，它来自于希腊语的“不可分”。如果系统声明支持原子性事务，那么它必须考虑所有失败的情况：磁盘故障、网络故障、硬件故障或者单纯的程序错误。即使是在单个 CPU 之上测试原子性事务也是很困难的。

- 一致性——在银行交易的例子中，我们在两个相关账户之间进行资金转移，而总账户余额从未改变，这是一致性的原则。那意味着数据库不能在支票账户余额增加之前显示储蓄账户余额减少。数据库负责在原子操作持续的时间内阻塞所有报表。当数据库基于同样的记录同时运行很多原子性事务和报表时，会影响系统的速度。

- 隔离性——隔离性指的是其他事务对该事务的每一部分的执行都不知情。例如，增加金额的事务并不知道从账户扣除金额的事务。

- 持久性——持久性指的是这样一个事实，一旦事务的所有方面完成，它将是永久性的。一旦转账的按钮被选中，你将可以消费你的支票账户中的资金。如果银行系统在那天晚上崩溃了，他们需要用备份磁带恢复数据库，那么必须用某些方法确保转账记录也被恢复。这通常意味着银行必须在一个独立的计算机系统中保留一份事务日志，当备份恢复完成后，根据事务日志重新执行一遍所有事务。

　　如果你认为处理这些规则的软件一定很复杂，那么你是正确的。确实非常复杂，这也是关系型数据库非常昂贵的原因之一。如果你自己正在编写一个数据库，那么有些必需的软件模块的数量很容易增至 2 倍或是 3 倍。这也是新数据库产品经常在第一个发布版中不支持数据库级别的事务管理的原因，而是在产品成熟后才会加入。

　　许多 RDBMS 将事务发生的范围限制在单个 CPU 之内。如果考虑这种情况：你的储蓄账户的信息存储在纽约的一台计算机里，你的支票账户信息存储在旧金山的一台计算机里，那么复杂程度将会增加，因为这种情况有更多的失效点并且需要阻塞的基于这两个系统的报表系统的数量也会增加。

　　尽管支持 ACID 的事务很复杂，但还是有一些著名的、公认的策略来实现。它们都是基于锁定资源，并预留出额外副本的资源，然后执行事务，如果一切都没问题，再释放资源。如果事务的任何一部分出错，有争议的资源必须回到它的初始状态。设计上的挑战在于搭建支持这些事务的系统，使得应用可以个更容易地使用事务并且保证数据库的运行速度和响应能力。

　　ACID 系统关注数据的一致性和完整性，且高于其他考量。暂时阻塞报表的机制是为了确保系统返回可靠准确的信息的一种合理的妥协。ACID 系统可以说是悲观的，因为它们必须考虑计算环境里所有可能的失效模式。有时 ACID 系统似乎服从墨菲定律——会出错的事总会出错——并且必须仔细测试保证事务完整性。

　　ACID 系统高度关注数据完整性，NoSQL 却是基于 BASE 准则考虑一系列稍有不同的约束。如果在等待另一个事务完成前阻塞事务对你来说是不可接受的妥协，会怎么样？如果你有一个接受客户订单的网站，有时 ACID 系统不一定是你想要的。

2.5.2　非 RDBMS 的事务控制——BASE

　　假如你的网站是运行在遍布世界各地的计算机上，会怎样？芝加哥的计算机负责管理库存，而负责保存产品照片的图像数据库在弗吉尼亚，计算税收的程序在西雅图运行，账户系统在亚特兰大。如果一旦其中一个站点宕机会怎么样？你是否应该告诉客户等你在 20 分钟内解决问题后再回来？除非你是想将客户拱手相让给竞争对手。使用 ACID 系统处理到达的每一个订单现实吗？让我们看看另一种选择。

　　使用"购物车"和"结账台"概念的网站对于事务处理有不同的侧重。在几分钟内报表不一致与无法下订单相比是不是那么重要的，因为如果阻塞一个订单，就损失了一个客户。这种情况下，可以使用 BASE 来替代 ACID。下面是 BASE 的一些概念。

- 基本可用是指允许系统暂时不一致，这样事务就容易管理。在 BASE 系统中，信息和服务能力是"基本可用的"。
- 软状态是指为了降低消耗的资源，可以暂时允许一些不准确的地方和数据的变换。
- 最终一致性意味着在最后，当所有服务逻辑执行完成后，系统最后将回到一个一致的状态。

　　与 RDBMS 关注一致性不同，BASE 系统关注可用性。BASE 系统显著的特点是它们的首要目标是要保证在短时间内，即使有不同步的风险，也要允许新数据能够被存储。NoSQL 系统放宽了规则并允许即使不是所有数据库都是同步的，也能运行报表。BASE 系统不被认为是悲观的，因为它们并不会关心某个过程背后的细节。它们是乐观的，因为它们假设最后所有系统都会同步而变得一致。

　　BASE 系统倾向于更加简单和迅速，因为它们不必编写处理锁定和释放资源的代码。它们的任务是保证流程运转并稍后处理出错的部分。BASE 系统非常适合支持网上商店，填满购物车和下订单才是它们的主要优先功能。

　　在 NoSQL 运动之前，大多数数据库专家认为 ACID 系统是唯一能够商用的事务类型。NoSQL 系统是高度去中心化的，并且 ACID 提供的保障有时不是必须的，所以 NoSQL 采用了 BASE 和一些更为宽松的方法。图 2-8 显示了一个准确的、有点幽默的 ACID 和 BASE 哲学之间的对比。

　　最后还要提醒读者：ACID 和 BASE 并没有一个严格界限，它们取决与组织和系统决定在哪里和如何架构这个系统的场景。它们可能允许在某些关键领域采取严格的 ACID 事务，其他领域标准稍微放松一些。一些数据库系统通过改变配置文件或者使用不同的 API 提供了双重选择。系统管理员和应用开发者可以一起在考虑了业务的需要之后，实现正确的选项。

Vs.

Acid	Base
· 正确地获取事务细节	· 永远不会阻塞写操作
· 在你工作时阻塞报表	· 关注吞吐量而不是一致性
· 悲观的：任何事都有可能出错	· 乐观的：如果一个服务失败，它最终还是会补做
· 详细的测试和故障模式分析	· 一段时间内，一些报表可能是不一致的，但是不用担心
· 很多锁定和释放	· 让事情变得简单并且避免锁定

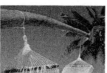

图 2-8　ACID 与 BASE——了解其中的利弊。该图比较了应用于严格的金融账户规则的传统 RDBMS 的 ACID 事务与 NoSQL 系统更加宽松的 BASE 方法。当要求所有报表必须始终保持一致性和可信性，RDBMS ACID 系统是理想的选择。当把永远不阻塞写事务作为高优先级任务时，NoSQLBASE 系统是合适的选择。业务需求将决定是传统的 RDBMS 还是 NoSQL 系统适合你的应用

　　当你为了处理海量数据而进行扩展并将系统架构从集中式迁移到分布式系统时，事务是重要的。但是有时你管理的数据超过了当前系统能够管理的规模，那就需要采取数据库分片来保证新系统运行并减少宕机时间。

2.6　通过数据库分片获得水平扩展能力

　　随着一个组织存储的数据量增加，可能在某个时候，业务运行所需的数据量超过了当前环境所能运行的最大值，这时候，一些将数据分成合理的数据块的机制是必要的。组织和系统可以将数据库自动分片（将一个数据库划分为一些块，这些块称作数据库分片，它们遍布在一些分布式服务器上）作为持续存储数据并且最小化宕机时间的手段。在稍早的系统上手动配置数据库并将数据从旧系统复制到新系统时，这个操作可能会耗费系统数小时，然而 NoSQL 系统会自动进行这个操作。数据库的成长性和自动分区数据的容错性对于 NoSQL 系统来说很重要。对于大数据系统和容错系统，分片操作已经成为高度自动化的过程。接下来让我们来看看分片如何工作以及它面临的挑战。

　　假设你创建了一个网站，它允许用户登录和创建自己的私人空间并与朋友们分享。他们会上传文件、发送信息并发表一些他们对喜欢的（或不喜欢的）事物的看法。你搭建起网站，将这些信息保存到运行在单个 CPU 之上的 MySQL 数据库中。人们如果喜欢它，就会登录网站，创建主页，邀请朋友，不知不觉间你的磁盘空间已经所剩无几。接下来该怎么办？如果你使用的是典型的 RDBMS，那么答案是购买新的系统并将一半用户迁移到新系统中。哎，你以前的系统可能需要宕机一段时间，这样你才能重写应用让它知道从哪个数据库中得到所需的信息。图 2-9 显示了一个数据分片的典型示例。

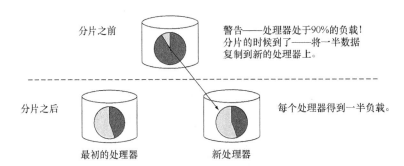

图 2-9   当单个处理器不能很好地胜任系统的吞吐量需求时，就需要执行分片操作。当发生分
片时，你会希望数据被移动到两个系统中，而每个系统负责原来一半的工作。许多 NoSQL 系
统内建了自动分片功能，你只需将一台服务器添加至工作节点资源池里，数据库管理系统会自
动将数据移动至新节点。大多数 RDBMS 不支持自动分片

有多种方式可以完成从单个数据库迁移至多个数据库的过程。

（1）可以将用户名以 A～N 开头的用户保留在原有的系统中，而将用户名以 O～Z 开头的用
户迁移至新系统。

（2）可以将美国用户保留在原有系统中，而将欧洲用户迁移至新系统。

（3）可以随机将一半用户迁移至新系统中。

每一种方式都有其优势和劣势。例如，第一种方案，如果某个用户修改了用户名，那么是否
应该将它自动迁移到新系统？第二种方案，如果某个用户搬家到一个新的国家，那么他的数据是
否也该被迁移？如果用户都喜欢与周围的人分享链接，那么将这些用户放在同一系统中是否有性
能上优势？如果美国的用户都习惯在晚上同一时间活跃又会怎么样？其中一个数据库会承受巨
大压力而另一个空闲吗？如果你的网站规模再次翻倍又会如何？你会每次硬着头皮不断地重写
代码来应付吗？你会让你的系统宕机一周等你升级软件吗？

随着服务器数量的增长，你会发现每一台服务器宕机的概率是均等的，所以每当你增加一台
服务器，那么某一部分不工作的概率会增加。你或许会认为你将数据库切分到两个系统的过程也
可以用来复制数据到备份系统或者镜像系统以防系统故障，但是这会带来新的问题。如果主节点
被修改了，那么必须保证备份数据同步更新，这就需要有一个数据复制方案。同步这些数据库耗
费时间的同时也会降低系统性能。现在你需要维护更多服务器了！

欢迎来到数据库分片、复制和分布式计算的世界。可以看到当数据库不断成长，你需要考虑
和权衡许多问题。NoSQL 系统已经有很多方法允许用户在扩大数据库规模的同时不用关闭服务
器。当存储节点或网络出现故障时仍维持数据库运行叫作被称为分区容错性——一个在 NoSQL
社区出现的而传统数据库管理者努力追求的新概念。

理解事务完整性和自动分片对于考虑搭建分布式系统时面临的权衡问题是很重要的。尽管数
据库性能、事务完整性以及如何利用内存和自动分片特性很重要，但有些时候，你必须确认并专
注于系统最重要的方面，而使其他方面变得灵活。在下一节中，我们将通过一个标准的流程来了

解在选择过程中需要做出的权衡，这样有助你专注于对组织最重要的事物。

2.7　基于 Brewer 的 CAP 定理进行权衡

为了能在系统故障时做出最好的决策，你需要考虑基于不可靠的网络的分布式系统的一致性和可用性属性。

Eric Brewer 在 2000 年首次提出 CAP 定理。CAP 定理表明了任何分布式数据库系统最多只能满足以下 3 个期望属性中的 2 个。

- 一致性——对于所有客户端，具有唯一的、最新的、可读的版本的数据。这和前面讨论的 ACID 的一致性不太一样。这里的一致性主要关注的是多个客户端从多个复制分区读取相同的内容并得到一致的结果。
- 高可用性——我们知道分布式数据库总是允许数据库客户端无延迟地更新内容。在副本数据之间，内部通信故障不应妨碍更新操作。
- 分区容错性——即使数据库分区之间存在通信故障，系统仍然保持响应客户端请求的能力。这好比即使大脑部分之间的联系出现问题，人仍然可以进行有智力的对话。

记住，CAP 定理只适用于集群中出现连接故障的某些情况。网络越可靠，需要考虑 CAP 定理的可能性就越低。

CAP 定理可以帮助你理解一旦将数据进行分区，就必须考虑在网络出现故障的情况下，可用性-一致性所能承受的范围。CAP 定理让用户自己决定哪个选项最适合业务需求。图 2-10 展示了一个 CAP 定理适用的示例。

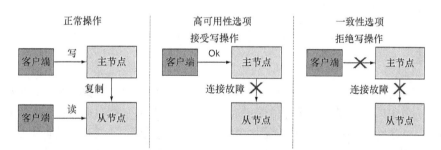

图 2-10　分区决策。CAP 定理可以帮助你在网络故障时，在可用性和一致性相对的优缺点之间做出取舍。在左图中，客户端执行一个正常的写操作，首先将写入主节点，然后再通过网络将数据复制到从节点。如果网络出现故障，客户端 API 决定了可用性或者一致性的相对度量。在中间的图中，你接受了写操作并承受了可能会从从节点读到不一致数据的风险。在右图中，你选择了保证一致性并阻塞了客户端写操作直到数据中心之间的连接恢复

客户端写入首要的主节点，主节点再向另一个备份的从节点复制数据。CAP 迫使用户考虑中节点之间连接出现故障时是否接受一个写操作。如果你接受写操作，那么需要负责确保远程节

点稍后会进行更新，并且将承受在连接恢复之前，客户端有可能读到不一致的数据的风险。如果拒绝客户端写入，那么牺牲了可用性，客户端必须稍后重试。

尽管 CAP 定理在 2000 年就提出了，但它仍然会引起困惑。CAP 定理通过一些罕见的终结案例限制了设计选型，并且 CAP 定理只适用数据中心之间发生网络故障的情况。大多数情况下，可靠的消息队列能够很快地在故障后恢复数据一致性。

CAP 定理适用的规则如图 2-11 所示。

图 2-11　CAP 定理说明如果只使用一个处理器，可以兼顾一致性和可用性。如果使用多个处理器，只能基于事务类型、用户、预计的故障时间或者其他因素在一致性和可用性之间做出选择

像 CAP 定理这样的工具可以帮助指导组织内部数据库选型的讨论并且确定哪些属性（一致性、可用性和扩展性）才是最重要的。如果严格的一致性和更新可用性同时需要，那么更快的单个处理器可能是最好的选择。如果需要分布式系统提供的扩展能力，那么要基于需求为每个事务类型在更新可用性和读一致性之间做出选择。

无论选择哪个选项，CAP 定理提供了一个能帮助你权衡每个 SQL 或者 NoSQL 系统利弊的标准流程，而最终，你将会做出一个明智的决定。

2.8　实践

Sally 被委托去帮助一个团队设计一个管理贵宾礼品卡的系统。和银行账户有些类似，持卡人可以为卡充值（存款）、购买（取款）和查看卡的余额。礼品卡的数据会被分区并复制到两个数据中心，一个在美国，一个在欧洲。居住在美国的人们优先分区到美国的数据中心，而欧洲的人们优先分区到欧洲的数据中心。

已知两个数据中心之间的数据传输线路会短时间的中断，大概每年 10~20 分钟。Sally 知道这是一个切分分区的实例，它将考验系统的分区容错性。团队需要决定当数据传输线路故障时全部 3 个操作（存款、取款和查看余额）是否需要能够继续。

团队决定即使在数据传输线路故障时，存款操作也应该能够继续，这是因为当连接恢复后，存款记录能够更新两个站点的数据。Sally 提到如果一个站点不能及时更新另一个站点的余额信息，切分分区可能会造成读取结果不一致。但是团队决定当发生连接故障时，如果请求银行余额，仍然从本地分区返回上次的余额。

对于购买事务，团队决定当发生连接故障时，一旦用户连接到主分区，事务应当继续执行完成。为了限制风险，对于复制分区的取款操作只会限制在一个特定的数额，如 100 美元。一些报表将会用于查看在网络中断期间，所有分区上的各种取款操作导致了产生错误余额的频率。

2.9　小结

本章展示了一些 NoSQL 运动的关键概念和深刻洞见。下面这个列表包含了我们目前为止讨论过的一些重要概念和架构上的指导原则。接下来的几章将继续讨论这些概念。

- 通过构建功能单一的部件来构建整个应用。
- 通过使用分层的架构来增强模块性。
- 使用一致性散列算法将数据分布到整个集群。
- 使用分布式缓存、RAM 和固态硬盘来提高数据库读性能。
- 放宽 ACID 的需求通常会带来更多灵活性。
- 分片操作可以使数据库集群平缓地扩张。
- CAP 定理有助于在网络故障时做出明智的选择。

贯穿全书，我们都在强调用一个正规流程来评估系统的重要性，它有助于识别出哪些特性对于组织是最重要的，需要做出哪些妥协。

此时此刻，你应该理解了使用 NoSQL 系统的好处和它们如何帮助你满足业务目标。在下一章中，我们将构建模式列表并回顾 RDBMS 架构的优劣，然后再聚焦那些相关的 NoSQL 数据模式。

2.10　延伸阅读

- Birthday problem. Wikipedia. http://mng.bz/54gQ.
- "Disk sector." Wikipedia. http://mng.bz/Wfm5.
- "Dynamic random-access memory." Wikipedia. http://mng.bz/Z09P.
- "MD5: Collision vulnerabilities." Wikipedia. http://mng.bz/157p.
- "Paxos (computer science)." Wikipedia. http://mng.bz/U5tm.
- Preshing, Jeff. "Hash Collision Probabilities." Preshing on Programming. May 4, 2011. http://mng.bz/PxDU.
- "Quorum (distributed computing)." Wikipedia.http://mng.bz/w2P8.
- "Solid-state drive." Wikipedia. http://mng.bz/sg4R.
- W3C. "XProc: An XML Pipeline Language." http://www.w3.org/TR/xproc/.
- XMLSH. http://www.xmlsh.org.

第二部分

数据库模式

第二部分主要包含三个方面的内容：经典的数据库模式（这是最熟悉的解决方案架构），NoSQL 模式和本地 XML 数据库。

第 3 章回顾了与关系型数据库和数据仓库数据库联系紧密的经典 SQL 模式。你如果已经对联机事务处理（OLTP）、联机分析处理（OLAP）和用于分布式修改控制系统的概念有所了解，可以略过此章。

第 4 章介绍和描述了新的 NoSQL 模式。你将会了解到键值存储、图存储、列族存储和文档存储。应该仔细阅读本章，因为它将会贯穿本书始终。

第 5 章主要聚焦一些模式独特的本地 XML 数据库和标准驱动系统。这些数据库在某些领域（如政府、卫生保健、金融、出版、整合和文档搜索）非常重要。如果不关注可移植性、标准和标记语言，可以略过本章。

第3章 基础数据架构模式

本章主要内容

- 数据架构模式
- RDBMS 和行存储设计模式
- RDBMS 实现的特性
- 通过 OLAP 进行数据分析
- 高可用性和以读为主的系统
- 修改控制系统和数据库中的散列树

我看得远是因为我站在巨人的肩膀上。

——Isaac Newton（艾萨克·牛顿）

你或许会问："为什么学习关系型模式？这本书不是关于 NoSQL 的吗？"记住，NoSQL 的意思是"不只是 SQL"。可以预见的是，关系型数据库还是会继续成为许多业务问题合适的解决方案的。但是还是会有一些关系型数据库不能很好地契合业务问题的应用场景。本章将回顾 RDBMS 是如何存储数据（通过表和面向行的结构）并为联机事务系统所用，但在分布式环境下，联机事务系统将面临新的性能挑战。

我们将从数据架构模式开始，并看看企业资源计划（ERP）系统的需求会如何驱动 RDBMS 的特性集合。接下来我们还会探讨最常见的 SQL 模式，如行存储（在 RDBMS 中最常见的）和星型模式（被用在 OLAP 中，如数据仓库、商业智能系统）。我们将熟悉 SQL 的关键术语并讨论目录服务、DNS 服务和修改控制系统的主要特性。

在读完本章后，你将会理解 RDBMS 系统的优势和劣势，并知道什么时候 NoSQL 解决方案才是更合适的选择。你会明白 RDBMS 的关键术语并逐渐熟悉目录服务、DNS 服务和文档修改控制系统的一些关键特性。在我们深入了解 RDBMS 的优势和劣势之前，我们将从数据架构模式的概念开始，并讨论在为业务应用选择一个数据库时，数据架构模式的重要性。

3.1 什么是数据架构模式

那么如何才能准确地描述一个数据架构模式,为什么在选择数据库时,它会很有用?架构模式能对反复出现的高层数据存储模式准确地命名。当你将一个特定的数据架构模式作为某个业务问题的解决方案时,应该采用一个一致的过程来命名这个模式,描述它如何适用于当前的业务问题,并列出建议方案的优缺点。让所有团队成员就一个特定模式如何解决问题达成共识是很重要的,这样当功能实现时,业务目标才能被满足。

模式这个词有很多意义。通常,它指遇到一个新问题,你能辨识出以前遇到过的结构。对于我们来说,需要定义一个数据架构模式作为代表数据的一致方式,这样就可以用一个常规的结构将数据存储在存储器中。尽管存储数据的存储器通常是持久化的,如固态硬盘或机械硬盘,但是这些数据结构也会被存储在 RAM 中,然后通过另一个过程转移到持久化的存储器中。

一种是用来识别数据如何存储在系统中的广义的高层的数据架构模式,而另一种是识别你如何与数据进行交互的狭义的底层设计模式,理解这两种模式的区别也很重要。例如,图 3-1 顶部显示了在 RDBMS 中使用的高层的、行存储的数据架构模式,而在图的底部则显示了底层的设计模式,如连接、事务和视图。

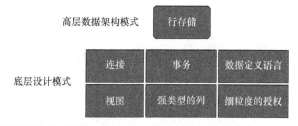

图 3-1　高层数据架构模式用于讨论数据存储在系统中的基本方法。一旦选择了某种高层数据架构模式,就意味着系统可能需要实现一些底层的设计模式

当继续 NoSQL 旅程时,我们会谈到传统的 RDBMS 模式,以及对于 NoSQL 运动来说特定的模式。你将会很快了解这些模式,并且了解如何使用它们构建适用于组织业务需求的解决方案。让我们通过观察 RDBMS 的行存储模式和那些与之相关的设计来展开对于模式的讨论。

3.2 理解应用于 RDBMS 的行存储设计模式

现在你已经对架构模式有了一个基本的认识了,让我们来看看与 RDBMS 紧密联系的行存储模式的概念和准则。理解行存储模式和它的连接用法对于决定系统是否能扩展至大量处理器来说是必需的。遗憾的是,行存储系统灵活的特点同时也制约了系统扩展的能力。

几乎所有的 RDBMS 都使用一个叫作"行"(row)的统一对象来存储它们的数据。行由一系列数据字段组成，每个字段都有一个列名和一个单一的数据类型。因为行会作为一个原子单位（一种独立工作于其他事务之外的单位）通过执行插入、更新或者删除命令完成添加或者删除，从技术上来说，这种数据架构模式称为行存储（row store），更为大家熟知的说法是 RDBMS 或者 SQL 数据库。

我们应该注意到，不是所有的 SQL 数据库都采用行存储模式。一些数据库也用列作为存储的原子单位。就像你想的那样，这些系统被称作列存储。我们也不能混淆列存储和列族存储，Bigtable 系统就采用的是列族存储模式。列存储系统经常被用在优先考虑聚合（计数、求和等）报表操作的速度而非插入的性能的场景。

3.2.1　行存储如何工作

行在 RDBMS 中是数据存储的原子单位。对于行存储的一个通用概念如图 3-2 所示。

图 3-2　一个行存储系统的基本原则。行存储在首次声明表时就确定下来，表由固定数量的列组成，其中每一列都有不同的名称和一种数据类型。数据通过一行一行地方式添加到系统，并且每一行必须满足每一列数据的要求。一行中的所有数据被作为一个单元新增并且存储到磁盘

在 RDBMS 中，插入的行都包含在表中。表和表可以互相关联，而数据之间的关系也保存在表中。下面列出了如何用 RDBMS 解决业务问题。

- 一个数据库建模团队见到了他们的业务客户。业务数据建模是以逻辑的方式来理解数据类型、分组和重复字段。当建模过程完成，团队将会得到物理的表/列模型。这个过程用于组织内新创建的数据以及从外部源传入的数据。
- 使用特定的语言创建表，这种语言称为叫作数据定义语言（data definition language）或者 DDL。整张表，包括所有列的定义和它们的数据类型必须在第一行数据插入表之前创建好。在有很多行的大型表中的列索引能提高访问速度。
- 一张表中的列必须有唯一的列名和一种数据类型（如字符串、日期或者十进制）并在表第一次定义时就创建好。每一列的语义和含义都被保存在组织的数据字典中。

- 新的数据通过 INSERT 语句或者批量加载函数来插入新的行加到表中。重复的字段通过引用上一级的行标识进行关联。
- SQL 的 INSERT 语句可以将提供的任何可用数据插入为一行。SQL 的 UPDATE 操作可以用来改变某行特定的值，但是必须提供需要更新的行的行标识。
- 报表通过将每个表中有关联的行进行 JOIN 操作生成具有业务逻辑的文档。
- 数据库规则，被称作触发器（trigger），可以被设定为自动删除与某一条业务记录相关的所有行。

许多商业 RDBMS 都是从单一特性开始。随着时间的推移，为了满足大型企业资源计划（ERP）系统的各种需求，新的特性不断被添加，直到它们对于可靠的商业用途变得健壮和安全。最初，组织只是需要一种方式来存储财务信息以生成精确的业务报表。RDBMS 被用来存储资产、销售和采购信息，并用 SQL 报表系统生成查询（报表）来显示收入、开销、现金流以及组织的整体净值。这些财务报表帮助决策者考虑是否投资新企业或者保留他们的现金。

3.2.2　行存储的演变

在 20 世纪 70 年代初，许多公司为它们的不同业务方向购买了独立的软件应用，就像图 3-3 中左边看到的那样。

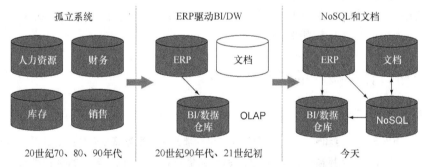

图 3-3　理解 NoSQL 系统如何与企业契合可以从企业数据库的 3 个阶段看出。最初组织使用独立的孤立系统（左图）。后来，在分离的系统基于历史事务数据生成集成报表和通过细粒度的安全控制将这些孤立的系统合并到 ERP 系统中的需求出现了（中图）。这些数据仓库和商业智能系统采用联机分析处理（OLAP）在不影响 ERP 系统性能的同时生成专项报表。下一个阶段（右图）是当 RDBMS 不适合处理某些特定的任务时，就需要加入 NoSQL 系统，并且 NoSQL 系统也可以作为文档集成的桥梁

在这个时期，某个特定数据库供应商的某个数据库可能包含了人力资源（HR）信息，来自另一个不同的数据库供应商的所提供的数据库则可能存储了销售的信息，还有可能第三个供应商的系统存储了客户关系管理（CRM）信息。这种结构模仿了那种组织内部的各部门在各自的领域里工作，并且部门之间的沟通非常有限的结构。企业发现这些孤立的系统对于一些需要保护敏感数据（如员工工资信息或者客户支付信息）的场景非常适合并且安全。虽然孤立的系统让每个

部门容易管理和保护它们自己的资源，但是这会对组织带来新的挑战。

孤立系统的关键问题是从多种系统中合并数据生成最新的报表所带来的挑战。例如，销售追踪系统中的一份销售报表可能被用来生成佣金信息，但是销售人员的名单和他们的佣金率可能存储在另外的 HR 数据库中。每当 HR 系统变化时，新的数据就必须被移动到销售追踪系统。在很多 IT 部门里，在两个单独孤立系统之间持续传输数据的开销成了预算最高的项目之一。为了应对集成成本居高不下的难题，许多组织将他们的架构从一些孤立的系统迁移到集成度更高的系统，如图 3-3 中部所示。

随着组织的演变，企业对于视图整合的需求逐渐成为评价组织健康与否和提升竞争地位的必备条件。组织愿意投资大量的资金安装和定制 ERP 软件包，这将产生高额的供应商许可费，并承诺添加诸如细粒度的、基于角色的企业数据访问以此对客户的需求进行持续支持。

IT 部门的管理者还是得继续面对高额的定制成本，与此同时，缺乏可扩展性的问题也开始困扰他们。软件的许可条款和相关技术不支持系统迁移到大量商用处理器上，并且大多数组织缺乏集成的文档存储，这使得从不同系统获得信息变得困难。

这就是当我们进入 21 世纪时的技术概况。正如在第 1 章讨论的那样，性能瓶颈出现了，并且 CPU 也无法继续变得更快，这就导致了一系列新的 NoSQL 技术的诞生。在图 3-3 的右边可以看到，NoSQL 系统并不是作为孤立系统出现的，而是传统 RDBMS 的补充。这些系统现在是解决 RDBMS 不能解决的问题的关键。NoSQL 解决方案的可扩展性使 NoSQL 系统对于转化数据仓库应用所使用的大量数据非常合适。此外，NoSQL 系统的文档特性和访问方式允许将企业文档直接与分析报表和组织的搜索服务平滑地整合。

3.2.3　分析行存储模式的优点和缺点

如表 3-1 总结了一个典型的企业 RDBMS 系统的优缺点。

表 3-1　RDBMS 的优点和缺点。RDBMS 是由早期那些将数据存储在表中的财务系统所驱动。
RDBMS 的优势和劣势驱动产生了基于大量表的、一致的、安全的报表需求

特性	优点	缺点
表之间的连接操作	很容易基于不同表之间的数据生成新视图	为了使连接操作高效运行，所有表都必须在同一台服务器上，这使得扩展至多个处理器变得困难
事务	在应用中定义关键事务的开始点、结束点以及完成变得简单	读、写事务可能在某个事务的关键时期放缓执行速度，除非事务的隔离等级被改变
固定的数据定义和强类型的列	当表生成时，非常容易定义结构和规范业务规则。可以在插入时验证是否所有数据都符合特定的规则。允许对列建索引	在新增一列时，很难处理高可变和异常数据
细粒度的安全性	行列的数据访问控制可以由一系列的视图和授权语句完成	为很多角色设定和测试访问安全性是一个复杂的过程
文档整合	没有。很少有 RDBMS 被设计成易于查询文档的结构	同时使用结构化和非结构化的数据生成报表比较困难

我们应该注意到 RDBMS 还在继续发展增加细粒度的 ACID 事务控制。一些 RDBMS 允许使用诸如 SET TRANSACTION ISOLATION LEVEL READ UNCOMMITTED 等命令来指定某个事务的隔离性等级。设定这个选项将会执行脏读或是对未提交的数据进行读取。如果对某个事务添加这个选项，这会使读取性能上升，报表可能会有不一致的结果数据，但是报表生成的速度会加快。

回顾这一节的内容，你会发现 ERP 系统的需求影响了如今 RDBMS 的诸多特性。这意味着如果业务系统有与 ERP 系统相似的需求，那么 RDBMS 可能是正确的选择。现在让我们用一个销售订单追踪的例子来仔细看看这些系统是如何工作的。

3.3　示例：对销售订单进行连接操作

现在我们了解了行存储以及它们是如何工作的。接下来我们将会讨论 RDBMS 是如何使用连接操作基于不同表的数据生成报表。如你所见，从报表的视角来说，连接操作是很灵活的，但是当 RDBMS 尝试扩展到多个处理器时，就会引入新的挑战。理解连接操作是很重要的，因为大多数 NoSQL 架构模式都是不支持连接操作的（第 4 章讨论的图模式除外）。不使用连接操作使 NoSQL 解决方案可以通过扩展到多个系统解决单个处理器系统的可扩展性问题。

连接操作是使用一张表的某一列的某个行标识和另一张表的特定行进行关联。关系型数据库的设计思想是找到为有关联数据的表创建关系的方法。经典的 RDBMS 示例是与 amazon.com 的虚拟购物车相似的销售订单追踪系统。图 3-4 是一个与销售订单相关的数据在某个 RDBMS 中如何表现的示例。

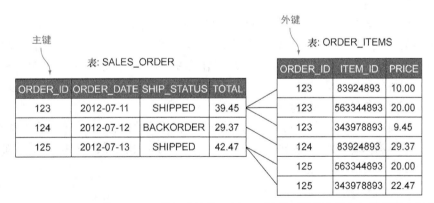

图 3-4　通过销售，订单和行物品进行连接的示例——关系型数据库是如何使用某个标识符列将记录连接在一起。在左边的 SALES_ORDER 表中的所有行在 ORDER_ID 列下都有一个唯一的标识符。这个数字在行被新增时就生成了，并且不会有两行有相同的 ORDER_ID。当在订单中新增一个物品时，其实是在 ORDER_ITEMS 表中新增了一行并通过 ORDER_ID 关联回相关的表。这样在生成报表时就允许一张订单的所有物品行与主订单连接

在这张图中，有两张不同的表：左边的 SALES_ORDER 主表和右边单独的 ORDER_ITEMS 表。每张订单都分别保存在 SALES_ORDER 表的每一行中，并且每一行都有一个唯一的标识符与之相关，称之为主键（primary key）。SALES_ORDER 表包括了 ORDER_ITEMS 表的所有订单，但是并没有包括每张订单的明细。ORDER_ITEMS 的每一行包含了一个订购的物品：订单号、物品 ID 和价格。当在订单中新增物品时，系统应用必须以正确的订单 ID 向 ORDER_ITEMS 表插入一行，并更新 SALES_ORDER 表的 TOTAL 字段。

当要生成显示一张订单的所有相关信息，包括所有的物品信息的报表，就需要写一个连接主表 SALES_ORDER 和 ORDER_ITEMS 表的 SQL 查询，加上一个 WHERE 子句，从 ORDER_ITEMS 中选择有相同 ORDER_ID 的物品。图 3-5 提供了执行这个连接操作的 SQL 代码。

```
SELECT * FROM SALES_ORDER, ORDER_ITEMS
WHERE SALES_ORDER.ORDER_ID = ORDER_ITEMS.ORDER_ID
```

图 3-5　SQL 连接示例——这个查询将返回一张新的并且包含这两张表所有信息的表。第一行选择数据，第二行限制结果只包含与订单相关的行

就像从这个例子看到的那样，销售订单和行物品信息比较适合这种表格式的结构，这是因为这种类型的销售数据不会有太多变化。

从所有 RDBMS 中获取这种销售信息时，还存在一些挑战。在开始编写查询时，必须知道并且理解数据结构和它们的依赖关系。表并不会告诉你应该如何进行连接操作。这些信息是可以被其他工具（如实体-关系设计工具）所保存——但是这种关系元数据并不是表核心结构的一部分。数据越复杂，连接操作就越复杂。从很多表中的数据生成报表需要用带有很多 WHERE 语句的复杂 SQL 语句将表连接在一起。

行存储的应用与表之间连接操作的需求会对在多个处理器上数据如何进行分区造成影响。存储在不同节点的两表之间的复杂连接需要在两个系统之间传输大量数据，这将会使处理过程非常缓慢。这种速度的减慢可以通过在相同的节点存储被连接的行进行规避，但是 RDBMS 并没有自动化的方法将目标的所有行放在同一个系统上。为了实现这种策略需要仔细考虑，并且这种类型的分布式存储职责可能从数据库层转移到应用层。

现在我们回顾了表、行存储和连接操作的通用概念，并且了解了数据分布到多个系统的挑战，接下来我们将要看看 RDBMS 一些特性，它们对于某些业务问题是理想的解决方案，而对于其他问题则不尽然。

3.4　回顾 RDBMS 实现的特性

让我们看看如今 RDBMS 的关键特性：

- RDBMS 事务；
- 固定的数据定义语言和强类型的列；

- 通过 RDBMS 视图保证安全并进行访问控制；
- RDBMS 的复制和同步。

为一个新项目选择数据库时，知道大多数数据库都已经内置了这些特性是很重要的。如果项目需要这些特性中的一些或者全部，那么一个 RDBMS 或许是正确的解决方案。选择正确数据架构能避免重复工作和以前软件出现过的耗时耗力的错误，从而节约组织的时间和金钱。我们的目标就是让你很好地理解 RDBMS 的关键特性（事务、索引和安全性）和它们在 RDBMS 中的重要性。

3.4.1　RDBMS 事务

通过 3.3 节的 SALES_ORDER 案例，让我们来看看一个典型的 RDBMS 控制事务和应用程序执行维护数据库一致性的步骤。先了解以下几个术语。

- 事务——工作在一个数据库管理系统内，对数据库执行的一个单一的原子单位的工作。
- 事务开始/结束——控制一批事务（插入、更新或者删除）的开始和结束的命令，作为一个整体，要么都执行成功，要么都执行失败。
- 回滚——将数据库恢复到先前状态的操作。

在 SALES_ORDER 的示例中，有两张表应该同时被更新。当新的物品被添加到订单，一条新记录将被插入 ORDER_ITEMS 表（它包含了每个物品的明细），同时 SALES_ORDER 表的 TOTAL 字段需要更新以反映数量的变化。

在 RDBMS 中，使用数据库事务控制声明保证两个操作要么都成功完成要么都不发生非常简单，如图 3-6 所示。

```
BEGIN TRANSACTION;
-- code to insert new item into the order here...
-- code to update the order total with new amount here...
COMMIT TRANSACTION;
GO
```

图 3-6　代码展示了 SQL 中被加入的 BEGIN TRANSACTION 和 COMMIT TRANSACTION 行，它们确保了新物品被新增至销售订单和更新销售订单的总额这两个操作作为一个原子事务。作用就是这两个操作要么都执行，要么都不执行。这样做的优点是 SQL 开发者不用测试来确保所有改动都发生了并且当事务中某个操作失败时不用撤销事务中的某一个操作。数据库总是保持一致的状态

第一个声明 BEGIN TRANSACTION 标记了一系列需要执行的操作的开始。在 BEGIN TRANSACTION 之后，还需要调用向 ORDER_ITEMS 表插入新订单的代码以及更新 SALES_ORDER 表中的 TOTAL 字段的代码。最后的声明，COMMIT TRANSACTION，让系统知道事务已经完成，没有需要执行的过程了。数据库就会在事务执行期间阻止（阻塞）对这两张表的其他任何操作，这样访问这些表得到的报表才会得到正确的值。

如果由于某些原因，数据库在事务的中间发生了故障，系统将会自动地回滚事务的所有部分，回退到数据库在 BEGIN_TRANSACTION 之前的状态。事务失效会被报告给应用，应用将会尝试重试或者要求用户稍后尝试。

保证事务可靠性的功能能被任何应用执行。关键在于 RDBMS 的实现使功能的某些部分自动化并且易于开发者使用。没有这些功能，应用开发者需要为应用的每一个部分创建一个撤销过程，而这是需要付出大量精力的。

一些 NoSQL 系统并不支持跨多条记录的事务。一些支持事务控制，但是也仅仅只是在原子单位的操作中，如在一个文档内。如果系统在很多方面要求细粒度的事务控制，那么 RDBMS 可能是最好的解决方案。

3.4.2　固定的数据定义语言和强类型的列

RDBMS 要求在添加数据到任何一张表之前就声明所有表的结构。这些声明通过 SQL 数据定义语言（DDL）创建，它允许数据库设计者指定表的所有列、列的类型和任何与表相关的索引。从表 3-2 中能看到 MySQL 系统的典型 SQL 数据类型列表。

表 3-2　MySQL 的 RDBMS 列类型示例。RDBMS 中的每一列都被分配了一种类型。
添加错误数据类型的数据将导致错误

种类	类型
整型	INTEGER、INT、SMALLINT、TINYINT、MEDIUMINT、BIGINT
数字型	DECIMAL、NUMERIC、FLOAT、DOUBLE
布尔型	BIT
日期和时间型	DATE、DATETIME、TIMESTAMP
文本型	CHAR、VARCHAR、BLOB、TEXT
集合型	ENUM、SET
二进制型	TINYBLOB、BLOB、MEDIUMBLOB、LONGBLOB

这个系统的优势在于它可以强制规范数据并且防止用户添加任何不符合规则的数据。而缺点是在某些情况下，数据需要改变，就不能简单将其插入数据库中。这些变化需要用其他数据类型的其他列保存，或者需要改变列的类型让其更灵活。

在组织内，数以百万行的数据存储在数据库的表中，如果改变了数据类型，这些表必须被移除并重新被存储。这将导致停机并且对员工、顾客以及最终公司的底线造成生产力的损失。应用开发者有时利用与列类型相关的元数据来创建列与对象数据类型的映射规则，这意味着对象-关系映射软件也必须在数据库改变的同时被修改。

尽管它们可能看起来对用测试数据集搭建新系统的人来说是个小麻烦，但是生产环境重构数据库的过程可能会花费数周、数月或者更长的时间。据某些组织的非官方证据表明，仅仅是改变了数据字段的位数就花费了数百万美元。千年虫问题（Y2K）就是这类挑战的一个例子。

3.4.3 通过 RDBMS 视图保证安全并进行访问控制

现在你理解了 RDBMS 的概念和结构，让我们来思考下如何安全地增加敏感信息。让我们扩展一下 SALES_ORDER 的示例，允许顾客用信用卡支付。由于这个信息是敏感的，所以需要找到一种获取并保护数据的方式。公司的安全政策可能允许公司的某些人通过合适的角色查看销售数据。此外，你可能还需要一些安全的角色来指定组织内少部分被允许查看顾客信用卡号的人。一种解决方案是将卡号放在一个独立的隐藏表中，并且通过执行连接操作来获取所需的信息。但通过对表或者查询创建一个独立的视图，RDBMS 供应商们提供了一种更简单解决方法。图 3-7 显示了这样的一个示例。

图 3-7 数据安全性和访问控制——如何通过使用视图隐藏敏感的列。在这个示例中，物理的表存储了信用卡信息，这些信息应该对普通用户加以限制。为了不用复制表来保护信息，RDBMS 提供了一个表的受限视图，它去掉了信用卡信息。即使用户使用一个通用的报表工具，他们也不会看到信用卡信息数据，因为他们没被授权查看底层物理的表，只允许查看这个表的一个视图

这个例子中，用户不会访问任何实际的表。取而代之的是，他们只能从表中看到信息的报表，报表中排除了基于公司安全策略他们无权访问的敏感信息。这种使用动态计算来创建表视图并且授权组织内事先定义好的角色访问视图是 RDBMS 的特性之一，它使 RDBMS 变得很灵活。

许多 NoSQL 系统不允许对物理数据创建多视图并对不同角色的用户授权访问。如果业务需求包括这些类型的功能，那么 RDBMS 可能更适合。

3.4.4 RDBMS 的复制和同步

就像我们提到的，早期的 RDBMS 被设计为运行在单个 CPU 之上。当组织拥有关键数据时，

这些数据被保存在一块主要硬盘上，并同时将每个插入、更新和删除事务操作备份到单独磁盘的日志文件中。如果数据库遇到中断情况，将会加载备份库并重执行日志文件以回到数据库中断的时间点的状态。

日志文件会增加系统开销并降低系统运行速度，但是它们对于保障 RDBMS 的 ACID 特性是必需的。但还是有些应用场景业务不可能等待业务备份库恢复并重执行日志文件。在这些场景中，数据不仅要被立即写入主数据库而且还要在从数据库写入备份（或者镜像）。图 3-8 展示了镜像技术如何被应用在 RDBMS 中。

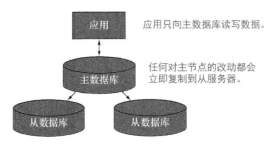

图 3-8　复制和镜像——对单个主数据库来说，如何配置应用读写它们所有的数据。主数据库的任何改动会立即触发一个过程，这个过程会复制事务信息（插入、更新、删除）到一个或多个用来镜像主数据库系统的从系统上。这些从服务器在主数据库变得不可用时能够快速地接管主系统的负载。这样的配置使数据库能够提供高可用的数据服务

在一个镜像数据库中，当主数据库崩溃时，镜像系统（从系统）将接管主系统的操作。当需要额外的冗余时，就需要不止一个镜像系统，因为通常两个或两个以上的系统同时崩溃的可能性很小，所以对于大多数业务流程来说已经足够安全。

复制过程解决了搭建高可用系统相关的挑战。如果一个主系统宕机，从系统能够介入并取代主系统的位置。正如上面所说，它向数据库管理人员引入了分布式计算的挑战。例如，假如其中一个从系统崩溃了一段时间会怎么样？主系统应该停止接收事务处理直到从系统重新上线吗？一个系统"正好"在事务处理时宕机该怎么办？谁来保存这些事务，它们又该被保存在哪里？这些问题催生了一类专门处理数据库复制和同步的新产品。

复制和我们在第 2 章讨论的分片是不一样的。分片将每一条记录存储在不同处理器上但是并不会备份数据。并且，分片虽然可以允许多个系统分布式地读写但是并不会增加系统的可用性。而复制可以增加可用性并且可以通过让从系统来响应读请求来增加读取速度。通常，复制不会增加数据库的写操作性能。因为数据必须被复制到多个系统，所以有时它会降低总的写效率。最后，复制和分片是独立的两个过程并且在合适的解决方案下可以配合使用。

那么如果从系统崩溃会怎么样？主节点将会毫无理由地拒绝所有事务，因此任何从系统崩溃将导致系统对任何写操作不可用。如果允许主节点继续接受更新操作，那么当从系统重新上线时，需要一个过程重新同步从系统。

　　解决从系统重新同步问题的常见的解决方案是采用一个完全独立的、被称作可靠消息系统（reliable messaging system）或者消息存储（message store）的软件，如图 3-9 所示。

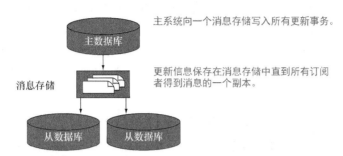

图 3-9　使用消息存储进行可靠的数据复制——消息存储是如何用来提高每个从数据库的数据可用性，即使在从系统在一小段时间不可用的情况下。当从系统重启，它们能通过访问外部的消息存储重新获得在它们不可用时丢失的事务信息

　　即使远程系统没有响应，可靠消息系统仍然接受消息。当采用一个主/从的配置，一个或多个从系统宕机，这些系统会对全部更新消息入队列，当从系统重新上线时发送这些消息，使所有消息被发布，这样就能保证主节点和从节点保持同步。

　　当一个系统或多个系统在一小段时间出现故障时，复制是一个复杂的问题。知道哪些信息已经被改变并同步改变的数据对于可靠性至关重要。如果没有某些将大型数据库拆分成更小的子集作比较的方法，复制将变得不切实际。这就是使用一致性缓存 NoSQL 数据库（第 2 章讨论过）可能是更好的解决方案的原因。

　　NoSQL 系统也需要解决数据库复制问题，但是不像关系型数据库，NoSQL 不仅需要同步表，还需要同步其他结构，例如图和文档。用来复制这些结构的技术有时与消息存储相似，其他时候还需要更多的专门的结构。

　　现在我们已经参观了在联机事务系统中具有代表性的 RDBMS 的主要特性，让我们来看看类似的系统通过创建和使用数据仓库和商业智能系统，在不牺牲事务系统性能的情况下，解决用历史事务产生的数以百万计的记录生成大型复杂的报表的问题。

3.5　通过 OLAP、数据仓库和商业智能系统对历史数据进行分析

　　大多数 RDBMS 都用于处理实时事务，如在线销售订单或者银行事务。通常，这些系统被称为联机事务处理（OLTP）系统。本节我们将注意力从实时的 OLTP 转移到另一类用历史事务生成详细的、专门的报表的数据模式。分析用到的记录不再经常变化，而是一次写入多次读取。我们称这类系统为联机分析处理（OLAP）。

　　OLAP 系统使非编程人员能够在大型数据集上快速地生成专门的报表。在 OLAP 中使用的数

据架构模式与事务系统明显不同，即便它们都是通过表来存储数据。OLAP 系统通过那些生成图形化输出的前端商业智能软件来显示趋势并帮助业务分析师理解和定义他们的业务规则。OLAP 系统通常用于让数据挖掘软件自动从数据中寻找模式和侦测错误或是一些欺诈案例。

理解什么是 OLAP 系统，使用的概念和它们能解决的问题的类型有助于决定在什么时候采用合适的方案。在选择软件和对架构进行权衡时，你会发现这些差异是至关重要的。

表 3-3 根据 OLTP 和 OLAP 系统在业务重点、更新类型、关键结构和成功的标准等方面总结了它们的不同之处。

表 3-3　对比联机事务处理（OLTP）系统和联机分析处理（OLAP）系统

	联机事务处理（OLTP）	联机分析处理（OLAP）
业务的关注点	基于 ACID 的约束精确地管理实时事务	即使面对不计其数的记录，也要让非编程人员能基于历史事件数据快速地生成专业的分析结果
更新的类型	许多并发的用户进行混合读、写和更新操作	每天批量加载新数据，并有读操作。不关心并发
关键结构	表和多级的连接操作	一个大型事实表和一些维度表被设计为星型或者雪花型，用来将事实归类。汇总结构的汇总数据是预先计算好的
典型的成功标准	对处理许多并发用户经常性的修改不会出现性能瓶颈	分析师能够基于数以百万的记录容易地生成新报表，并快速获得趋势中的关键洞见，发现新的业务机会

在本章中，我们关注了普通用途的传统型数据库系统，它们在实时的环境中基于事件驱动进行交互。这些实时系统被设计为存储和保护事件记录，如销售事务、网页的点击事件和在账户之间的资金转移。而我们现在将要关注的这类系统不关心按钮点击事件，但更关注分析过去的事件并基于此做出结论。

3.5.1　数据如何从操作型系统流入分析型系统

OLAP 系统，经常被用于数据仓库/商业智能系统应用，它们并不关注新数据，但是关注基于过去的事件做出快速分析并对未来事件做出预测。

在 OLAP 系统，数据从实时的，操作型系统流入下游的分析系统作为将日常事务从基于历史数据的分析作业中分离开来的一种方式。在设计 NoSQL 系统时，这种关注点的分离是很重要的，这是因为操作型系统的需求和分析型系统的需求是截然不同的。

BI 系统在进化，这是因为基于生产数据库的数以百万行的信息生成汇总报表是效率低下的，并且会在生产数据库高负载的时候降低生产数据库的效率。这时在镜像系统生成报表不失为一个选择，但是报表仍然需要花费比较长的时间生成，并且从员工生产力的角度来说，这是效率低下的表现。在 20 世纪 80 年代出现了一种新的数据库，特别为专注基于海量数据快速生成专项报表而设计。这些先驱者系统并不是从互联网公司诞生，而是诞生于那些需要了解零售店销售模式并且预测什么时候应该销售何种物品的公司。

让我们通过一个数据流图来看看它是如何工作的。图 3-10 展示了典型的数据流和一些与商业智能和数据仓库数据流不同部分相关的名字。

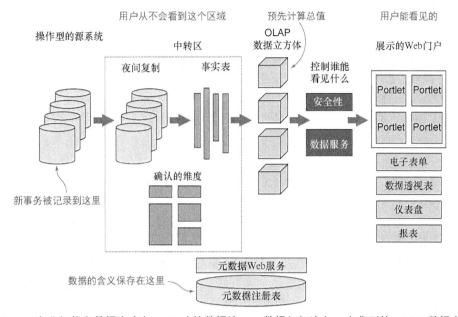

图 3-10 商业智能和数据仓库（BI/DW）的数据流——数据如何流向一个典型的 OLAP 数据仓库系统。第一步，新事务被复制到操作型源系统并被加载至临时存储区域。在这个区域的数据接下来将会被转移以用来生成事实表和维度表，这些表将用来生成 OLAP 数据立方体结构。这些数据立方体包含了预先计算好的聚合结构，这些结构包含了汇总信息，这些信息需要以向事实表增加新的事实的方式来更新。在 OLAP 数据立方体的信息将经过安全和数据服务层并被图形化前端工具访问。这个系统任何部分的所有数据的精确含义都存储在一个分离的元数据注册数据库，这样就能保证尽管数据经过了许多层的转换，仍然保持使用上和含义上的一致

在图中的每部分都负责特定的任务。在日常事务中经常被改变的数据存储在图中左边的追踪日常事务的计算机里，这些计算机被称作操作型源系统（operational source system）。每隔一段时间，新数据就会从这些源系统中被抽取出来存储在临时暂存区域，如图 3-10 中间的虚线框所示。

数据暂存区域其实是由一些包含更多 RDBMS 表数据的计算机组成，这些数据通过抽取、转换和加载（ETL）工具进行处理。ETL 工具用于从 RDBMS 表中抽取数据并移动数据，在事务处理之后，移动到另一些 RDBMS 表中。最终，新数据将被增加至事实表，存储系统细粒度的事件。一旦事实表被更新，包括新信息的新总数和新总量就会生成，这些表被称为汇总表。

通常，NoSQL 系统并不是想要替换一个数据仓库应用的所有部分。它们的目标在于那些看重可扩展性和可靠性的领域。例如，许多 ETL 系统可以被 MapReduce 风格的转换器替换，它们有更好的扩展属性。

3.5.2   熟悉 OLAP 的概念

通常，OLAP 系统与 OLTP 系统拥有相同的行存储模式，但是它们的概念和构想是不同的。让我们来看看 OLAP 核心概念，看看这些概念如何相辅相成地使用数以百万的事务数据来生成亚秒级的事务报表。

- 事实表——主要的事件表，包含了联系其他表的外键和被称为度量的十进制值。
- 维度表——用来分类每一个事实的表。维度的例子包括时间、地理、产品或者促销维度。
- 星形模式——事实表被一些维度表包围的组织方式。中央事实表中的单独的一行代表了每一个事务。
- 类别——将所有事实分为两个或多个类别。例如，产品可能会有一个季节性的类别，表示它们只在全年的一部分时间有库存。
- 度量——在一个事实表的某列的一个数字，你可以对它求和或是求均值。度量通常是像销售数量或者价格一样的事物。
- 汇总——预先计算好的总数能够让 OLAP 系统快速地向用户展示结果。
- MDX——一种用来向数据立方体抽取数据的查询语言。MDX 在某些方面与 SQL 看起来很相似，但是被定制用来选择数据到数据透视表中显示。

对于 MDX 和 SQL 的比较，如图 3-11 所示。

```
SELECT
{ Measures.STORE_SALES_NET_PROFIT } ON COLUMNS,
{ Date.2013.Q1, Date.2013.Q4 } ON ROWS
FROM SALES
WHERE ( STORE.USA.MN )
```

注意 "ON ROWS" 和 "ON COLUMNS"

图 3-11   一个 MDX 查询示例——与 SQL 一样，MDX 使用相同的关键字：SELECT、FROM 和 WHERE。MDX 与 SQL 的不同之处在于它通常会返回一个基于行列分类的二维网格的值。ON COLUMNS 和 ON ROWS 显示这种区别

在这个例子中，我们利用包含明尼苏达州的每个店（WHERE STORE.USA.MN）的销售总量的每一列，以及包含销售季度（第一季度、第二季度、第三季度和第四季度）的行得到结果。结果将会是一个网格，其中一个坐标轴是商店，另一个坐标轴是日期。每个网格包含了某个商店某个季度的销售总量。SELECT 和 WHERE 语句和 SQL 类似，但是 ON COLUMNS 和 ON ROWS 是 MDX 独有的。这个查询的输出可以用图表来展现，如图 3-12 所示。

注意，这个图表一般会在 1 s 内被 OLAP 系统所呈现。软件并不需要重新计算销售总量来生成图表。OLAP 的流程会生成预先计算好的结构，这个过程被称为汇总，当新事务被加载到系统时，都会计算月度商店销售量。唯一的计算需求是将月度总量汇总至相关的每一季度并生成季度的数据。

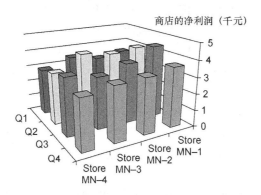

图 3-12　利用汇总信息的商业智能报表示例。一个典型的定位度量（纵轴）的 MDX 查询通过类别（商店轴）来生成图形化的报表。报表不需要直接使用独立的销售事务数据来生成结果。结果是通过访问预先计算好存储在汇总结构中的汇总信息生成的。这样即使是从数以百万计的事务数据中生成新的专项报表也能在 1 s 内完成

3.5.3　通过汇总生成专项报表

为什么用户通过 OLAP 系统预先内建的汇总数据生成专项报表是很重要的？这是因为专项报表对于那些依靠从它们的数据中分析模式和趋势从而做出决策的组织很重要。就像你将看到那样，NoSQL 系统可以与其他 SQL 系统以及 NoSQL 系统联合起来直接对 OLAP 报表工具提供数据。

许多组织发现 OLAP 是一个经济的方式去对大量过去的事件执行详细分析的方法。它们的优势在于允许非编程人员快速地对海量数据集或是大数据进行分析。为了生成报表，你只需要理解类别和度量是如何结合的。这种对于零售店销售部门的非编程人员的促进成为了降低消费者零售成本的关键因素之一。商店中的商品都是人们此时所需的。

尽管数据可能包含了过去 10 年不计其数的事务，但是结果通常在 1 s 内就会返回至屏幕。OLAP 系统是通过按照事实表中的类别（如时间、商店编号或者产品类别码）的度量预先计算汇总做到这一点的。这听起来像是需要大量的磁盘存储所有的这些信息吗？你或许是对的，但是你要知道如今磁盘并不贵，并且分配给 OLAP 系统越多的磁盘空间，就能生成更多预先计算汇总的结果。拥有更多的信息，就能更容易地做出正确的决策。

使用 OLAP 系统的一个优点是作为用户并不需要知道汇总生成的过程及其细节。只需要了解数据和它们怎样最适合地进行求和、求平均或者被研究。另外，系统设计师并不需要了解如何生成汇总操作，他们只需关注如何定义数据立方体的类别和度量，然后将事实表和维度表的数据映射到数据立方体。然后 OLAP 系统会完成剩下的工作。

当你去你最喜欢的零售店寻找存放你最喜欢物品的货架时，你就会理解 OLAP 的好处了。成千上万的买家和库存专家每天都会使用这些工具来追踪零售趋势并对他们的库存和配送进行调

整。由于 OLAP 系统的流行和允许非编程人员生成专项查询，所以 OLAP 和数据仓库系统的基础架构会很快被 NoSQL 解决方案替代的可能性很低。改变的则是像 MapReduce 这类的工具将会被用来生成数据立方体用到的汇总结果。出于效率的考虑，OLAP 系统需要可以高效生成预先计算好的汇总结果的工具。在接下来的一章，我们将谈到 NoSQL 组件是如何适合来对大型数据集进行分析。

在过去 10 年，开源 OLAP 工具（如 Mondrian 和 Pentaho）的使用已经使组织显著降低了在数据仓库方面的开支。为了成为一个可行的专项报表分析工具，NoSQL 系统必须和这些系统同样经济和易用。它们必须能够弥补当前系统缺乏的在性能和可扩展性方面的不足，还必须有便于与现有的 OLAP 系统整合的工具和接口。

尽管事实是 OLAP 系统变成了商用产品，安装和维护 OLAP 系统仍然占据组织 IT 部门预算的一大部分。用来在操作型和分析型系统传输数据的 ETL 工具通常依旧运行在单个处理器之上，执行代价高昂的连接操作，并且限制了每晚在操作型和分析型系统之间传输数据的总量。这些挑战和开销在组织缺乏严格的数据管理政策或是有不一致的类别定义的情况下变得越来越严重。尽管不一定是数据架构的问题，但是它们属于企业语义和标准的范畴，并且在 RDBMS 和 NoSQL 解决方案中都需要引起重视。

标准观察：OLAP 的标准

一些与 OLAP 系统相关的 XML 标准提升了 MDX 应用在 OLAP 系统之间的移植性。这些标准包括 XML for Analysis（XMLA）和 Common Warehouse Metamodel（CWM）。

XMLA 标准是一种用来在各种 OLAP 服务器和客户端交换 MDX 语句的 XML 封装标准。XMLA 系统允许用户使用不同的 MDX 客户端，如 JPivot，来应对许多不同的 OLAP 服务器。

CWM 是一种描述可能在 OLAP 系统中发现的所有组件，如数据立方体、维度、度量、表和汇总的 XML 标准。CWM 系统使得可以用一系列标准化和可移植的 XML 文件定义 OLAP 数据立方体，这样的数据立方体的定义就能在多个系统之间进行交换。

通常，商用厂商都会使导入 CWM 数据变得简单，但是经常使导出这些数据变得困难。这是为了让用户能够容易地开始使用他们的产品但是却难以离开这些产品。第三方厂商的产品经常需要提供高质量的从一个系统到另一个系统的转换过程。

OLAP 系统独特之处在于一旦事件记录被写入事实表，它们通常就不会被修改。接下来我们将会看到，这种一次写入，多次读取的模式在日志文件和网络使用情况统计处理中也很常见。

3.6　将高可用性和以读为主的系统一体化

以读为主的非 RDBMS，如目录服务和 DNS，通常用来为那些一次写入，多次读取的系统提供高可用性。可以使用这些高可用系统来保证数据服务总是可用的,并且当你的登录和密码信息在局域网不可用时,你也能正常工作。这些系统采用了与 NoSQL 系统中一样的复制特性来提供高可用的数据服务。仔细研究这些系统能让你欣赏其复杂性并且帮助你理解 NoSQL 系统是如何能够从这些同样的复制技术中受益从而获得提高。

如果你曾经搭建过一个局域网(LAN),你可能熟悉目录服务的概念。当你创建了一个 LAN,你会选择一台或多台计算机来存储网络中所有计算机共同的信息。这些信息被存储在一个被称为目录服务器的高度专业的数据库之中。通常来说,目录服务器会有少量的数据被读取;写操作几乎没有。目录服务不用拥有与 RDBMS 一样的能力并且也不使用查询语言。它们并不是设计来操作复杂的事务,也不提供 ACID 保证和回滚操作。它们提供的是一种快速和极其可靠地方式来查询一个用户名和密码并且对该用户进行认证。

目录服务需要高度的可用性。如果你不能认证某个用户,他们就不能登录网络完成工作。为了提供一个高可用服务目录,服务被复制到网络中的 2 台、3 台或者 4 台不同的服务器。如果任何服务器变得不可用,剩下的服务器能够提供你需要的数据。你会发现通过复制它们的数据,目录服务能够提供应用需要的高水平的高可用服务。

另一个高可用性系统的例子是域名解析系统(DNS)。DNS 服务器提供了一个简单的查询服务,这个服务能将逻辑上人类可理解的域名(如 danmccreary.com)转换成一个与远程主机相关的数字式的因特网协议(IP)地址,如 66.96.132.92。DNS 服务器与目录服务器类似,需要可靠性;如果它们不正常工作,人们就不能访问他们需要的网址,除非他们知道这台服务器的 IP 地址。

我们提到目录服务和 DNS 类型的系统,是因为它们是真正的数据库系统并且是解决那些高度特定的业务问题的关键,这些问题的高可用性只能通过消除单点故障的方式解决。它们在这方面的表现要好于一般的 RDBMS。

目录服务和 DNS 是不同的数据架构模式用于与 RDBMS 相结合提供特定的数据服务的绝佳例子。因为它们的数据相对简单,不需要复杂的查询语言来保证效率。这些高度分布式的系统侧重于 CAP 三角形的不同顶点来满足不同的业务目标。NoSQL 系统经常用来整合这些分布式系统中的技术以达到可用性和性能方面的目标。

在本章最后一节将会看到文档的修改控制系统如何提供了一系列 NoSQL 系统也能提供的独特服务。

3.7 在修改控制系统和数据同步中使用散列树

让我们来到最后一节,我们将会看看一些应用在软件工程的修改控制系统中的创新之处,去了解这些创新之处是如何应用在 NoSQL 系统中的。我们将接触到这些创新点是怎样应用在分布式的修改控制系统(如 Subversion 和 Git)的,它们使分布式软件开发变得更加容易。最后,我们将了解修改控制系统使用散列树和 delta 模组来同步复杂的文档。

是"版本"控制还是"修改"控制？

版本控制（version control）和修改控制（revision control）的术语都常用于描述如何管理历史文档。尽管有很多种定义，但版本控制通常是应用于追踪文档历史的任何方法的术语。它包括了一些工具，可以将 Microsoft Word 文档的多个二进制文档存储在像 SharePoint 这样的文档管理系统。修改控制是一个更加特定的术语，它描述了像 Subversion 和 Git 这样的工具中的一系列特性。修改控制系统包括了像增加发布标签（tags）、分支、合并和保存文本文档之间的差别这样的一些特性。我们接下来将会使用修改控制这个术语，因为它对我们的环境来说更加明确。

修改控制系统对于那些包含分散的开发者的团队的项目很关键。对于这些类型的项目，丢失代码或者使用了错误代码意味着损失时间和金钱。这些系统采用了与 NoSQL 系统相同模式，如分布式系统、文档散列和散列树，来快速确定事物是同步的。

早期的修改控制系统（RCS）并不是分布式的。单个磁盘存储了所有源代码，并且所有开发者将一个网络文件系统挂载到他们本地的计算机。所有人都使用一个的主副本，并且没有工具能够快速地找出两份修订之间的区别，这样就很容易不小心覆盖代码。当组织开始意识到有才华的开发员工并不需要住在组织所在的城市，开发者可以远程办公时，就产生了对新一代的分布式修改控制系统的需求。

为了应对分布式开发的需求，新一类的分布式修改控制系统（distributed revision control system，DRCS）出现了。像 Subversion、Git 和 Mercurial 这样的系统，都能存储一个修改数据库的本地副本并且在需要时快速与主副本进行同步。它们的实现方式是计算系统里每个修改的对象（目录以及文件）的散列值。当远程系统需要被同步，它们比较散列值，而不是单个文件，这使得可以对多个节点的深度树结构进行快速同步。

用来检测两个树形结构是否一致的树形结构被称作散列树或者 Merkle 树。散列树计算树的每个叶子节点的散列值，并用这些散列值创建一个节点对象。节点对象接着会被散列并生成一个对于整个目录的新散列值。图 3-13 中显示了一个样例。

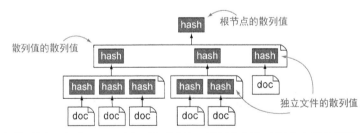

图 3-13 一棵散列树，也叫 Merkle 树，通过计算一棵树中所有叶子节点的散列值生成。一旦叶子节点被散列了，一个目录的所有节点会结合它们的散列值生成一个同样能被散列的文件。这个散列值的散列就成为了这个目录的散列值。目录的散列值能转而生成父节点的散列值。通过这种方式，能比较两棵树的任何节点的散列值并立即知道特定节点下的所有结构是否相同

散列树被用在大多数分布式修改控制系统。如果你为当前的项目软件生成一个副本，然后将其存储在你的笔记本里并前往 North Woods 一周去编写代码，当你回来时，你只是想重新连接到网络并合并你的改动和你外出期间发生的所有更新。这个软件并不需要那种一个字节一个字节地比对来找出应该采用哪个改动。如果你系统的某个目录与基础数据库的散列值一致，那么软件立刻就知道它们通过散列值的比较后是一致的。

"去 North Woods 一周"这种同步场景与那种分布式数据库的某个节点与其他节点断开一段时间的问题类似。你可以使用和在修改控制系统中使用的同样的数据结构和算法来保持 NoSQL 数据库的同步性。

你说你需要加大 6 台服务器中一台的 RAM 大小，这个节点提供了一个主节点的备份。你关闭服务器，装上 RAM，并重启服务器。服务器关闭的时间里，系统处理的很多的事务现在需要被复制。复制整个数据集是效率低下的。使用散列树使你仅仅检查那些有新散列值的目录和文件，然后同步它们——你的任务就完成了。

就像你看到的，分布式修改控制系统在如今的数据库工作环境和软件开发场景是很重要的。通过重联网络并且合并改动的数据的同步能力能为组织节省了可观的时间和金钱并使他们专注于其他业务关注点。

3.8　实践

Sally 参与了一个使用 NoSQL 文档数据库存储几十万产品的产品评论的项目。由于产品和产品评论有非常多不同类型的属性，Sally 同意文档存储对于存储这种高度可变的数据是合适的。此外，业务部门还需要文档存储提供全文搜索的能力。

业务部门找到了 Sally：他们想要在产品评论中被标准化的属性的一个子集上进行汇总分析。这个分析需要为不同类别的产品展示总数和平均值。Sally 有两个选择。她可以使用 NoSQL 文档数据库提供的汇总函数，或者构建一个 MapReduce 作业来汇总数据，然后用已有的 OLAP 软件完成分析。

Sally 意识到两个选择都需要同样的编程工作量。但是 OLAP 解决方案可以通过数据透视表之类的接口让专项查询变得更加灵活。她决定用 MapReduce 作业来生成一个事实表和一些维度表，然后根据星形模型构建数据立方体。最后，产品经理可以用他们做产品销售分析的工具基于产品评论生成专项报表。

这个例子说明了 NoSQL 系统可能对于某些数据任务来说是合适的，但是对于某些分析，它们可能没有与一个传统的以表为中心的 OLAP 系统相同的特性。在这里，Sally 将新的 NoSQL 方案的一部分和传统的 OLAP 工具的一部分结合起来并取两者之优点。

3.9　小结

在本章，我们回顾了许多 RDBMS 已有的特性以及它们的优势和劣势。我们了解了关系型数据库中表之间的连接操作的概念和需要跨多个系统时，可扩展性方面存在的挑战。

我们回顾了独立系统的大的集成成本如何驱动 RDBMS 厂商创建更大的集中系统，来生成最新的细粒度访问控制的整合报表。我们还回顾了联机分析系统如何使非编程人员快速地用销售数据按照他们需要的类别生成报表。我们还看到了一些特定的非 RDBMS 数据库系统（如目录服务和 DNS）是如何应用于高可用性的。最后，我们展示了分布式文档修改控制系统已经研发出的比对文档树的快速方法并且明确这些相同的技术可以应用在分布式的 NoSQL 系统中。

本章还需要补充几点。首先，对于很多业务问题，RDBMS 依然是合适的解决方案，并且以后组织也会继续使用它们。其次，RDBMS 会朝着宽松 ACID 需求和管理面向文档结构的方向继续发展。例如，IBM、Microsoft 和 Oracle 如今都会支持 XML 列类型和有限形式的 XQuery。

反思一下 RDBMS 是如何影响 ERP 系统的需求的，我们应该明白，即使 NoSQL 系统拥有出色的新特性，组织必须在计算它们的所有成本时将集成成本考虑在内。

本章主要的内容之一是说明跨厂商和跨产品的查询语言在创建软件平台时关键性。NoSQL 系统在采用统一的查询标准之前，几乎还是会存在于小众领域里。面向对象的数据库仍然没有通用的查询语言的事实都已经存在大约 15 年了，这对于标准所扮演的角色来说是个明显的例子。只有应用具有移植性，软件厂商才会考虑大规模地从 SQL 系统移植到 NoSQL 系统。

本章回顾了数据架构模式，并为下一章打下了基础，在下一章我们将了解 NoSQL 模式。我们将会看到 NoSQL 模式如何适应现有的基础架构，并用不同的方式解决业务问题。

3.10　延伸阅读

- "Database transaction." Wikipedia. http://mng.bz/1m55.
- "Hash tree." Wikipedia. http://mng.bz/zQbT.
- "Isolation (database systems)." Wikipedia. http://mng.bz/76AF.
- PostgreSQL. "Table 8-1. Data Types." http://mng.bz/FAtT.
- "Replication (computing)." Wikipedia. http://mng.bz/5xuQ.

第4章 NoSQL 数据架构模式

本章主要内容

- 键值存储
- 图存储
- 列族存储
- 文档存储
- NoSQL 架构模式的变体

……没有什么模式是孤立的实体。每个模式能够存在于世界上，在某种程度上，仅仅是由于它被其他模式所支持：它所嵌入的更大的模式，被同等规模的模式包围，并且还有更小的模式嵌入其中。

——Christopher Alexander，*The Timeless Way of Building*

对于 NoSQL 系统的使用者来说，其中一个挑战就是从众多不同的架构模式中选择一个合适的架构模式。在本章，我们将会介绍一些最普遍的高层 NoSQL 数据架构模式，并向你展示如何使用它们以及实际的使用示例。最后，我们再看一些 NoSQL 模式的变体，如 RAM 和分布式存储。

表 4-1 列出了与 NoSQL 运动相关的标志性的数据架构模式。

表 4-1 NoSQL 数据结构模式——NoSQL 运动引入的最重要模式及其简介和典型应用示例

模式名称	描述	典型应用
键值存储	一种将一个大型数据文件和一个简单的文本字符串关联起来的简单方式	字典、图像存储、文档/文件存储、查询缓存、数据透视表
图存储	一种存储图的顶点和边的方式	社交网络查询、朋友的朋友查询、推理、规则系统和模式匹配
列族存储	通过一个行号和列名作为键，来存储稀疏矩阵数据	Web 信息爬取、大型的稀疏表、高适应性的系统、高度变化的系统
文档存储	一种通过单个单元来存储树形结构的分层信息的方式	凡是有一个自然的承载它的结构的数据，包括办公文档、销售订单、发票、产品描述、表格和网页；流行出版物、文档交换和文档搜索；流行出版物、文档交换和文档搜索

在读完本章之后，你将会了解主要的 NoSQL 数据架构模式，如何将与模式相关的 NoSQL 产品与服务进行分类，以及使用每个模式的应用类型。当面临一个新的业务问题时，对于哪种 NoSQL 模式可能会有助于提供一个解决方案，你会有更好的理解。

第 3 章谈论的数据架构模式是为了加深你的记忆，一个数据架构模式是以结构表示数据的一致方式。这对于 SQL 模式以及 NoSQL 模式来说同样是正确的。在本章，我们将关注与 NoSQL 相关的架构模式。我们将从最简单的 NoSQL 模式开始，键值存储，然后来看看图存储、列族存储、文档存储和一些 NoSQL 主题的变体。

4.1　键值存储

让我们从键值存储开始，再来看看它的一些变体，然后了解这种模式是如何被用来经济地解决各种业务问题的。我们将会谈到以下几方面。

- 什么是键值存储。
- 使用键值存储的好处。
- 如何在应用中使用键值存储。
- 键值存储的使用案例。

让我们从一个清晰的定义开始。

4.1.1　什么是键值存储

键值存储其实就是一个简单的数据库，根据一个简单的字符串（键）能够返回一个任意大的 BLOB 数据（值）。键值存储没有查询语言，它们提供了一种从数据库中新增和移除键值对（键和值的结合体，键被绑定到值，直到被赋予一个新的值）的方式。

键值存储就像一个字典。一个字典包含一些单词，并且每个单词都有一个或多个定义，如图 4-1 所示。

字典是一个简单的键值存储，单词条目表现为键而其定义条目则表现为值。因为字典条目按照单词的字母顺序排好序，所以检索起来很快；并且为了找出你想要的并不需要遍历整个字典。就像字典，键值存储也按照键建立索引；键直接关联值，这样就能进行快速检索，而不用在意一共存储的键值对的数量。

键值存储的一个好处就是不用为值指定一个特定的数据类型，这样就能在值里存储任意类型的数据。系统将这些信息按照 BLOB 进行存储，并且当收到 Get（检索）请求时，返回同样的 BLOB。这就由应用来决定被使用的数据是什么类型，如字符串、XML 文件或者二进制图像。

键值存储中的键是很灵活的并且可以用很多种格式来表示。

- 图片或者文件的逻辑路径名。

图 4-1 一个展示一个字典条目与键值存储如何相似的例子。在这个例子中，你查找的单词（amphora）被称为键，而那些定义则是值

- 根据值的散列值人工生成的字符串。
- REST Web 服务调用。
- SQL 查询。

值和键类似，也很灵活并且可以是任何 BLOB 数据，如图片、网页、文档或者视频。图 4-2 所示为一个普通的键值存储。

键	值
image-12345.jpg	Binary image file
http://www.example.com/my-web-page.html	HTML of a web page
N:/folder/subfolder/myfile.pdf	PDF document
9e107d9d372bb6826bd81d3542a419d6	The quick brown fox jumps over the lazy dog
view-person?person-id=12345&format=xml	<Person><id>12345</id>.</Person>
SELECT PERSON FROM PEOPLE WHERE PID="12345"	<Person><id>12345</id>.</Person>

图片名称 → image-12345.jpg
网页URL → http://www.example.com/my-web-page.html
文件路径名 → N:/folder/subfolder/myfile.pdf
MD5散列 → 9e107d9d372bb6826bd81d3542a419d6
REST Web服务调用 → view-person?person-id=12345&format=xml
SQL查询 → SELECT PERSON FROM PEOPLE WHERE PID="12345"

图 4-2 键值存储中的示例。键值存储的键与值相关联。键和值都很灵活。键可以是图片名称、网页 URL 或者文件路径名，它们指向那些为二进制图像、HTML 网页和 PDF 文档的值

键值存储的多重名字

键值存储有很多不同的名字，这取决于你使用的系统或者编程语言。一个进行数据检索并根据建

有索引的键来查找一个保存的值的过程是一种核心数据访问模式，可以追溯到用计算机工作的最早时期。键值存储被用在很多计算机系统中，但直到 20 世纪 90 年代早期，键值存储也没有被正式地规范为一种数据架构模式。在 1992 年，随着使用越来越流行，开源 Berkley DB 库通过将键值存储模式内置进免费的 UNIX 发行版的方式进行推广。直到面向字节的任何类型的数据都可以被存储为值，键值存储系统才开始时不时地作为"键数据存储"被提起。对于应用程序员，一个有两列的数组的结构通常被称为关联数组或映射，每种编程语言对它的叫法都会有些细微的不同——散列、字典或者甚至对象。依照当前的惯例，本文使用术语键值存储。对于 Berkeley DB 的更多的历史，请见 http://mng.bz/kG9c。

4.1.2　使用键值存储的好处

为什么键值存储如此强大，为什么它们被用于如此多的不同方向？总结起来：它们的简易性和通用性使你的注意力能够从架构设计转移到以下几点来降低数据服务成本，节省了你的时间和金钱。

- 精确的服务级别。
- 精确的服务监控和报警。
- 可扩展性和可靠性。
- 可移植性和低操作成本。

1. 精确的服务级别

当你拥有一个被许多应用所使用的单一数据服务接口，你就能专注于某些事情，如为数据服务建立精确的服务级别。一个服务级别并不会改变 API，它只会对服务在不同的负载条件下执行的速度和可靠性给出精确的标准。例如，对于任何数据服务你可能有以下规定。

- 返回值的最大读取时间。
- 存储一个新的键值对的最大写入时间。
- 服务可以支持的每秒读操作的次数。
- 服务可以支持的每秒写操作的次数。
- 为增强可靠性，需要创建数据副本的数量。
- 如果某些数据中心出现故障，是否需要进行跨多个地理区域的备份。
- 是否采用数据一致性来保证事务可靠，或者最终一致性也是可以接受的。

展现开发者如何控制服务级别的最好方法之一是去想象类似于你见过的一个无线电调谐器的一些旋钮和控制器，如图 4-3 所示。

每一个输入旋钮可以被用来调节业务需要的服务级别。注意，随着旋钮被调节，提供这种数据服务的预计月度开销也会改变。由于运行服务的实际开销是被市场条件和其他因素所驱动，如将数据转移到服务或是将数据转移出服务的花费，所以很难精确地估计总成本。

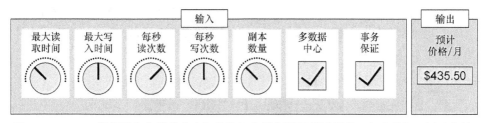

图 4-3   NoSQL 数据服务像调节收音机的旋钮和控制器那样被调节。每个旋钮可以用来独立地调节控制保证服务的资源量。使用的资源越多，开销就越大

可以将系统配置成使用一个简单的表单来对新数据服务设置和分配资源。通过改变表单中的信息，能够快速地改变分配给服务的资源量。这种简单的接口在不引起操作人员额外的开销的同时，能够快速地设置新服务和重新设置已有的数据服务。由于服务级别可以被应用需求所调节，你要能快速地给系统分配合适的可靠性和性能资源。

2．精确的监控和通知

除了那些特定的服务级别，你还可以在一些监控服务级别的工具上进行投入。当你在配置一个服务每秒执行的读操作次数时，设置一个过低的参数通常意味着用户在高峰期会察觉到延迟。通过一个简单的 API，那些展示期望负载和实际负载对比的详细报表就能指出需要额外资源的系统瓶颈。

自动通知系统在当读写量在一段特定时期内突破了阈值时，也会触发电子邮件的发送。例如，当每秒读操作在某个 30 分钟的时间跨度内超过了某些预设值的 80%，你通常会想要发送一封邮件通知。这封邮件包含了一个监控工具的链接；如果服务级别对你的用户来说很关键的话，邮件中还会包含增加更多服务器的链接。

3．可扩展性和可靠性

如果数据库接口很简单，结果就会使系统有更好的可扩展性和可靠性。这意味着你可以调节任何解决方案来满足需求。保持接口简单可以使新手以及高级数据建模师都能利用这种能力构建系统。你唯一的任务就是明白如何使用这种能力来解决业务问题。

一个简单的接口使你专注于负载测试和压力测试以及监控服务等级。由于键值存储非常容易建立，你可以将更多的时间放在关注 10 000 条数据读写所耗费的时间上。它也可以让你与你的开发团队分享这些负载测试和压力测试工具。

4．可移植性和低操作成本

对于信息系统管理者的一个挑战是不停地寻找降低部署系统的操作成本的方法。它不像对你所有业务问题都有最低成本的单一供应商或者解决方案。理想情况下，信息系统管理者想要每年让他们的数据库供应商对他们的数据服务进行投标。但在传统关系型数据库的世界中，这是不切

实际的，因为在两个系统之间移植应用与在新供应商的系统上托管你的数据相比太昂贵了，而后者相对节省。接口越复杂并且越不标准，那么它们的可移植性就越差，想要以最低成本移植它们就越困难（见图 4-4）。

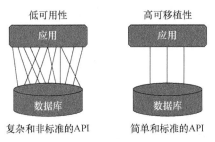

低可用性　　　　　　　高可移植性

复杂和非标准的API　　　简单和标准的API

图 4-4　任何应用的可移植性取决于数据库接口的复杂性。左边的低可移植性系统有很多数据库与应用之间的复杂接口，在两个数据库之间移植应用通常会是个复杂的过程，需要大量的测试精力。相反的，右边的高可移植性应用只使用了一些标准化的接口，并且只需少量的测试就能被快速地移植到一个新数据库之上

标准观察：复杂的 API 仍然是可移植的，只要它们是标准化的并且经过了可移植性测试

注意，复杂的接口也可以具有高可移植性。例如，XQuery（在 XML 系统中使用的查询语言）有很多函数，可以被认为是一个复杂的应用-数据库接口。但是这些函数是经过万维网（W3C）标准化的，因此仍然可以被认为是一个低开销并且高可移植的应用-数据接口层。W3C 提供了一个复杂的 XQuery 测试套件来验证 XQuery 接口的各种实现的一致性。任何 XQuery 的实现都有 99%以上的测试通过率使应用在移植时不需要代码的重大改动。

4.1.3　使用键值存储

让我们来看看一个应用开发者通常会在应用中如何使用键值存储。思考使用键值存储最好的方法就是去想象一个简单的、只具有两列的表。第一列被称作键而第二列被称作值。键值存储中存在 3 种操作：put、get 和 delete。这 3 种操作规定了程序员与键值存储交互的基本方式。我们称这些与程序员的交互方式为应用程序接口或者 API。图 4-5 总结了键值存储的接口。

应用开发者不使用查询语言，取而代之的是通过 put、get 和 delete 函数访问和操作键值存储。

（1）put($key as xs:string, $value as item())对表添加一个新的键值对，并且当键存在时，更新键对应的值。

（2）get($key as xs:string) as item()根据给出的任意键返回键对应的值，如果键值存储中没有该键，将返回一个错误信息。

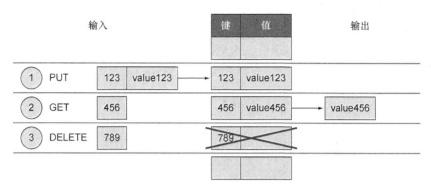

图 4-5　键值存储的 API 有 3 个简单的命令：put、get 和 delete。该图显示了 put 命令如何将键为 "123" 并且值为 "value123" 的输入插到一个新的键值对中；get 命令通过给出的键 "456" 获取到对应的值 "value456"；delete 命令通过给出的键 "789" 移除掉对应的键值对

（3）delete($key as xs:string)将键和键对应的值从表中移除，如果键值存储中没有该键，将返回一个错误信息。

图 4-6 展示了从键值存储中增加（put）、获取（get）和移除（remove）某个图像。

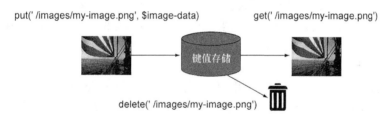

图 4-6　使用与键值存储相关命令的代码和结果。左边使用 put 命令增加一个新键；中间使用 delete 命令移除某个键值对；右边使用 get 命令获得某个值

标准观察：REST API

　　注意，我们为了符合标准的表述性状态转移（REST）协议而使用了动词 put 而非 add 来插入键值存储。该协议是一种软件架构的形式：分布式系统使用客户端发起请求，服务器处理请求并返回响应。xs:string 的使用表明键可以是除了二进制结构之外的任何有效字符串。item()表示一个简单的结构，可能是二进制文件。xs:前缀表示格式遵循 W3C 对数据类型的定义，与 XML Schema 一致并与 XPath 和 XQuery 标准紧密相关。

　　除了 put、get 和 delete API，键值存储还有两个准则：键不能重复，不能按照值来查询。

（1）键不能重复——永远不会有两行一模一样的键值。这意味着，键值存储中的所有键都是唯一的。

（2）不能按照值来查询——不能按照表的值进行查询。

第一条准则，键不能重复，是很直观的：如果不能唯一地确定一个键值对，就不能返回一个单一的结果。如果你的知识储备是基于传统的关系型数据库，那第二条准则需要一些额外的思考。在关系型数据库中，可以通过 where 子句来限制返回的结果集，如图 4-7 所示。

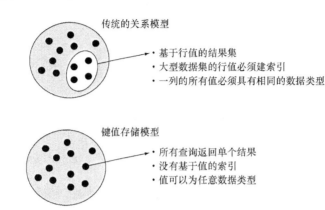

图 4-7　传统的关系模型（关注数据库层）与键值存储模型（关注应用层）的对比权衡

键值存储禁止这种操作，因为你不能使用某个值来查询某个键值对。键值存储解决的是通过向应用层传递与值对应的键以从大型数据集中检索和获取数据的问题，这使键值存储保持了一个简单而灵活的结构。这是在第 2 章中我们讨论过的关于在应用和数据库层复杂性权衡的一个例子。

对于什么可以作为键，基本没有限制，只要它是一个合理长度的字符串。同样对于可以作为值 put 进键值存储的数据类型也没有什么限制。只要存储系统能够接受，可以将其保存到键值存储中，这种结构对多媒体来说很合适：图片、声音，甚至是完整长度的电影。

通用的目标

除了保持简单，键值存储是一个解决业务问题的多用途工具。它是数据库中的瑞士军刀。允许应用程序员定义他们的键是什么结构和他们将要存储的值是什么类型数据的能力使得键值存储具有通用性。

现在，我们已经看到了使用键值存储的好处，接下来，我们将看看两个使用案例。第一个，用键值存储保存网页，展示了 Web 搜索引擎（如 Google）如何轻松地将所有站点用键值存储。所以，如果你想要在自己搭建的本地数据库上存储外部网站，键值存储这种类型就是为你准备的。

第二个使用案例，亚马逊的简单存储服务（S3），展示了如何用键值存储（如 S3）作为云端内容的源。如果你有数据媒体资产，如图像、音乐或者视频，你应该考虑花费一小部分费用使用键值存储以提升可靠性和性能。

4.1.4　使用案例：用键值存储保存网页

我们都对 Web 搜索引擎熟悉，但是你通常不会了解它们是如何工作。像 Google 这样的搜索引擎使用一个叫 Web 爬虫的工具自动访问某个站点来提取和保存每个网页的内容。每个网页的单词都为快速关键词搜索建好索引。

当使用 Web 浏览器时，通常会输入一个网址，如 http://www.example.com/hello.html。这种统一资源定位器，即 URL，代表了一个网站或者网页的键。你可以认为整个万维网是一个简单的，只具有两列的大型表，如图 4-8 所示。

键	值
http://www.example.com/index.html	\<html>...
http://www.example.com/about.html	\<html>...
http://www.example.com/products.html	\<html>...
http://www.example.com/logo.png	Binary...

图 4-8　如何用 URL 作为键值存储中的键。由于每个网页都有唯一的 URL，可以确定的是没有两个网页具有相同的 URL

URL 是键，而值就是键所在网页或者资源。如果在网络中所有网页都被存储在一个简单的键值存储系统中，那么系统可能会保存数十亿或者数万亿键值对。但是每个键是唯一的，就像一个 URL 对一个网页来说也是唯一的。

使用 URL 作为键使得可以用键值存储来保存网站中所有静态或者不变的部分。这包括图像、静态 HTML 页、CSS 和 JavaScript 代码。许多网站使用这个方法，并且只有网站的动态部分不会被保存到键值存储中，它们是通过脚本生成的。

4.1.5　使用案例：亚马逊简单存储服务（S3）

许多组织都有不计其数的数据资产想要保存。这些资产包括图像、声音文件和视频。通过使用亚马逊简单存储服务（Amazon Simple Storage Service，S3），一个真正的键值存储，只要有信用卡、新客户能够快速地建立一个对任何人都可访问的安全的 Web 服务。

亚马逊的 S3，在美国始于 2006 年 6 月，是一个联机存储 Web 服务，任何时候，在 Web 的任何地方都可以通过一个简单的 REST API 接口来存储和获取数据。

从它的核心上来说，S3 是一个具有一些增强特性的简单键值存储。

- 它允许数据的拥有者为对象打上元数据标签，它能为对象提供额外的信息，如内容类型、内容长度、缓存控制和对象有效期。
- 它有访问控制模块允许一个桶/对象的所有者对某个人、小组或者所有人授权对某个对象、某组对象或者桶进行 put、get 和 delete 操作。

S3 的核心是桶（bucket）。存储在 S3 的所有对象都被保存在桶里。桶保存了键/对象的键值对，键是一个字符串，而对象是拥有的任意类型的数据（像图片、XML 文件、数字化音乐）。一个桶中的键是唯一的，意味这不会出现两个对象具有相同键值对。S3 采用在前面章节讨论过的相同的 HTTP REST 动词（PUT、GET 和 DELETE）来操作对象。

- 通过 HTTP PUT 信息添加新对象到桶里。
- 通过 HTTP GET 信息从桶里获取对象。
- 通过 HTTP DELETE 信息从桶里移除对象。

为了访问某个对象，你可以结合桶/键来生成一个 URL。例如，为了从一个叫作 testbucket 的桶中用叫作 `gray-bucket` 键来获取对象，URL 则可以为 http://testbucket.s3.amazonws.com/gray-bucket.png。

屏幕的显示结果如图 4-9 所示。

本节，我们熟悉了键值存储系统和它们对组织的好处：节省组织的时间和金钱，让其专注于架构设计来降低数据服务成本。我们还论证了这些简单并且通用的结构如何用来为那些有相似以及不同的业务需求的组织来解决广泛的业务问题。当遇到下一个业务问题时，你就能判断键值存储是否是正确的解决方案。

图 4-9　该图是在亚马逊的 S3 桶中执行 http://testbucket.s3.amazonws.com/gray-bucket.png 的 GET 请求回的结果

现在你理解了键值存储，让我们进入一个相似但更加复杂的数据架构模式：图存储。当你进入图存储的章节，你将会看到一些与键值存储相似的地方，以及更适合使用图存储解决方案的不同业务场景。

4.2　图存储

图存储在那些需要分析对象之间的关系或是通过一个特定的方式访问图中所有节点（图遍历）的应用中尤其重要。图存储针对有效存储图节点和联系进行了高度优化，让你可以对这些图结构进行查询。图数据库对于那些对象之间具有复杂关系的业务问题很有用，如社交网络、规则引擎、生成组合和那些需要快速分析复杂网络结果并从中找出模式的图系统。

在本节的最后，你将能够认识图存储的关键特性并理解图存储是如何用来解决特定的业务问题的。你将会熟悉与图相关的术语，如节点、关系和属性，并且你将会知道 W3C 发布的图数据标准。你还会看到图存储是如何被一些公司有效地实施用来执行链接分析、使用规则和推理引擎并整合有联系的数据。

4.2.1　图存储概述

图存储是一个包含一连串的节点和关系的系统，当它们结合在一起时，就构成了一个图。你知道在键值存储中，有两个数据字段：键和值。比较起来，图存储有 3 个数据字段：节点、关系和属性。一些类型的图存储也被称为三元存储，这是因为它们的节点-关系-节点结构（见图 4-10）。

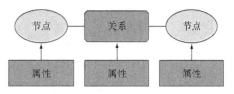

图查询与遍历图中的节点类似。你可以查询图存储去询问这样的事情。

在上一节，你看见了键值存储这种结构是普遍存在的并能应用到不同的场景中。这对于图存储的节点-关系-节点这种基本结构同样适用。当你有很多通过复杂的方式互相关连的项，并且这些关系都有属性（如……的姐妹、……的兄弟）时，图存

图 4-10　图存储包含许多节点-关系-节点结构。属性用来描述节点和关系

储是很合适的。图存储使你可以用简单的查询来找到最近的邻居节点或者查看网络的深度并快速找到模式。例如，如果你使用关系型数据库来存储你的朋友们，你可以生成一个按照他们的姓进行排序的朋友列表。但是如果你使用图存储，你不止得到了一个按照姓排序的朋友列表，你还可以得到那些最有可能为你买杯啤酒的朋友列表！图存储不只是告诉你存在一种关系——它还可以给出每个关系的详细报表。

图节点通常是真实世界对象的表现，如名词。节点可以是人、组织、电话号码、网页、网络中的计算机或者在活体组织中的生物细胞。而关系可以被认为是这些对象之间的联系，通常被表示为图中两个圆圈之间的边（连接线）。

图查询与遍历图中的节点类似。你可以查询图存储去询问这样的事情。

- 图中两个节点之间最短的路径是什么？
- 有特定属性的节点的邻居节点是什么？
- 给定图中任意两个节点，它们的邻居节点有多相似？
- 图中不同点与其他点的平均连接数是多少？

正如在第 2 章看到的那样，RDBMS 用没有实际意义的数字作为主键和外键来将存储在一块硬盘不同区域的表中的行进行关联。在 RDBMS 中执行连接操作会造成代价高昂的磁盘输入和输出的延迟。图存储将节点联系在一起，这样就知道两个具有相同标识的节点是同一个节点。图存储对节点赋予内部的标识符，并用这些标识符将网络连接在一起。但是与 RDBMS 不同的是，图存储的连接操作是轻量计算并且快速的。这种速度是由于每个节点天然就很小，而且图数据可以保存在 RAM 中，这意味着一旦图被加载到内存中，获取数据时就不需要磁盘的输入和输出操作。

不像本章讨论的其他 NoSQL 模式，由于图中每个节点都有密切的连通性，图存储所以很难扩展到多台服务器上。数据可以被复制到多台服务器来增强读和查询性能，但是对多台服务器进行写操作和跨多个节点的查询对于实现来说还比较复杂。

尽管图存储是围绕简单通用的节点-关系-节点的数据结构建立的，但是图存储以不同方式使用时，有自己复杂和不一致的术语。你会发现你使用与其他类型数据库相同的交互方式与图存储进行交互。例如，你会加载、查询、更新并且删除数据。而不同之处在于你使用的查询类型。一个图查询将会返回一系列节点，这些节点被用来在你的屏幕上生成一个图的图像来向你展示你的数据之间的关系。

让我们来看看描述不同类型的图的术语之间的不同之处。

正如你使用互联网，你经常会发现一个网页上的链接能带你到另一个网页；这些链接可以被一个图或者三元组来表示。当前的网页是第一个或者是源头节点，链接就是"指向"第二个网页的边，而第二个网页或者目标网页就是第二个节点。在这个例子中，第一个节点被表示为源头网页的 URL，而第二个节点或者目标节点是目标网页的 URL。这个链接的过程在万维网之中随处可见，从网页链接到维基站点，每个源头和目标节点是网页 URL。图 4-11 是一个图存储的例子，一个网页链接到其他网页。

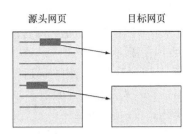

图 4-11　一个使用图存储来表示包含两个其他网页链接的网页。源头网页的 URL 被作为 URL 属性存储，并且每个链接都是一个"指向"属性的关系。每个链接被表示为包含目标网页 URL 这一属性的另一个节点

使用 URL 来标识节点的概念是令人感兴趣的，因为它是人可读的，并且为 URL 提供了一个结构。W3C 将这个结构进行推广变成用来保存网页之间以及对象之间的链接信息的标准，这个标准叫作资源描述格式（Resource Description Format，RDF）。

4.2.2　用 RDF 标准来连接外部数据

对于一般用途的图存储，可以采用你自己的方法来决定两个节点是否在图中关联到相同的点上。大多数图存储在加载节点到 RAM 中时，对每个节点都会赋予一个内部 ID。W3C 很关注使用被称作统一资源标识符（URI）的类 URL 标识符来对每个节点生成明确的节点标识符的过程。这种标准被称作 W3C 资源描述格式（RDF）。

RDF 是专门为将不同组织的外部数据集连接在一起而创建的。理论上，可以加载两个外部数据集到一个图存储然后在这个连接的数据库上进行图查询。技巧在于知道什么时候两个节点引用了同一个对象。RDF 使用了有向图，在有向图中，关系是特指从某个源头节点到某个目标节点。源头、连接和目标这些术语可能基于你的场景有所不同，但是通常使用主语、谓语和宾语这些术语，如图 4-12 所示。

图 4-12　RDF 如何对通用的节点-关系-节点结构使用特定的名称。源头节点是主语，目标节点是宾语。将它们连接起来的关系是谓语。这个结构被称为一个声明

这些术语来源于形式逻辑的系统和语言。描述节点怎样被标识的术语已经被 W3C 在它们的 RDF 中标准化了。在 RDF 中，每个节点-边-节点关系被称作一个三元组，并与现实中的一个声

明相连。在图 4-13 中，第一个声明是（书, 有作者, Person123），第二个声明是（Person123, 有名字, "Dan"）。

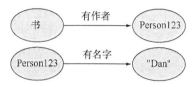

图 4-13 两个不同的 RDF 声明。第一个声明表示书有一个人作为它的作者。第二个声明表示这个人有一个名字叫作 Dan。由于第一个声明的宾语和第二个声明的主语拥有相同的 URI，所以它们能被关联在一起

当被保存到图存储中，两个声明是独立的并且可能被存储在世界各地不同的系统中。但是如果两个声明的 Person123 结构的 URI 是相同的，应用就能够计算出书的作者的名字是 "Dan"，如图 4-14 所示。

图 4-14 两个不同的 RDF 声明如何被连接在一起生成一个新的声明。从这个图中，你就能对 "这本书有名字是 "Dan" 的作者吗？" 的问题给出肯定的回答

遍历图的能力基于不同组的两个节点与同一个物理对象相关的事实。在本例中，Person123 节点需要全局引用相同的对象。一旦你确定它们是相同的，你就能把图连接到一起。这个过程在一些领域（如逻辑推理和复杂模式匹配）中是很有用的。

就像你想的那样，W3C，RDF 标准的创立者，非常希望将它们所有的标准保持一致。因为它们已经有了一个可以通过统一资源定位器这种结构在世界上任何地方来识别一个 HTML 页面，那么尽可能地利用这些结构是有意义的。主要的不同是，不像 URL，URI 不必指向任何实际的网站或者网页。唯一的要求是你必须用某种方法使它们在整个网络的范围内保证全局一致，并且在当你比较两个节点时能够精确匹配。

虽然一个纯粹的三元存储是合适的，但在真实世界中，三元存储经常与每个三元组的其他信息相关。例如，它们可能包含图属于的组 ID、节点创建或最后修改的日期和时间，或者与图相关的安全组。这些属性经常被称为连接元数据（link metadata），因为它们描述的信息与连接本身有关。存储每个节点的元数据会耗费更多的磁盘空间，但它也会使数据更容易查找和管理。

4.2.3 图存储的使用案例

这一节我们将看到图存储被用来高效地解决特定业务问题的场景。

■ 连接分析用于想要进行搜索并从中寻找模式和关系的场景，如社交网络、电话记录或者

电子邮件记录。

- 规则和推理用于对复杂结构（如类库、分类学和基于规则的系统）进行查询。
- 集成关联数据用于将大量公开的关联数据实时整合并直接生成一些组合。

1. 关联分析

有时解决一个业务问题的最好方法就是去遍历图数据——社交网络就是这样的一个好例子。图 4-15 展示了一个社交网络图的例子。

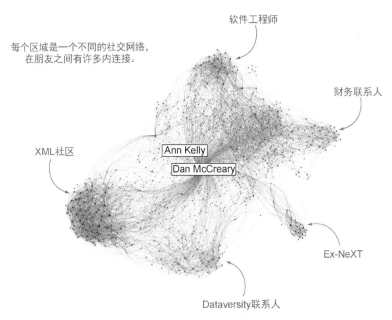

图 4-15　通过 LinkedIn 的 InMap 系统生成的社交网络图。每个人被表示为一个圆圈，两个人之间的线表示为一种关系。人根据他们和图中其他人的连接数被放置在图中。当人和关系在人与人之间出现高度关联性时，它们的着色是相同的。计算社交网络地图中每个人的位置最好的方法是执行一个基于内存的图遍历程序

当向朋友列表中添加新的联系人时，你一定想知道你们是否有共同的朋友。为了获得这一信息，你首先需要获得一个朋友列表，对于列表中的每一个朋友再获得一个他们各自的朋友列表（朋友的朋友）。虽然可以在一个关系型数据库中执行这样的搜索，但经过第一轮搜索你的朋友列表之后，系统的性能会急速地下降。

使用 RDBMS 进行此类分析将会很慢。在社交网络的场景，可以为每个人创建一个"朋友"表，它有 3 列：第一个人的 ID、第二个人的 ID 以及关系类型（家人、密友或者同事）。接着可以对表的第一列和第二列进行索引，RDBMS 会快速地将你的朋友和你的朋友的朋友列表返回。但是为了确定下一级的关系，还需要再执行一次 SQL 查询。当你继续构建这些关系时，每个查询的

结果集将会快速增长。如果你有 100 个朋友，而每个朋友都有 100 个朋友，那么朋友的朋友或者第二级朋友的查询将返回 10 000 行。正如你所猜测的那样，用 SQL 完成这种查询可能是很复杂的。

由于使用了一些加强和从内存中移除不想要的节点的技术，图存储能够用快得多的速度执行这些操作。尽管图存储对于关联分析任务来说明显快得多，但是它们在分析时通常需要足够的内存来存储所有的关联。

图存储不止被用来做社交网络分析——它们也很适合用于识别节点之间不同的连接模式。例如，生成犯人之间所有电话呼入和电话呼出的图可能会揭示一个与有组织犯罪相关联的呼叫中心（模式）。分析银行账户之间的资金流动可能会揭示一些洗钱或者信用卡欺诈行为。用图软件对受到犯罪调查的公司的所有电子邮件消息进行分析查看谁在什么时候发送了什么信息给谁。律师事务所、执法机关、情报机构和银行是使用图存储系统最多的用户，它们被用来检测合法活动以及欺诈侦测。

图存储对于在文本文档中将数据连接在一起并从中搜寻模式也是很有用的。实体抽取是在文档中识别最重要的项目（实体）的过程。一份文档中的实体通常是名词，如人、日期、地点和产品。一旦关键实体被识别出来，它们就被用来执行高级搜索函数。例如，如果你知道某份文档中提到的所有日期和人，你就能生成一份显示哪份文档什么时候提到什么人的报表。

这个实体抽取的过程（自然语言处理过程或者 NLP 的某个类型）可以结合其他工具来从某个文档中提取简单的事实或者做出判断。例如，句子"John Adams 出生于 1735 年 10 月 19 日"可以被拆成如下几个判断。

（1）一条名字为 John Adams 的人的记录被发现，并且该条记录为主语。

（2）出生关系将主语连接至宾语。

（3）日期宾语记录被发现，值为 1735 年 10 月 19 日。

尽管通过简单的 NLP 处理，可以做出一些简单的判断，但是完全理解每个句子的过程很复杂并且依赖于语境的上下文。我们的关键在于如果在文中发现了声明，它们最好以图结构的形式来呈现。

2．图、规则和推理

规则这个术语可以有很多意思，它取决于你来自哪里和语境的上下文。这里，我们采用这个术语来定义涉及对系统中对象的理解的抽象规则，并且这些对象属性如何使你了解并更好地使用大型数据集。

RDF 是被设计为在图结构中用来表述问题的多种类型的一种标准方法。RDF 主要用在存储逻辑和规则上。一旦你将这些规则建立起来就能使用一个推理或者规则引擎来发现系统的其他事实。

在关联分析这一小节中，我们看到了文本如何用人或者日期这种实体进行编码来帮助发现事实。我们现在能够更进一步从事实中获得更多能够有助于解决业务问题的信息。

让我们先从信任开始，因为这对于想要吸引并留住客户的业务来说是很重要的。假设有一个允许任何人发布餐馆评论的网站。让你指出哪个评论者是受信任的有价值吗？你正准备外出用餐，你考虑了两家餐馆。每家餐馆都有正面和负面的评论。你能使用简单的推理来帮你决定去哪家餐馆吗？

　　在第一个测试中，你能看到你的朋友是否评论了餐馆。但是一个更有力的测试是可以看见你的朋友的朋友是否评论了餐馆。如果你信任 John，而 Join 信任 Sue，你能够得出你可以信任 Sue 的餐馆推荐吗？或许你的社交网络将帮助你用推理计算出什么评论应该有更高的权重。这是一个使用网络、图和基于某个主题做出推理去获得额外信息的简单例子。RDF 和推理的使用不限于社交网络和产品评论。RDF 是一个可以用来存储业务逻辑多种形式的通用结构。

　　W3C 不止定义了 RDF，它还包含了使用 RDF 来解决业务问题的整个框架。这个框架经常被称为语义 Web 栈（Semantic Web Stack）。其中一些如图 4-16 所示。

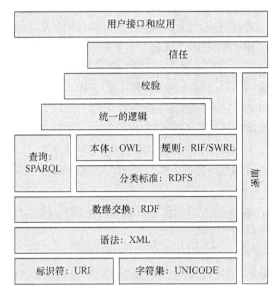

图 4-16　一个典型的语义 Web 栈，栈底是通用的底层的标准，如 URI、XML 和 RDF。中间层包括了查询的标准（SPARQL）和规则的标准（RIF/SWRL）。在栈顶是在逻辑、校验和信任构建的抽象层之上的应用层

　　栈底有很多领域的标准（如标准化字符集 Unicode）和通过类 URI 格式来代表对象标识符的标准。在此之上，RDF 用 XML 文件来存储，这是个通过类 XML 树的文档结构来保存图的好例子。在 XML 层之上是一些通过分类法（RDFS）来分类对象的方法，在这层之上，你能看见本体（OWL）和规则（RIF/SWRL）的标准。SPARQL 查询语言也在 RDF 层之上。在这些区域之上，你能看见一些区域仍然没有标准化：逻辑、校验和信任。这是大部分语义 Web 栈的研究和开发所关注的。在顶层，用户接口层与我们在第 2 章讨论应用层相似。最后，右边的加密标准被用来与公共因特网安全地交换数据。

　　许多与语义 Web 栈上层相关的工具仍然处在研究和开发阶段，并且投资案例研究显示，重要的 ROI 仍然少之又少。而更实际的一步是将原始的源文档和提取的实体（标记）直接存储到支持混合内容的文档存储中。我们会在下一章了解 XML 数据存储时讨论这些概念和技术。

下一节将介绍组织如何结合一些领域（如媒体、医疗和环境科学、出版物等）公开的可用数据集（关联的开放数据）来执行实时抽取、转换和展示操作。

3. 用图来处理公开数据集

图存储对于分析不是由你的组织产生的数据也很有用。如果需要分析由 3 个不同的组织生成的 3 个不同的数据集怎么办？这些组织可能根本不知道互相存在！那么如何能自动将它们的数据集连接在一起以获得所需的信息？如何高效地生成组合和推荐呢？一个答案是用被称为关联开放数据（linked open data）或者 LOD 的工具。你可以认为它是一个用来将分离的数据集连接起来来生成新应用和新洞见的集成工具。

LOD 的策略对于使用公开的可用数据集做研究分析的人来说很重要。研究一些主题，如顾客目标、趋势分析、舆情分析（结合 NLP、计算语言学和文本分析用来从源材料中识别和抽取主观信息的应用），或者创建新的信息服务。将数据重新组合成新的结构化数据能够为新业务提供机会。随着 LOD 数量的增长，总会存在一些能够结合并丰富这些信息的新业务探索机会。

LOD 集成通过连接两个或多个的符合 LOD 结构的公共数据集（如 RDF 和 URI）来创建新的数据集。包含了许多流行的 LOD 站点的图被称作 LOD 云图，如图 4-17 所示。

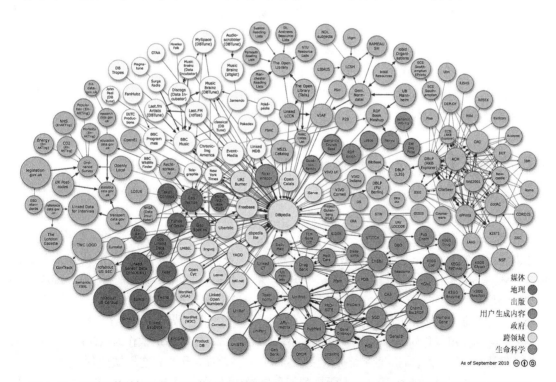

图 4-17 关联开放数据云是一系列被线相连的着色圆圈。圆圈的颜色代表了不同领域，较暗的代表地理数据集，浅一点的代表生命科学（图由 Richard Cyganiak 和 Anja Jentzsch 提供：http://lod-cloud.net）

在 LOD 云图的中心，你会看到一些包含大量通用数据集的站点。这些站点包括 LOD 的枢纽站点，如 DBPedia 或者 Freebase。DBPedia 是一个试图从维基百科获取事实并将其转换为 RDF 声明的网站。维基百科的信息框的数据是一个基于维基格式的一致数据来源的好例子。由于 DBPedia 的数据多样性，它经常会被用作将不同数据集连接在一起的枢纽。

一旦找到了一个包含你正在寻找的 RDF 信息的站点，可以用两种方法采取行动。第一种是去下载站点所有的 RDF 数据并将其加载到你的图存储中。对于大型 RDF 数据集，如 DBPedia，包含数十亿的三元组，这是不切实际的。而更高效的第二种方法是去寻找一个为 RDF 站点准备的 Web 服务，叫 SPARQL 终端。这个服务允许你提交 SPARQL 查询来，每个你需要的站点以 RDF 表单的形式抽取数据，这样抽取的数据可以与其他 RDF 数据集进行连接。通过结合 SPARQL 查询到的数据，采用与在 RDBMS 中连接两个不同的表的数据相同的方法生成新的连接在一起的数据组合。

SPARQL 查询和 RDBMS 关键不同在于创建主键/外键的过程。在 RDBMS 中，所有的键属于相同的域，但在 LOD 中，数据由不同的组织生成，所以连接数据的唯一方式是使用的一致的 URI 来识别节点。

加入 LOD 社区的数据集正变得越来越多，但是你可能会想到，几乎没有方法来保证公共数据的质量和一致性。如果发现了不一致和缺少的数据，没有什么容易的方法进行更新来纠正源数据。这意味着你可能需要编辑数以百计的维基网页来增加或纠正数据。当做完这些工作后，你可能需要等到下次网页被 RDF 抽取工具检索到。这些挑战导致产生了先对公共数据进行数据预清洗处理并标准化的概念以使数据对组织更有用。

本节纵览了图的概念并且展示了组织是如何使用图存储来解决业务问题的。下面将了解第三种 NoSQL 数据架构模式。

4.3　列族（Bigtable）存储

就像你看到的那样，键值存储和图存储的结构都很简单，对于解决各种各样的业务问题都很有用。现在让我们来看看如何将表的行和列结合起来作为键。

列族系统是很重要的 NoSQL 数据架构模式，因为它们可以进行扩展来管理海量的数据。它们还以能和许多 MapReduce 系统紧密联系而著称。就像我们在第 2 章关于 MapReduce 的讨论的那样，MapReduce 是一个基于多台计算机（节点）并行处理大规模数据集的框架。在 MapReduce 框架中，映射操作有一个主节点，它将一个操作拆分为多个子部分并将每一个操作分发到其他节点来处理；而化简是主节点收集其他节点处理的结果并将它们聚合生成最初问题答案的过程。

列族存储使用行和列的标识符作为通用的键来查找数据。它们有时被作为数据存储而不是数据库被提及，这是因为它们缺乏传统关系型数据库的那些特性。例如，它们缺少预先定义的列、二级索引、触发器和查询语言。几乎所有列族存储最初都深受 Google 的 Bigtable 那篇论文影响。HBase、Hypertable 和 Cassandra 是类 Bigtable 接口系统的优先示例，尽管它们是以不同方式实现的。

我们应该知道术语列族存储（column family）与列存储（column store）是不同的。一个列存储数据库将一个表的一个列的所有数据按照行存储保存同一行数据的方式存储在一起。列存储应用于许多 OLAP 系统，这是因为列存储的强项是快速对列进行聚合运算。MonetDB、SybaseIQ和 Vertica 都是列存储系统的示例。列存储数据库提供 SQL 接口来访问它们的数据。

4.3.1　列族存储基础

我们使用行和列作为键的第一个示例是电子表格。尽管我们中的大多数人不认为电子表格是NoSQL 技术，但它们很形象地表现了如何从多个值生成键。图 4-18 展示了电子表格在第三行第二列（B 列）的一个单独的单元格中包含了"Hello World!"信息。

	A	B	C
1			
2			
3		Hello World!	
4			
5			
6			

图 4-18　用行和列来定位一个单元格。这个单元格的地址为 3B，这个地址在某个稀疏矩阵系统中可以被认为是查询键

在一个电子表格中，你使用了行号和列标的结合体作为"查找"任意单元格值的坐标。例如，图中第三列第二行的单元格键被标识为 C2。与键值存储相反，键值存储的值只有一个单一的键标识，而电子表格用行号和列号来生成键。但和键值存储类似，你可以在单元格中放置任何值，甚至是图像。图 4-19 展示了列族存储的模型。

图 4-19　电子表格使用行列组合作为查询某个单元格的值的键。这与键值存储系统类似，不过键由两部分组成。就像一个键值存储，单元格的值可以是多种类型，如字符串、数值或者公式

这在列族系统是个大致相同的概念。每个数据项只会通过已知的行列标识符信息找到。并且，像电子表格一样，可以在任何时候向任何单元格插入数据。与 RDBMS 不同，不必为每一行插入所有列的数据。

4.3.2　理解列族存储的键

现在你熟悉了稍微复杂的键，我们将对电子表格的键增加两个额外的字段。在图 4-20 中可

以看到对键增加了一个列族和一个时间戳。

图 4-20　列族存储的键的结构与电子表格相似，但增加了两个属性。除了列名之外，列族可以用来将一些相似的列名归在一起。键中增加的时间戳也允许表中的每个单元格随着时间的流逝能够存储多个版本的值

　　图中的键在列族存储中是很常见的。一般的电子表格可能包含 100 行和 100 列，与一般的电子表格不同，列族存储被设计得非常大。多大？数十亿行和成百上千列的系统都算是比较常见的。例如，地理信息系统（GIS），如 Google Earth，可能对于地图的某个经度有一个行 ID，并且用地图的纬度作为列名。如果你的地图是按照平方公里来划分的，那么你可能包含 15 000 个不同的行 ID 和 15 000 不同的列 ID。

　　要说设计成这么大有什么不寻常的地方，就是当你在电子表格中看这些数据时，你会发现几乎没有单元格包含数据。这个稀疏矩阵的实现其实是一个网格，只有很少比例的单元格包含有值。遗憾的是，关系型数据库对于存储稀疏数据不是那么在行，但是列族存储恰好就是为这个目标而设计的。

　　对于传统的关系型数据库，你可以用一个简单的 SQL 查询找到任意表中的所有列；当查询稀疏矩阵系统时，你必须查询数据库的每个元素来得到包含所有列名的完整列表。然而一个问题是，对于许多列的数据，在生成包含某些列和与其相关的列的报表时会比较棘手除非你使用列族（一种高层的数据类别，也被称为上层本体）。例如，你可能用一些分组的列来描述某个网站、某个人、某个地理位置、销售的产品。为了一起查看这些列，你可以将它们放在同一个列族里来分组，以便更容易地查询。

　　不是所有列族存储都使用列族名作为它们键的一部分。但如果它们这样做了，你需要在存储数据的键时考虑这些。由于列族名是键的一部分，所以获取数据时必须提供列族名。由于 NoSQL 的 API 非常简单，所以 NoSQL 产品可以扩展以管理海量数据，并且新加列和行不需要修改数据定义语言。

4.3.3　列族存储的优点

　　列族通过行 ID 和列名作为一个查询键的这种方法对于存储数据来说不失为一个灵活的方法，它提供了更高的可扩展性和可用性，并且在向系统添加新数据时节约了时间，减少了不必要的麻烦。了解了这些优点，考虑一下如果使用列族存储来保存组织收集的数据能否让你在市场竞争中获得优势。

　　由于列族系统并不依赖连接操作，所以它们可以轻易地在分布式系统上进行扩展。虽然你可以基于单独的笔记本电脑开始开发，但是生产环境的列族系统通常被配置为在 3 个不同节点存储

数据，并且可能的话，分布在不同的地理区域（地理位置不同的数据中心）来保证高可用性。列族系统已经内置了自动容错的特性来侦测故障节点和也提供了算法来识别损坏的数据。它们利用高级散列算法和检索工具（如布隆过滤器）在大型数据集下执行统计分析。数据集越大，这些工具集表现得越好。最后，列族的实现被设计为与分布式文件系统（如 Hadoop 分布式文件系统）以及用来导入或导出数据的 MapReduce 转换工具一起工作。所以在选择一个列族的实现之前一定要考虑这些因素。

1. 更好的可扩展性

Google 的原论文标题中的"Big"告诉我们 Bigtable 启发了列族系统，使它们被设计为可扩展突破单个处理器的限制。这是很重要的一点，列族系统以它们的可扩展性闻名，这意味着向系统中添加更多的数据时，需要购置新节点来加入计算集群。通过精心设计，可以使数据增加的方式和需要的处理器的数量呈线性相关。

导致这种关系的主要原因很简单，即用行 ID 和列名来确定一个单元格。通过保持接口简单，后端系统可以将查询分发至大量处理节点而不执行任何连接操作。通过精心设计的行 ID 和列，可以给系统足够的提示来告诉它哪里有相关的数据并避免不必要的网络开销，这对于系统性能至关重要。

2. 高可用性

通过构建一个能够在分布式网络进行扩展的系统，你能够获得在一个网络中基于多个节点复制数据的能力。由于列族系统高效地进行通信，复制数据的开销比较低。除此之外，不做连接操作使你可以在远程计算机中存储一个列族矩阵的任何部分。这意味着如果保存了稀疏矩阵某部分数据的服务器崩溃了，其他计算机仍然可以随时对这些数据提供数据服务。

3. 易于添加新数据

就像键值存储和图存储，列族系统的一个关键特性是在插入数据之前不需要完全定义好数据模型。但是在开始设计之前，还是有一些限制需要了解。列族分组需要提前知道，但是行 ID 和列名可以被随时创建。

为了很好地使用列族系统，还是要谨记列族系统是被设计为工作在分布式集群上的，可能并不适合一些小数据集。由于许多系统被设计为在 3 个不同的节点存储数据来复制数据，所以通常需要至少 5 个处理器来组成一个列族集群。列族系统对于实时数据访问也不支持标准 SQL 查询。它们可能有高层的查询语言，但是这些系统通常用来生成 MapReduce 批处理作业。为了快速地访问数据，可以使用某种程序语言（如 Java 或者 Python）来编写的自定义 API。

在接下来的 3 小节中，我们将看到像 Google 这样的公司如何使用列族的实现来管理分析信息、地图信息和用户偏好信息的。

4.3.4　案例研究：在 Bigtable 中存储分析信息

在 Google 的 Bigtable 论文中，作者描述了 Google Analytics 是如何用 Bigtable 存储网站有用的信息。Google Analytics 服务可以追踪谁访问过网站。每一次一个用户点击了网页，点击行为都会被保存在一个单一的行-列条目中，URL 和时间戳作为行 ID。行 ID 的这种结构使所有特定用户会话的页面点击行为都汇集在一起。

就像你想的那样，查看所有点击网站的详细日志是个很漫长的过程。Google Analytics 可以让其变得简单，它定期（如每天）对数据进行汇总并且生成报表，使你可以查看访问总量和任意一天被请求最多的页面。

Google Analytics 是一个随着用户数量增长，数据库规模也呈线性增长的大型数据库的好例子。当每个事务发生，新的点击数据会马上被添加到表中，哪怕报表正在生成。Google Analytics 的数据像其他日志型应用一样，通常是一次写入永不更新。这意味着一旦数据被抽取并且汇总，原始数据会被压缩并输入到一个中间存储直到归档。

这种存储一次写入的数据的模式和我们在第 3 章关于数据仓库和商业智能的小节中讨论的模式是一样的。在那一小节，我们了解了销售事实表和商业智能/数据仓库（BI/DW）问题如何被类 Bigtable 的实现高效经济地解决。一旦数据从事件日志汇总，像数据透视表这样的工具就能使用汇总的数据。事件可以是网站点击、销售事务，或者任意类型的事件监控系统。最后一步是使用外部工具生成汇总报表。

如果使用 HBase 作为 Bigtable 存储，需要将结果存储在 Hadoop 分布式文件系统（HDFS）并使用报表工具（如 Hadoop Hive）生成汇总报表。Hadoop Hive 的查询语言在很多方面都类似 SQL，但是还是需要编写一个 MapReduce 函数将数据导入或导出到 HBase。

4.3.5　案例研究：Google 地图用 Bigtable 存储地理信息

另一个使用 Bigtable 存储海量信息的例子是地理信息系统（GIS）领域。GIS 系统，像 Google 地图，存储地球上的地理点、月亮，或者通过经度和纬度坐标识别位置的其他星球。系统允许用户使用一个类 3D 的图形界面来周游全球并对某个地区放大和缩小。

当观看卫星地图时，可以选择显示地图层或者地图的某个特殊区域的兴趣点。例如，如果你将去大峡谷旅行的照片发送到网上，并标识出每张照片的位置。稍后，当你的邻居听说了你的这次超棒旅行后，会搜索大峡谷的相关图片，他们将会看到你的照片以及其他照片，而这些照片的位置信息大致相同。

GIS 系统一旦将条目存储，就会提供多个访问路径（查询）让你观看这些数据。它们被设计为将相似的行 ID 的数据聚集在一起，这样就会使在地图上互相接近的图片和点能够被快速检索。

4.3.6 案例研究：使用列族存储用户偏好信息

许多网站允许用户存储偏好信息作为他们的档案的一部分。这种特定账户信息存储了隐私设置、联系方式和他们希望被重要事件提醒的方式。一般来说，除去照片，一个社交网站的用户偏好页面在 100 个字段以内或是大小在 1 KB 以内都是合理的。

对于用户偏好文件来说，有些东西让它们变得独特。它们有最低的事务需求，并且只有与账户相关的人才能进行修改。确保在用户尝试保存或修改他们的偏好信息时事务执行完成比保证 ACID 事务更重要。

还有一些其他考虑的因素，如拥有用户偏好信息的数量和系统可靠性。那些以读为主的事件要足够快且可扩展，这样才能在用户登录时，获取他们的偏好信息并且根据这些信息使他们的屏幕变得个性化而不用担心并发的系统用户数。

当与外部报表系统结合时，列族系统能很好地与其配合。这些报表系统能被设置为通过冗余来提供高可用性，并且可以基于用户偏好数据生成报表。此外，随着用户数量的增长，在不改变系统架构的情况下，数据库大小可以随着系统节点数的增加而增加。如果业务中有大型的数据集，大数据存储或许能够提供一种理想的方案来构建即可靠又可扩展的数据服务。

列族系统以它们对于大型数据集可扩展的能力而闻名，但是就这点而言它们并不是唯一的；在需要考虑可扩展性时，具有通用性和灵活性的文档存储也不失为一个好的模式。

4.4 文档存储

我们关于 NoSQL 数据模式的介绍在没有谈到 NoSQL 运动中最通用、最灵活、最有力和最流行的领域——文档存储之前是不会结束的。在读完本节以后，你会清楚地知道什么是文档存储以及文档存储如何用于解决业务问题。我们还会来了解一些成功运用文档存储的案例研究。

你或许能够回想起。键值存储和 Bigtable 存储，当提供一个键时，会返回该键相关的值（一个 BLOB 数据）。键值存储和 Bigtable 的值没有一个正式的结构并且不能建索引和进行搜索。而文档存储则不同：键可能是一个简单的 ID，从来不会见到也不会被用到。但是你几乎可以通过查询文档的任意值和内容来得到任何数据。例如，如果你查询到 500 个与美国内战相关的文档，你可以搜索与 Robert E. Lee 将军相关的那些文档。查询就会返回一系列包含他的名字的文档。

使用文档存储的结果是当添加新文档时，文档中的一切事物都会被自动建好索引。尽管索引会变得庞大，但是这样所有事物都是可搜索的。这意味着如果你知道某个文档的任意一个属性，你就能快速地得到包含相同属性的全部文档。文档存储不仅能告诉你文档中有你搜索的条目，还能通过文档路径（一种类型的键）访问树形结构叶子节点的值（如图 4-21 所示），进而搜索出该条目的精确位置。

即使某个文档结构很复杂,文档存储的搜索 API 仍然可以保持简单并提供了一种搜索某个文档或者某个文档子集的简单方法。键值存储可以用值的部分保存整个文档,但是文档存储可以快速抽取海量文档的片段而不用将每个文档加载到内存。如果想看一本书的某一段,就不需要将整本书加载到 RAM 中。

我们先来看一些熟悉的东西:一棵有根节点、分支和叶节点的树,从此开始文档存储的学习。接着探讨文档和应用如何使用文档存储的概念和文档存储的 API。最后,我们会看一些案例研究和文档存储的一些流行的软件实现。

4.4.1　文档存储基础

想像文档存储为一个树形结构,如图 4-21 所示。

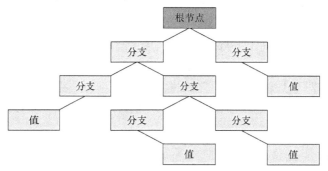

图 4-21　文档存储使用一个树形结构,该结构开始于一个根节点,并且包含一些
子分支,而这些子分支也能包含子分支。实际的数据通常被保存到树的叶节点

文档树有一个单一的根元素(有时也会有多个根元素)。在根元素下有一些分支、子分支和值。每个分支都有一个相对路径表达式,显示了如何从树的根节点移动到任意指定的分支、子分支或者值。每个分支可能会有一个与其相关的值。有时分支存在于树中有其特定的含义,有时某个分支必须有给定的值从而能被正确地解释。

4.4.2　文档集合

大多数文档存储将文档用集合组织在一起。这些集合看起来像字典结构,在 Windows 或者UNIX 文件系统中都可以找到这种结构。文档集合可以在很多方面用于管理大型的文档存储。它们可以导航文档层次,在逻辑上组织类似的文档并存储像权限、索引和触发器这样的业务规则。集合可以包含其他集合,树可以包含子树。

如果你熟悉 RDBMS,你可能认为将文档集合想象成 RDBMS 是很自然的。如果你曾经使用过 XML 列数据类型,它看起来似乎是这样的。在这个例子中,RDBMS 是包含了 XML 文档的单一的表。这种观点的问题在于，在关系型世界里，如果 RDBMS 没有包含其他表，那么你就会由于使用文档存储，即允许集合包含集合，而失去一些功能和灵活性。

文档集合也可以被用作应用集合，作为数据、脚本、图片和软件应用转化的容器。让我们来看一个应用集合（包）是如何用来加载软件应用到原生 XML 数据库中的。

4.4.3 应用集合

在一些情况下，文档存储中的集合会作为一个 Web 应用包的容器，如图 4-22 所示。

这种包装格式被称为 xar 文件，与 Java 的 JAR 文件或者 Java Web 服务器上的 WAR 文件类似。被打包的应用可以包含脚本以及数据。它们被加载到文档存储中并在数据没有加载的情况下使用打包工具（脚本）来加载数据。这些打包的特性使文档存储更加通用，扩展了它们的功能使其作为文档存储的同时也变成了应用服务器。

使用集合结构来存储应用包表明了文件存储可以作为一个高层可重用的组件运行在多个 NoSQL 系统之上。如果继续进行研发，那么一个易于非编程人员安装并且可以运行在多个 NoSQL 系统之上的可重用应用的市场很快就会成为现实。

图 4-22 文档存储集合可以包含很多对象，包括其他集合和应用包。这是一个用来加载应用包到 eXist 原生 XML 数据库的包仓库的示例

4.4.4 文档存储的 API

每个文档存储都有 API 或者查询语言来指定任意节点或者节点组的路径或路径表达式。通常，节点并不需要不同的名字；取而代之的是，一个表示位置的数字可以用来指定树中任意给定的节点。例如，查询列表中第 7 个人，你可以这样指定这个查询：Person[7]。图 4-23 所示的是一个更加复杂的完整路径表达式的例子。

在图 4-23 中，首先从所有人的记录中通过标识符为 123 得到一个子集。通常情况下，这些都指向一个人。接下来在 Address 分支的记录中寻找 Address 街道名称的文本。街道名称的完整路径如下：People/Person[id='123']/Address/Street/StreetName/text()。你如果认为这似乎有些复杂，那路径表达式则是简单而易学的。当查找某个事物时，沿着树形结构的某条路径来得到某个正确的子元素，或者可以在路径的任何地方使用被称为谓词的 where 子句，来减少被查询到的数据量。

我们将在下一章继续讨论用 XPath 语言选择某条路径的万维网标准。

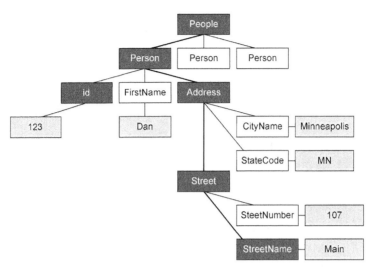

图 4-23　如何像键一样使用文档路径从文档中某个特定的区域中取值。在这个例子中，街道名的
路径为 `People/Person[id='123']/Address/Street/StreetName/text()`

4.4.5　文档存储的实现

文档存储可以有很多种。一些基于简单的序列化对象树，另外一些则要复杂些，包含的内容可能有网页的文本标记。更简单的文档结构通常与序列化对象相关并且可能使用了 JavaScript 对象表示法（JavaScript Object Notation，JSON）格式。JSON 允许任意深度的树形嵌套格式，但是并不支持保存和查询文档的属性，如文本的加粗、斜体或者超链接。我们称这些为复杂内容。在我们的上下文中，我们把 JSON 数据存储称作序列化对象存储，把支持复杂内容的文档存储称为用 XML 作为原生格式的真正的文档存储。

4.4.6　案例研究：MongoDB 和广告服务器

你曾经想过那些横幅广告是如何在浏览的网页上显示或者它们真的是你喜欢的和感兴趣的东西吗？它们符合你的兴趣，这不是巧合：它们是为你定制的。这就是广告服务。这是 MongoDB，一个流行的 NoSQL 产品出现的最初原因，是为了创建能快速将某个横幅广告同时发送到数以百万用户网页的某个区域的服务。

广告服务背后的主要目标其实是对某个特定用户选择最合适广告，并在网页加载时让其出现网页上。广告服务器应该做到高可用并且每天 24 小时不宕机。它们使用复杂的业务规则来发现最合适的广告以发送到网页。广告是从数据库中筛选出来，数据库保存了最契合用户兴趣的广告付费用户的促销信息。这里有数以百万的潜在广告可以契合任何用户的兴趣。广告服务器不能重复发送相同的广告；它们必须能以特定的顺序发送某个特定类型的广告（页面区域、动画效果等）。最后，广告系统需要精确地报告显示哪些广告被发送给用户，哪些广告让用户足够感兴趣从而点击。

10gen（MongoDB 的创始人）遇到的业务问题是没有 RDBMS 能够支持广告服务市场复杂的实时的需求。MongoDB 证明了它在出现之初就可以全部满足这些需求。它内置了自动分区、复制、负载均衡、文件存储和数据聚合。通过使用文档存储结构可以避免大多数对象-关系型系统相关的性能问题。简而言之，它就是为满足日益增长的广告服务业务量身订做的，在这个过程中，它也被证明了对于其他虽然没有实时需求但是想避免复杂缓慢的传统系统对象-关系映射问题的场景也不失为一个好的选择。

除了作为横幅广告服务的基础，MongoDB 还可以在以下场景应用。

- 内容管理——存储 Web 内容和图片，并且使用定位索引这样的工具来进行查询。
- 实时操作型智能——目标广告投递、实时舆情分析、定制的直面客户的用户面板和社交媒体监控。
- 产品数据管理——存储和查询复杂和高度可变的产品数据。
- 用户数据管理——基于高度可扩展的 Web 应用存储和查询特定用户的数据。被用于视频游戏和社交网络应用。
- 大容量数据存储传输——存储海量实时数据到汇总数据库，特点是异步写入 RAM。

4.4.7 案例研究：大型对象数据库 CouchDB

在 2005 年，Damien Katz 开始寻找只用商用硬件来存储海量复杂对象的方法。作为一位资深的 Lotus Notes 用户，他对 Lotus Notes 的优势和劣势了如指掌，但是他想要做些不同的事情，于是就创建了一个被称为 CouchDB（不可靠商用硬件集群，cluster of unreliable commodity hardware）的系统，作为一个开源的文档存储发行，它有许多与分布式计算相同的特性作为它核心架构的一部分。

CouchDB 在底层内置了面向文档的数据同步。这允许了当两个节点连接中断时，包含不同版本数据的多个远程节点会自动进行同步。CouchDB 使用 MVCC 来保证面向文档的 ACID 事务，并且也支持文档版本控制。由于使用 Erlang 这种函数式编程语言编写，CouchDB 可以轻松地在节点之间快速、可靠地发送消息。这种特性使 CouchDB 即使基于不可靠的网络使用大量处理器也是非常可靠的。

就像 MongoDB 一样，CouchDB 通过 JSON 风格的格式存储文档并且使用一种类 JavaScript 的语言对文档进行查询。由于它强大的同步能力，CouchDB 也被用来同步移动电话的数据。

尽管 CouchDB 一直是一个活跃的 Apache 项目，但它的许多最初的开发者，包括 Katz，现在都在 Couchbase 公司研究另一种文档存储。Couchbase 提供了一个具有开源许可的产品版本。

4 种主要的模式——键值存储、图存储、Bigtable 存储和文档存储，是与 NoSQL 相关的主要架构模式。与生活中大多数事情一样，总会存在某些变化。接下来，我们将看到一些有代表性的模式变体的类型以及它们在组织中是如何结合来构建 NoSQL 解决方案的。

4.5　NoSQL 架构模式的变体

关注于不同方面的系统实现可以修改键值存储、图存储、Bigtable 存储和文档存储模式。我们将会看到使用 RAM 和固态硬盘在架构上的变体，然后再来看看这些模式如何被用于分布式系统或者被改进以增强可用性。最后，我们将看到数据库对象如何通过不同的方式分组以简化查询。

4.5.1　定制 RAM 和 SSD 存储

在第 2 章，我们回顾了基于不同存储介质所带来的访问时间的不同。一些 NoSQL 产品被设计为只工作在某种类型的存储之上。例如，Memcache（一种键值存储）被明确地设计成查看数据是否存在于多个服务器的 RAM 中。这种只使用 RAM 的键值存储被称为 RAM 缓存；它非常灵活，并且是一些应用开发者用来存储全局变量、配置文件或者文档传输的中间结果的通用工具。RAM 缓存是快速和可靠的，并且可以被认为是另一种编程结构，如数组、映射或者查询系统。有一些事情你必须考虑。

■　简单的常驻 RAM 的键值存储在服务器启动时都是空的并且只能在需要时填充值。

■　需要定义内存被 RAM 缓存和剩下的应用分配的规则。

■　如果想要 RAM 中的存储在服务器重启时仍然存在，RAM 常驻信息必须被其他存储系统存储。

关键是要明白 RAM 缓存在每次重新启动服务器时必须重新创建。没有数据的 RAM 缓存被称作冷缓存，这也是一些系统在重启后越用越快的原因。

SSD 系统提供了持久存储并且对于读操作几乎和 RAM 同样高效。亚马逊的 DynamoDB 存储服务就是使用 SSD 作为所有存储的介质，所以其读性能非常高效。而向 SSD 写入的数据通常会缓存在大型的 RAM 缓存中，这也使其写性能在 RAM 被填满之前都很高效。

就像你所看的那样，高效地使用 RAM 和 SSD 是使用分布式系统时提供更高的容量和可用性的关键。

4.5.2　分布式存储

现在让我们来看看从单个处理器变成分布在不同地域的多个处理器时，NoSQL 数据架构模式会怎样变化。在大量处理器之上进行优雅而透明的扩展对于大多数 NoSQL 系统来说是一个核心属性。理想情况下，数据分配的过程对于用户来说是透明的，这意味着 API 并不需要用户知道数据是如何存放在哪个位置的。但是知道 NoSQL 软件可以扩展和如何扩展在软件选择过程中至关重要。

如果你的应用基于许多 Web 服务器，而每一个都缓存了某个长时间运行的查询作业的结果，这是使服务器共同工作避免冗余的最好办法。这种机制就是 memcache，我们在第 1 章的 LiveJournal 案例研究中已经介绍过。无论你正在使用 NoSQL 系统还是传统的 SQL 系统，RAM 在应用服务器的配置清单中仍然是最昂贵和最稀少的资源。如果缺少足够的 RAM，应用将不能扩展。

使用分布式键值存储的解决方案是生成一个简单的、轻量级的协议，检查是否有服务器的缓存中有需要的数据。如果有，所需数据将被快速地返回至请求者并不会执行任何额外的搜索。这个协议很简单：每个 memcache 服务器都有一个关于其他正在工作的 memcache 服务器的清单，每当一个 memcache 服务器收到一个请求，但该请求需要的数据不在自己的缓存中时，它就会将键发送给其他同级服务器来进行检查。

memcache 协议可以在分布式系统之间创建简单的通信协议，使它们像一个整体高效地进行工作。这种分享信息的类型可以应用到其他 NoSQL 数据架构（如 Bigtable 存储和文档存储）。可以将键值对作为缓存对象推广到其他模式。

缓存对象也可以通过复制到多个缓存中的方式来提高数据服务的整体可靠性。如果一个服务器宕机，其他服务器马上进行替代，这样应用给用户的感觉是服务并没有出现过中断。

为了提供无缝的不中断服务，缓存对象需要被自动地在多个服务器上进行复制。如果缓存对象被存在两个服务器上，当第一个服务器变得不可用时，第二个服务器能够快速地返回查询的值；它并不需要等待第一个服务器重启或者从备份中恢复。

实际上，几乎所有的分布式 NoSQL 系统都能配置为在 2 个或 3 个不同的服务器缓存对象。一个简单的循环或随机分布系统的实现决定了哪个服务器应该存储哪个键。这里有很多关于在大型集群中的键值存储系统分配负载以及将不可用的系统缓存的对象快速地复制到新节点的权衡策略。

NoSQL 系统主导了那些有海量集合数据的组织，但如果这些数据只能以一种单一的线性方式访问的话，处理这些数据就会变得繁琐。可以对这些对象以不同方式分组，使它们更容易管理和查询，就像接下来将看到的那样。

4.5.3　分组的对象

在键值存储的章节，我们了解了如何将网页保存在键值存储中，使用 URL 作为键而网页作为值。你也可以将这个结构扩展到文件系统。在文件系统中，键就是目录或是目录路径，值则是文件内容。但是与网页不同的是，文件系统可以在不打开文件的情况下列出目录中所有文件。如果文件内容比较大，每次在你想要列出文件时将所有文件加载到内存就比较低效。

为了使其更加简单和高效，键值存储能够被改良为在键中包含额外的信息表明这个键值对和另一个键值对是相关的，创建一个集合或者用通用结构将资源分组。尽管每个键值存储系统对其叫法略有不同（如文件夹、目录或者桶），但其原理都是一样的。

集合系统的实现根据使用的 NoSQL 数据模式的不同也有很大不同。键值存储有一些方法可以根据键的属性将相似的对象进行分组。图存储将每个三元组与一个或多个组标识进行关联。大数据系统使用列族对相似的列进行分组。而文档存储则使用文档集合的概念。让我们来看看键值存储使用分组的例子吧。

对对象进行分组的一种方法就是键值数据拥有两个数据类型，第一个被称为资源键而第二个被称为集合键。可以使用集合键保存同一个集合中的一系列键。这种结构可以在多个集合中存储同一个资源并且还能在集合中存储集合。使用这种设计带来一些复杂的问题需要仔细考虑和计划，如果一个资源存储在多个集合中，而其中一个集合被删除时要做些什么。一个集合中的所有资源应该被自动删除吗？

为了简化这个过程和后续的设计决策，键值存储包含了生成集合层次的概念并且要求一个资源属于且只属于一个集合。结果就是用于检索的资源路径必须是唯一的。文件夹和文档这些熟悉的概念也被作为简单文档层次（simple document hierarchy）而被大家熟知，与最终用户产生了共鸣。

一旦用键建立起了集合层次的概念后，就可以用它对分组的键值对执行某些函数。

■ 将元数据和集合相连（谁创建了这个集合、什么时候创建的、最后修改的时间以及最后修改的用户）。

■ 将集合赋予某个用户和组并通过 UNIX 文件系统权限控制的方法对其他组和其他用户赋予相应的访问权限。

■ 对某个集合创建一个访问控制权限的结构，让只有特定权限的用户可以对这个集合的对象进行读或修改操作。

■ 创建一个用来批量上传和下载集合中对象的工具。

■ 设置系统为如果在一段特定时间内某些集合没有被访问，则将这些集合压缩并归档。

如果你正在想，"这和文件系统太像了"，这就对了。与元数据相关的集合的概念是通用的，并且许多文件和文档管理系统使用与键值存储相似的概念作为其核心基础架构的一部分。

4.6　小结

本章我们讨论了一些 NoSQL 数据架构模式和数据结构。我们了解了简单的数据结构，如键值存储，是如何使 API 变得简单，这会使结构更容易实现并且在系统之间更容易移植。我们从键值存储这样简单的接口逐渐过度到更复杂的文档存储，文档中的每一个分支或叶节点都可以用于创建查询结果。

通过了解正在被每种数据架构模式所使用的基础数据结构，你就能理解对于不同的业务问题，每种模式的优势和劣势。这些模式对于认识很多商业和开源产品并理解它们核心优势和劣势是很有用的。而挑战在于，许多真实环境的系统并不只是简单属于某一类。它们或许从一个单一的模式开始，但是接着会增加很多特性和插件，这样就很难将其归类为单一类型的系统。许多产品都是从简单的键值存储开始，但也具有许多 Bigtable 存储的共性。所以最好把这些模式作为指导方针而不是严格的分类准则。

　　下一章，我们将会仔细了解表现力最丰富的数据架构模式：复杂内容的原生 XML 数据库。还会看到一些用来做企业整合和内容出版的原生 XML 数据库系统的案例研究。

4.7　延伸阅读

- Berners-Lee, Tim. "What the Semantic Web can represent." September 1998. http://mng.bz/L9a2.

- "Cypher query language." From *The Neo4j Manual*. http://mng.bz/hC3g.

- DeCandia, Giuseppe, et al. "Dynamo: Amazon's Highly Available Key-value Store." Amazon.com. 2007. http://mng.bz/YY5A.

- MongoDB. Glossary: collection. http://mng.bz/Jl5M.

- Stardog. An RDF triple store that uses SPARQL. http://stardog.com.

- "The Linking Open Data cloud diagram." September 2011. http://richard.cyganiak.de/2007/10/lod/.

- W3C. "Packaging System: EXPath Candidate Module 9." May 2012. http://expath.org/spec/pkg.

第 5 章　原生 XML 数据库

本章主要内容
- 构建原生 XML 数据库应用
- 使用 XML 标准加速应用开发
- 基于 XML 模式设计和验证文档
- 通过自定义模块扩展 XQuery

标准的价值与使用它的系统数量的平方相关。

——改编自梅特卡夫定理和网络效应作为标准

你曾经想要对网页上的信息、Microsoft Word 文档或者 Open Office 的演示文档进行查询？试想，如果你有一个 HTML 页面中包含的链接，运行一个查询来验证所有链接是否有效不好吗？这些所有的文档类型都有一个共同的属性称为混合内容（包含数据文本、日期、数字和事实）。使用文档数据库的挑战之一就是它们并不支持对混合内容的查询。原生 XML 数据库存在的时间比其他 XML 数据库都久，允许对混合内容进行查询并支持一些安全模型和标准化的查询语言。

原生 XML 数据库可以存储和查询比其他 NoSQL 数据存储更加广泛的数据类型。它们的数据表达格式能存储结构化的表和非结构化的文档，并且能提供上层的搜索服务。它们对 Web 标准的支持优于其他文档存储，这为它们提供了在原生 XML 系统之间的移植性。但是大多数组织采用原生 XML 数据库的原因是它们可以提高应用开发的效率，并且其易用性允许非开发人员构建和维护应用。

在读完本章后，你会理解原生 XML 数据库的基础特性以及它们如何在特定领域解决业务问题，如出版或搜索。你将会熟悉构建原生 XML 数据库应用、传输 XML 数据、搜索和更新元素的过程，并且你将会看到这些标准是如何用来加速应用开发的。最后，由于几乎所有的原生 XML 数据库都使用 XQuery 语言来查询文档，我们将会探讨如何用 XQuery 传输 XML 文档并且它是如何能被扩展以包含新的功能。

定义一个原生 XML 数据库是理解原生 XML 数据库何时并且如何帮助你解决业务问题的第一步。在下一节中，我们将从定义开始，并给出一些原生 XML 数据库能帮助解决业务问题的类型的实例。

5.1 什么是原生 XML 数据库

原生 XML 数据库采用的是文档数据架构模式。像其他面向文档的数据库，它们不需要中间层和对象-映射层，也不使用连接操作存储或抽取复杂的数据。它们能对每个查询和文档计算散列值，这使得它们易于被缓存使用；它们能在分布式环境中存储数据，这使得它们能优雅地进行扩展。

原生 XML 数据库在 NoSQL 这个术语开始流行之前就已经出现了。它们在某些领域更成熟，并且与 W3C 管理的 Web 标准结合紧密。如今可见的原生 XML 数据库，如 MarkLogic，主要涉及政府、智能、整合、出版和内容管理等领域。

原生 XML 数据库在 NoSQL 世界是比较独特的，这是由于它们尝试重用数据格式和标准来降低整体开发成本。其主导的设计思想是避免引入数据库相关的查询语言，因为这样会使应用局限在某个单一的数据库上。一些原生 XML 数据库被迫在易用性、性能和在不引入新 API 的情况下扩展查询的能力上互相竞争。许多开源原生 XML 数据库共享概念和扩展的功能。

与 JSON 这种数据格式（一种对人类可读的基于文本的数据交换标准）类似，XML 通过一个分层的树形结构存储它的信息。与 JSON 不同的是，XML 能够存储混合内容的文档以及命名空间。混合内容系统允许你以任意顺序混合文本序列和数据。XML 的元素可以包含散布在整个文本的其他树的数据。例如，你可以向文本中的某个段落的任意位置添加加粗、斜体、链接或者图片的 HTML 链接。HTML 文件是混合内容类型的完美例子。

图 5-1 展示了被许多 SQL 系统、JSON 和 XML 文档经常使用的逗号分隔的值（CSV）平面文件的特性之间的关系。

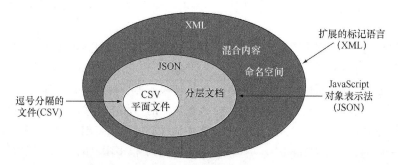

图 5-1 三种文档格式的表现力。逗号分隔的值（CSV）的文件被设计为只存储不包含层次概念的平面文件。JavaScript 对象表示法（JSON）文件能够存储平面以及分层的文档。可扩展的标记语言（XML）文件能存储平面文件、分层的文档以及包含混合内容和命名空间的文档

如果使用过电子表格或者加载过数据到 RDBMS 的表中，你就会知道 CSV 文件对于保存那些被加载到表中的数据来说是个理想的方法。CSV 结构中逗号分隔的字段和换行符经常被用来在电子表格和 RDBMS 表中传输数据。

JSON 文件对于发送序列化对象到浏览器和从浏览器发送序列化对象来说是个不错的方法。JSON 允许对象包含对象，并且在不需要存储混合内容或者使用多个命名空间的层次结构中表现很好。

正如提到的那样，当文档包含了混合内容时，XML 文件是最好的选择。XML 还支持一个经常引起争议的特性：命名空间。命名空间可以将多个不同域的文档数据元素混合到同一个文档中，还保留了每个元素的原始含义。支持多个命名空间的文档使应用在向新的命名空间添加新元素时不会干扰到现有的查询作业。

例如，一个在线文章的数据库可能会引用一个被称为都柏林核心集的外部分类标准库（像题目、作者以及主题等属于传统书籍编目的元素）、RSS 提要的标签（Atom）和额外的表现元素（HTML）。通过标记它们为都柏林核心集的命名空间，所有的编目工具都可以被设置为自动识别这些元素。重用外部标准而不是发明新的标签并重新将它们映射到外部标准使外部工具能够更容易地理解这些文档。

尽管有用，但命名空间也是一个负担。使用多个命名空间的工具需要知道多个命名空间，并且开发者需要参加培训才能正确地使用这些工具。命名空间是有争议的，在于它们增加了额外一层的复杂性，而这在单域文档中通常是不必要的。由于单域文档一般用于开发员工的培训，所以命名空间在第一次引入时或许看起来有些多余并且难以理解。没有合适的工具和培训，开发者会对包含多个命名空间的文档感到头疼。

如果你熟悉使用 HTML 的网页格式，你很快会理解 XML 的工作原理。图 5-2 展示了一个使用 XML 标记的销售订单。

HTML 和 XML 的关键区别在于语法（或是含义），每个 HTML 元素都是由 W3C 标准预先定义好的。在销售订单的例子中，每个销售订单元素的含义由独立的组织决定。即使这里有一个销售订单的 XML 标准，每个组织还是可以创建独有的元素名并在一个数据字典中存储这些元素名、定义。

任何熟悉 XML 的人都认为它作为一个成熟的标准，有一个生态系统来支持它：有从 XML 文档中抽取子文档树的工具（XPath），有查询 XML 文档的工具（XQuery），验证 XML 文档的工具（XML Schema 和 Schematron），有将 XML 文档转换成另一种格式的工具。

RDBMS 厂商，如 Oracle、Microsoft 和 IBM 在它们的产品中都集成了 XML 管理特性。它们的办法是对 RDBMS 增加一个 XML 列类型。添加这种类型后，XML 文档就以存储二进制大对象（BLOB）一样的方法存储在列中。尽管这种策略满足了很多用例的需求，但由于对象-关系映射工具不能对 BOLB 生成正确的 SQL 来查询 XML 元素，所以这种方法缺乏移植性。

XML 主要的缺点，以及原生 XML 系统的局限性在于 XML 是一种想用一种单一格式解决所有不同类型问题的标准。没有合适的工具和培训，开发人员会对 XML 的复杂性感到头疼，而继续使用更加简单的格式，如 JSON 或者 CSV。没有好的图形用户交互工具，开发人员只能被迫查看原始 XML 文件，这比 JSON 表示法繁琐多了。

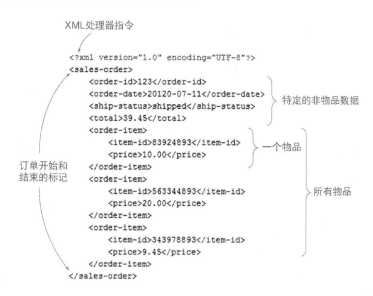

图 5-2　使用 XML 标记格式的销售订单。文件从一个处理器指令开始，指出了文件使用的 XML 版本，以及系统使用的字符编码（UTF-8）。每个元素都有相配的开始和结束标记。开始标记以 < 开始，而结束标记以 </ 开始。该销售订单在文档中包括了所有物品，所以就不需要主键和外键了。为了生成包含所有物品名称或者描述的完整报告，一个产品查找函数用来将物品 ID 转化为完整的产品描述。这个产品查找函数替换了 Join 声明。这个查找函数从另一个 XML 文件中抽取出产品信息

　　尽管有这个缺点，许多开发者还是发现原生 XML 数据库提供了一个解决问题的更简单的办法。它们丰富的查询语言和 XML 标准降低了整体成本。我们还应该知道原生 XML 数据不存储 literal XML。它们通过某种压缩格式将其存储为一个紧凑的版本。XML 文件只是用来将数据插入数据库和从数据库中取得数据。

　　现在你了解了什么是原生 XML 数据库和它们能够解决的问题类型，让我们来看看原生 XML 数据库是如何用来构建能够增加、转换、搜索和更新 XML 文档的应用的。

5.2　用原生 XML 数据库构建应用

　　原生 XML 数据库和它们相关的工具是提高开发效率的关键。通过使用简单的查询语言使程序员和非程序员能轻易地创建并且定制报表。标准、成熟的查询语言、健壮的工具和面向文档的特性结合在一起使应用开发过程更加快速。一旦用户通过原生 XML 系统创建应用，你会发现说服这些用户转移到另一个平台就非常困难。

上手原生 XML 数据库比你想的要简单。如果你熟悉拖曳文件和文件夹的概念，差不多就已经能够创建你的第一个原生 XML 数据库了。阅读完下一小节，你会发现上手其实很简单。

5.2.1 加载数据可以像拖曳那样简单

大多数人对将文件从一个地方拖曳到另一个地方来复制文件的概念很熟悉。向原生 XML 数据库加载数据也可以那样简单。图 5-3 显示了向一个原生 XML 数据库添加新的订单数据是多么简单。

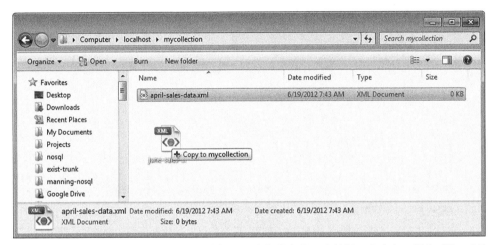

图 5-3 向 XML 数据库添加新的销售订单数据可以像拖曳文件那么简单。许多桌面操作系统，例如 Windows 和 Mac OS X 都支持通过 WebDAV 协议远程访问。这使你能够通过拖曳 XML 文件到数据库集合中来将新文件添加到 XML 数据库中。所有与 XML 文件相关的元数据会被用来对每个元素建立索引。一旦文件被添加，数据就能立即通过 XQuery 进行查询。在数据被添加之前并不需要对数据进行建模

你应该注意到你并不需要在加载数据之前执行任何实体关系建模。XML 文件的元数据结构将会用来创建数据库中所有相关的索引。默认情况下，所有元素都为即时搜索建好了索引，并且每个叶节点都会被当作字符串对待，除非已经预先与一个数据类型相关，如十进制或者日期类型。

原生 XML 数据库对于加载数据有很多选项。

- 使用集成的 XML 的 IDE，如基于 Eclipse 的 oXygen XML 编辑器，它内置了对原生 XML 数据库的支持，可以上传单个文件或者 XML 文件的集合。oXygen IDE 可以作为独立的程序或者一个 Eclipse 插件。注意，oXygen 是 SyncroSoft 公司的商业产品。
- 使用命令行工具或者 UNIX shell 脚本从文件系统的某个文件中加载数据。
- 使用构建脚本和 Apache Ant 任务加载数据。
- 使用"上传器"网页，它可以将本地文件上传到远程的 XML 数据库。

- 使用备份-恢复工具从存档文件中加载大量 XML 文件。
- 使用完整的桌面客户端来操作特定的原生 XML 数据库。例如，一个数据库配备的完整的 Java 客户端提供了上传和存储功能。
- 使用底层的 Java API 或者 XML-RPC 接口来加载数据（这需要有 Java 开发背景）。

还有一些支持 WebDAV 协议的第三方应用，如 Cyberduck（针对 Windows 和 OS X）或者 Transmit（针对 OS X），它们使数据库看起来像文件系统的拓展。由于这些工具也能被非编程人员使用，所以它们也是许多开发人员管理原生 XML 集合的首选工具。这些工具可以用来添加新文档以及移动、复制和重命名文件，使用的方法与在文件系统中移动和复制文件的方法一样。

如果想要在 RDBMS 中执行那些相同的移动、复制或者重命名操作，需要编写复杂的 SQL 语句或者使用为数据库管理员定制的图形化用户交互工具。而在原生 XML 系统中，这些操作都可以使用那些用户熟悉的桌面上的通用工具完成，这样就可以快速地进行学习并且降低开发培训成本。

现在你知道了原生 XML 数据库可以像文件夹那样被操作，让我们来看看这些结构（被称为集合）是如何应用于原生 XML 数据库的。

5.2.2　使用集合来组织 XML 文档

文件系统使用文件夹的概念，文件夹可以包含其他文件夹以及文档。原生 XML 数据库支持一种相似的结构，被称为集合层次，这种结构能够包含 XML 文件和其他集合。使用集合来存储文档可以使它们更易于管理。

集合将文档和数据分组为一些子集合，这对组织是很有意义的。例如，可以将每一月的日常订单收集到一个单独为这一年这一月准备的集合。原生 XML 数据库可以轻易地查询任意文件夹或者子文件夹里中文档来找到需要的文档。

1．通过触发器定制更新操作

集合也可以利用数据库触发器定制对一个集合中所有文档的任意操作。当任意文档被创建、更新、删除或者查看时，触发器就会被触发执行。比方说，一个文档集合的典型函数是指出文档中的哪个元素应该被建立索引。一旦针对集合配置了某个触发器后，任何属于集合/子集合的文档的改动都会自动更新和建立索引。触发器通常通过放在集合中的一个 XML 配置文件来定义。XML 文件与某一个关于触发器类型（插入、更新、删除）的 XQuery 函数相关。触发器是指定文档规则校验（如验证）、复制之前版本的文档到历史版本存储中、在远程服务器上备份副本或者记录指定的事件的理想方式。

2．与灵活的数据库一起工作

XML 数据库被设计为灵活地将数据存储到集合或者 XML 文件中。如果有一个包含 10 000

个销售事务的单独文件或者是 10 000 个独立的事务文件，它们表现得同样出色。如果你只通过引用文档的根集合来改变文件分组的方式，你编写的查询都不需要修改。

当对一个文档集合执行并发的读和写时，有一些设计上的考量需要权衡。一些原生 XML 数据库只保证一个单独文档的原子操作，所以把需要一致性保证的两个不同的数据元素放置到一个单独的文档中或许是个不错的建议。例如，在同一个 XML 文档中可能包含单独的两行：物品数量和销售总金额。当文档被更新后，所有数字将被更新到一个一致性的状态。

你可能会想要对文档或者是子文档使用数据库锁来阻止其他过程在关键时期修改它。这种特性与文件锁相似，它被用来执行操作文件系统的共享文件。例如，如果你使用一个表单应用来编辑一个文档，你可能不想其他人在你的文档中保存它们的版本。将文档加锁可以避免多个用户同时编辑同一份文档所引起的冲突。也可以在加载某个文档到编辑器中时计算它的散列值来验证在编辑时文档有没有被其他人修改过。这种策略和 HTTP 实体标签的使用可以避免丢失更新的问题，即当两个用户打开相同的文件并且用户 1 修改之处被用户 2 覆写了。

3. 存储不同类型的文档

原生 XML 数据库集合可以被用来作为存储不同类型文档的"首选分类"。这类似于根据书的主题找到这本书的图书馆图书分类。但是与实体书不同，一个文档可以包含多个类别元素，这样文档就没有必要在集合之间复制或移动。一个 XML 文件可以包含关键字和类别术语，这样就使搜索工具能找到符合多个主题类别的文档。

4. 通过访问权限分组文档

集合也能够被用来根据访问的用户来分组文档。你可能有一个内部策略，只允许用户以特定角色修改某个文档。一些原生 XML 数据库对每个集合提供了基础 UNIX 风格的权限来使特定的组对其进行写访问。UNIX 风格的权限可以快速地算出哪些用户可以访问某个文档。

而 UNIX 风格权限的缺点是只有一个单独的组能够与某个集合相关。其他原生 XML 集合管理系统添加了更多灵活的访问控制列表，根据多个组或者角色来保护每个集合。基于角色的集合管理是最健壮的权限系统并且对于那些由于多个业务部门带来的高并发用户的大型组织是首选。遗憾的是，只有一些原生 XML 数据库支持基于角色的访问控制。

一个使用基于安全的集合来分组 Web 应用功能的例子如图 5-4 所示。

在这个例子中，所有角色中，只有一部分角色能够添加或者更新数据集合中的 XML 文件。更多的角色则能在 view 和 search 集合使用查询来查看和搜索 books 集合。整个应用的信息文件（app-info.xml）中的设置与每个有着特定读写权限的用户相关。

原生 XML 数据库能够存储相同结构的多种不同视图，每一个视图是一个底层 XML 数据的不同转化，在接下来的两节，你将会了解如何用 XPath 和 XQuery 生成这些视图。

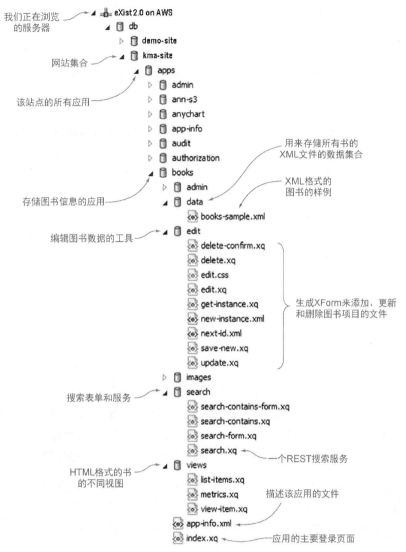

图 5-4　一个使用原生 XML 集合来管理一系列 Web 应用的示例。根文件夹是主数据库，`kma-site` 是一个关于特定网站的子文件夹。`apps` 文件夹包含了所有应用，一个集合一个应用。`books` 集合包含了应用的子文件夹。`books/data` 集合包含了 XML 图书数据的位置。其他集合包括 `books/edit` 集合存储了改变图书数据的工具，`books/views` 集合包括了图书数据的不同视图。每个集合有与之相关的不同权限，这样没有修改权限的用户就不能访问 `books/edit` 集合

5.2.3　使用 XPath 运用简单的查询转换复杂的数据

XPath，一种工作在 XQuery 内的语言，通过短路径表达式轻松获得哪怕是在复杂文档中所

寻找的数据。保持路径表达式简短可以快速定位并获得文档中感兴趣的特定信息，并且不需要花时间编写冗长的查询或者查看外部数据。

　　XPath 表达式与为了浏览指定目录或文件夹而在 DOS 或者 UNIX 脚本中键入的路径命令类似。XPath 表达式由一系列步骤组成，它告诉了系统如何浏览文档的指定部分。例如，XPath 表达式 $my-sales-order/order-item[3]/price 将会返回销售订单中的第三个物品的价格。斜杠表示在层次结构中下一步应该是当前位置的子项目。

　　由于一些充分的原因，XML 文档以复杂闻名。当将 XML 所有的特性（如混合内容、命名空间和编码元素）应用到单个文档时，生成的这个文档对人来说是不易读的。这些文档通常是复杂的，因为它们尝试精确捕捉真实世界的结构——这有时会很复杂。还有，使用复杂的结构并不意味着查询也必须很复杂。这种事实可能并不直观，但这是原生 XML 数据库和 XQuery 最重要也是有时被忽略的性质之一。让我们用具体实例回顾下这个概念。

　　本书的每幅图都有一个编号。第一个数字表示章号（1, 2, 3），紧跟章号的数字是一个序号，表示图在本章中位置。为了计算图的编号，我们只需要对每一章居先的图进行计数。图 5-5 是一个用 XPath 表达式完成这一功能的示例。

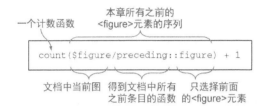

图 5-5　一个复杂的文档如何使用简单的 XPath 查询表达式进行查询。这个表达式是用来对书中每一章的图号进行计数。它是通过对每章中的<figure>元素之前的数字进行计数并对计数结果加 1 得到当前的图号。当书从 XML 被转化为 HTML 或者 PDF 的格式时，能将每章的图顺序编号

　　这种 XPath 表达式可能对许多人来说不熟悉，但是它的结构并不复杂。你告诉系统从当前图开始，对这章的图前面的数字进行计数，并对其加 1 得到当前图号。为了轻易地得到路径表达式，有一些 XML 工具可以让你在 XML 文件中选取任意元素，并且可以显示查询指定元素需要的路径表达式。

　　XPath 是简化管理复杂性的关键组件。如果你正在使用 SQL，你需要将你的复杂数据存储在很多表中并使用连接操作来抽取需要的数据。尽管一个独立的 RDBMS 表结构简单，但用 SQL 系统存储复杂的数据通常需要复杂的查询。原生 XML 系统恰恰相反。即使数据很复杂，通常还是可以用简单的 XPath 表达式高效地从系统中获取所需的数据。

　　不像其他 XML 系统，原生 XML 数据库倾向于使用简短的、单元素的 XPath 表达式，这是因为每当单个元素被添加至数据库时，就为其建立索引。例如，路径表达式 collection('/my-collection')// PersonBirthDate 将会找出集合中所有人的生日记录，哪怕每个文档的结构完全不同。它的缺点是需要更多的磁盘空间来存储 XML 数据。而优点则是查询既简洁又快速。

现在知道了 XPath 是如何工作的，接着让我们再来看看如何用 XQuery 语言整合 XPath 表达式构建一套将 XML 数据直接转换为其他结构的完整解决方案。

5.2.4　用 XQuery 转换数据

使用 XQuery 语言和它的高级函数式编程以及并行执行查询的特性使你快速和轻松地转化大型数据集。在 NoSQL 的世界，XQuery 用一个简单的语言代替了 SQL 和应用级别的函数式编程语言。

原生 XML 数据库与其他文档存储相比，最大的优点是它们使用 XQuery 语言转换 XML 数据的方式。就像你看到的，XQuery 是被设计来查询表格以及非结构化文档数据的。XQuery 是一种成熟并普适的标准化查询语言，由查询专家精心构建并经过了严谨的评审。尽管其他语言可以和原生 XML 数据库一起使用，但由于 XQuery 的高级函数式编程结构和在并行系统运行的能力，XQuery 仍然是首选。XQuery 的示例如图 5-6 所示。

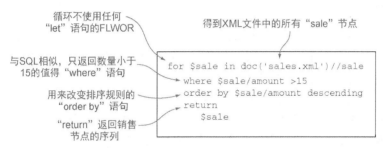

图 5-6　XQuery 的 FLWOR 语句展示了 for、where、order 和 return 语句。XQuery 的许多结构，如 where 语句和 order 语句，与 SQL 很相似，所以许多 SQL 开发者能够快速地学会基本的 XQuery 语句

当我们进入接下来的章节时，你将会明白需要查询大量非结构化数据的用户偏爱 XQuery 语言的原因。

1．XQuery——一种灵活的语言

XQuery 语言是由 W3C 组织开发的，这个组织还定义了许多其他 Web 和 XML 标准。XML 标准公布不久后，W3C 成立了一个标准机构，其中包含了关于查询语言设计方面的专家。这些专家中的一些人参与开发了 SQL 的标准，并且及时发现了 SQL 不适合查询非结构化数据。W3C 查询标准组承担起创造一种适合所有用例的单一的查询语言，它包含了业务以及文本文档、订单、文章。开始于一系列关系型查询语言和文档查询语言以及结构化和非结构化数据集的 70 个用例，W3C 开始了持续多年的定义 XQuery 语言的任务。

XQuery 被设计为一种灵活的语言，允许这 70 个用例能够被查询和运行在多个处理器之上，并且易于学习、解析和调试。为了完成这个任务，它借鉴了许多其他查询系统的概念。严谨的过程造就了这种普适并被用于许多产品的查询语言。这些 XQuery 产品不仅包含了原生 XML 数据

库，还包括了转换内存数据的工具和集成工具。

2．XQuery——一种函数式编程语言

XQuery 是一种按照函数式编程语言定义的语言，这是因为它关注使用函数对序列数据项进行并行转换。我们将在第 11 章深度、全面地介绍函数式编程主题。通过 XQuery，函数能被作为参数传递给其他函数。XQuery 有很多 SQL 没有的特性，并被用来高效地转换分层的 XML 数据。例如，XQuery 允许递归地调用函数并返回表格甚至是任何树形的数据结构。XQuery 能够返回简单的 XML 或者一系列包括 JSON 或者图结构的数据项。由于它的函数式特性，XQuery 能够更易于被多 CPU 系统执行。

XQuery 并行处理的能力体现在 FLWOR 语句上。FLWOR 代表了 for、let、where、order 和 return，如图 5-6 所示。不同于程序语言（如 Java 或者 .Net）中的 for 循环，FLWOR 语句可以独立并行地执行并且运行在大量并行的 CPU 或者不同的处理器上。

3．XQuery——符合 Web 标准

XQuery 被设计为符合 Xpath 之外的其他 W3C 标准。XQuery 与其他 XML 标准（如 XML Schema、XProc 和 Schematron）共享数据类型。由于这种标准化，XQuery 实现比在 SQL 数据库之间移植的应用具有更好的可移植性。

XQuery 能返回任意的树形结构数据，包括表、图或者整个网页。这种特性消除了中间层、表与 HTML 转换层的需求。避免了中间层的转化，包括了分离的程序语言和另一种数据类型转化，使软件开发过程更加简单并且对于非编程人员来说更容易理解。中间层和关系型-对象-HTML 转化的消失是使 NoSQL 系统更加敏捷和使开发 Web 应用更加迅速的核心简化模式之一。

4．一种语言还是多种语言

在为数据库选择一种查询语言时，有许多权衡的地方需要考虑。小模板语言易于生成和易于学习，但是难于扩展。其他语言则被设计为可扩展至数以百计的扩展函数。在过去几十年创建的许多新查询语言中，XQuery 表现得是最雄心勃勃的。W3C 许多领域的查询专家每隔 6 年定义一次，它的目标是创建一种能够查询广泛的数据结构的单一语言。SQL 非常适合处理结构化数据，像 XSLT 的语言非常适合用来转换文档，XQuery 本身已经成为用某种单一语言查询不同的类型数据的统一标准。XQuery 也尝试结合现代函数式编程语言最好的特性来防止副作用和提升缓存（更多细节详见第 10 章）。一些促进 XQuery 规格的用例如下。

- 查询分层的数据——基于有嵌套和子嵌套结构的文档生成表。
- 查询序列——基于序列项目的查询。例如，在日历中的两个事件之间发生了什么事件？
- 查询关系型数据——与 SQL 类似的查询，连接操作被用来合并多个表中具有共同的键的数据。
- 查询文档——找寻一本书中某一章的题目、段落或者其他标记。

- 查询字符串——扫描新闻摘要并且从发布的新闻和股票数据合并信息。
- 查询混杂的词汇——从拍卖、产品描述和产品评论信息合并的 XML 数据。
- 引爆递归部分——一个递归的查询如何被用于从平面结构构建一个任意深度的分层文档。
- 强类型数据的查询——使用在 XML Schema 中的类型信息来转换文档。

现在我们讨论了用来导入 XML 的步骤和如何使用 XPath 和 XQuery 来转换 XML 数据，我们将回顾一下如何更新 XML 数据和对 XML 文档进行全文搜索（包含自然语言的结构，如英语）。

JSONiq 和 XSPARQL

有两种基于 XQuery 扩展的建议语言：JSONiq，增加了查询 JSON 文档和 XML 结构的能力；XSPARQL，允许使用 XQuery 查询 RDF 数据存储。用 XQuery 标准函数可以实现一些特性，但是将这些特性扩展到 XQuery 语言定义中会获得一些附加价值。

5.2.5　用 XQuery 更新文档

你或许能够回想起在 5.2.1 节中，我们谈到当新的文档被加载到一个原生数据库时，是如何对每个元素立即建索引的。如果你仔细想想，你会明白这是个代价高昂的过程，尤其是在拥有大量包含全文结构的文档，每当文档被保存就必须重建索引的时候。

为了更方便地存储文档中的小改动，W3C 提供了一个关于更新某个 XML 文档中的一个或多个元素而不用更新整个文档和相关索引的标准。

- insert——对文档插入一个新的元素或者属性。
- delete——删除文档中的元素或者属性。
- replace——将文档中的某个元素或者属性替换为新值。
- rename——改变任意元素或者属性的名字为新值。
- transform——将某个元素转换为一个新的格式而不用改变磁盘上的底层结构。

例如，改变数据库中某本特定的书的价格，代码如图 5-7 所示。

```
replace value of node
doc('books.xml')//book[ISBN='12345']/price with 39.95
```

　　　书的XML文件　　　想要更新的书　　　　新的价格

图 5-7　一个 XQuery 替换语句的示例，用来改变某本指定 ISBN 号的书的价格。"replace value of node" 被放在该元素之前，而 "with" 被放在新价格之前。效果则是你可以更新一个特定的元素而不用对整个文档进行替换和重建索引

　　XQuery 更新操作不属于 2006 年原生的 XQuery 1.0 规范，这个时候你可能会看见一些书和 XML 系统还没有利用完整的规范。一些系统虽然提供了更新 XML 的方法，但使用的是非标准方法。更新操作对于更新 XML 文档的简化和效率提升至关重要。如果 XML 文档越多，使用更新函数就越重要。

　　W3C 标准化的 XQuery 在 2011 年更新过。W3C 在 2011 年公布的其他 XQuery 规范是对全文的扩展，我们接下来将谈到。

5.2.6　XQuery 全文搜索标准

　　原生 XML 系统被用来存储业务文档，如销售订单和发票，以及文章或书籍之类的书面文档。由于原生 XML 数据库被用来存储大量的文本信息，所以对高质量地搜索文档有强烈的需求。幸运的是，W3C 也制定了基于 XQuery 的全文搜索标准。

　　XQuery 支持一个标准化的扩展模块，它规范了搜索函数如何在全文数据库（一个包含书籍、期刊、杂志、报纸或者其他类型的文本材料集合）之上执行。这个对 XQuery 语言的扩展规定了搜索查询应该如何被 XQuery 函数的术语规范。

　　搜索标准是很重要的，这是因为它们使你的 XQuery 搜索应用变得可在多个原生 XML 数据库间移植。并且，在全文搜索的代码和过程中使用标准可以使员工将它们的知识从一个 XML 数据库迁移到另一个上，减少了培训和应用开发时间。

　　这个规范也提供了高级函数（如布尔运算和近似运算）的指南。主要区别在于原生 XML 数据库的每个节点可以被认为是自己拥有的文档，并且有自己的索引规则。这使你可以设置规则来增大文档中标题匹配的权重以超过文档内容匹配的权重。我们将在第 7 章深入了解搜索和权重的概念。

　　我们现在了解了如何使用原生 XML 数据库来构建一个 Web 应用。你已经知道了数据如何被加载、转换、更新和使用 XQuery 及其扩展进行搜索。现在让我们来看看在原生 XML 数据库中构建可移植应用的其他标准。

5.3　在原生 XML 数据库中应用 XML 标准

　　从某个原生 XML 数据库迁移至另一个时，XML 标准使你能重用你的知识和代码。它们还使你能在不同的 NoSQL 数据库之间移植并且防止供应商依赖。标准让学习新 NoSQL 系统变得更简单，这有助于团队更快地向市场推出产品。如果你已经熟悉 API 或者数据标准，在你的应用开发中采用标准将会加速以后的项目开发。

　　让我们从前面讨论过的和一些新的 XML 标准的概览开始。表 5-1 列出了在原生 XML 系统使用的重要标准，与标准相关的组织以及标准如何应用的描述。

表 5-1　XML 标准。原生 XML 系统之间的应用移植性对每个数据库实现的
标准高度敏感。所有的标准都由 W3C 颁布

标准名	标准组织	描述
可扩展标记语言（XML）	W3C	XML 标准规定了树形结构的数据如何使用元素和属性存储在文本文件中。标准包含使用的字符集，特殊字符如何规避，任何在应用中可能使用到的特殊处理指令的精确信息。与 JSON 不同，XML 支持多个命名空间和混合内容
XPath	W3C	XPath 规范描述了如何使用简单的路径表达式选取 XML 文件的一个子集。路径表达式是深入文档的某部分的步骤或者是使用条件表达式和循环的复杂表达式。XPath 是一个组件式的规范，被用在其他 XML 规范，包括 XSLT、XQuery、Schematron、XForms 和 XProc
XML Schema	W3C	XML schema 是 XML 文件用来通过一次扫描快速验证 XML 文档的结构并检查每个叶节点的格式。这样的设计使 XML schema 能快速验证大量文档。XML Schema 1.1 已经添加了允许用 XPath 表达式验证文档的新特性。XML Schema 是一个成熟的标准并且支持图形化设计工具
XQuery	W3C	XQuery 是一个查询 XML 文件和 XML 数据库的 W3C 标准。XQuery 被认为是函数式编程语言，并且围绕一个被称为 FLWOR 的并行编程结构进行构建，这样就能轻易地在多个处理器上运行
XQuery/XPath 全文搜索	W3C	W3C 全文搜索标准规定了全文搜索应当被任意的 XQuery 或者 XPath 引擎实现
Schematron	ISO/IEC	Schematron 是一个对 XML 树中的模式存在与否做出断言的基于规则的验证语言。不像 XML Schema，Schematron 使你在 XPath 中使用 if/then 表达式，能够应用与 XML 文档里的任何节点。某个关于大型文件中的最后一个节点的规则可能会引用这个文件的第一个节点的元素，所以整个文件可能需要被加载到内存来进行验证
XProc	W3C	XProc 是为管道处理文档的 W3C 的 XML 声明语言。典型的步骤可能包括扩展包含、验证、切分文档、连接文档、转换和存储文档。XProc 利用了其他 XML 标准，包括 XPath
XForms	W3C	XForms 是为使用 MVC 架构的客户端应用的 W3C 的 XML 声明语言标准。它具有不使用 JavaScript 而创建复杂 Web 应用的能力
XSL-FO	W3C	XSL-FO 是为一个文档格式标准适用于指定印刷材料中使用的分页布局。不像 HTML，XSL-FO 拥有使你避免在分页边界放置物体的特性
EXPath	EXPath—W3C 委员会	XML 相关的库标准，目前并不在其他标准组织的范围内。一些库的例子包括 HTTP、加密算法、文件系统、FTP、SFTP 和为 XML 应用打包和压缩的库
NVDL	ISO/IEC	NVDL（基于命名空间的验证调度语言）是验证整合多个命名空间的 XML 文档的 XML schema 语言。它被用在那些提供即输入即检查的基于规则的文本编辑系统

你或许发现了列在这里的每个标准都可应用到不同的场景。一些标准被用来定义文档结构，其他则专注于验证或者转换 XML 文档。这并不是一个详尽的清单，而是一个有代表性的可用标准样例。当我们进入下一节时，你将会了解如何应用 XML Schema 标准验证 XML 数据。

5.4　用 XML Schema 和 Schematron 设计和验证数据

XML schema 被用来设计和验证存储在原生 XML 数据库的 XML 文档。一个 schema 能被用来准确地与其他人交流文档结构以及验证 XML 文档结构。通常，简单的图形化工具被用来设计流程，这能让这方面的专家和业务分析师参与并掌控局面。

无模式和模式无关这两个术语经常出现在 NoSQL 中。通常，这些指的是你在存储数据到 NoSQL 系统之前，不需要用数据定义语言创建一个完整的实体-关系-驱动的物理模式。这对于所有我们讨论过的 NoSQL 数据库（键值存储、图存储、Bigtable 存储和文档存储）都适用。然而，原生 XML 数据库还是提供了使用 schema 在数据加载周期中随时设计和验证文档的选项。在我们的案例中，加载数据并不需要 schema；它们只是用来设计和验证文档的可选步骤。

5.4.1　XML Schema

XML Schema 是一个基础的 W3C 规范，它被其他规范重用以保证 XML 标准一致。这种重用的一个很好的例子是在最初的 XML Schema 规范中定义的数据类型系统。这种数据类型系统被其他 XML 规范所重用。由于 XPath、XQuery、XProc 和 XForms 在最初的 XML Schema 规范中都使用相同的数据类型，所以它很容易在函数中验证数据类型和检查数据类型。一旦你学会了一个系统使用的数据类型，你将会知道如何在所有系统中使用它们。

例如，如果某个数据元素必须是非零正整数，你可以在 XML schema 中对那个元素这样申明：`xs:positive-Integer`。还可以使用 XML schema 验证那些元素并在数据不符合一个有效格式时收到提醒。如果元素的值是 0 值、负值或者不是整数，你能在数据加载过程的任何阶段收到通知。即使数据有问题，也可以选择加载数据并稍后用脚本执行清除操作。同样，一个必须由一个正整数作为参数的 XQuery 函数能使用相同的正整数数据类型并且对输入和输出元素执行相同的一致性检查。

由于 XML Schema 是一个广泛使用的成熟标准，所以有一些图形化工具可以用来生成并可视化这些结构。使用 oXygen IDE 生成的图例如图 5-8 所示。

这幅图显示了简单的图形符号如何被用来展示文档的结构和规则。在学习了一些符号的意义后，非技术用户就能在设计和验证文档结构的过程中发挥重要的作用。例如，schema 图中的黑色实线指的是一个必需元素必须存在于验证过的文档中。灰色实线指的是某个元素是可选的。对图进行快速浏览能很快地得到一个特定的规则。对必需元素使用黑色实线并不是 W3C 规则中的一部分，但是大多数 XML 开发者工具都使用类似的约定。

XML schema 被设计为只执行一次扫描就遍历完文档结构和每个叶子元素的数据格式。这种单次扫描方法能检查出大约 95% 的业务用户所关心的规则。仍然有一些规则的类型不能被 XML schema 检查。对于这些规则，需要使用一种被称为 Schematron 的姊妹格式。

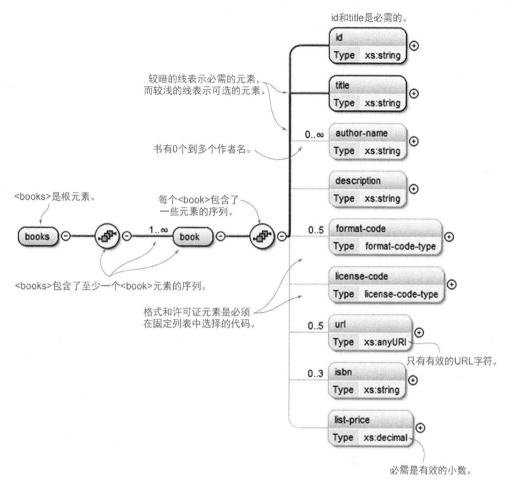

图 5-8　XML schema 图例显示了符号是如何被用来展示文档结构的。在本例中，文件显示了包含一本到多本的书集合的结构。每一本书都有必需的元素（较深色的线所示，像 id 和 title）和可选的元素（较浅色的线所示，像描述）。一些元素（如 author-name）可以重复出现，使得多个作者可以与一本书相关。带有 code 后缀的 XML schema 元素使用枚举值来规定可能的元素值。每个元素也都可以指定数据类型，如 decimal

5.4.2　使用 Schematron 检查文档规则

　　Schematron 被认为是文档验证的"扫帚"。Schematron 主要专注于数据类型验证难以触及的领域，这些不能用 XML Schema 单次扫描解决。比方说，要检查销售订单每一行的物品的总数等于销售总量，可以用 Schematron 规则来完成。Schematron 规则用来在任何时候对一个 XML 文档比较两个以上的地方。

用户喜欢 Schematron 文档规则，这是因为他们可以定制与每个规则相关的错误信息，这样就能得到适合用户的信息。这种定制对于 XML Schema 来说就很困难，错误信息可以告诉你文件哪里出错了，但是可能不会返回对用户友好的信息。由于这个原因，有时 Schematron 在一些需要将错误信息发送给系统用户的场景下是首选。

所有 Schematron 规则都使用 XPath 表达式进行表达。这意味着你可以使用简单路径声明来选择某个文档中的两个部分进行一次比较。由于原生 XML 数据库通过指明路径对每个元素建立索引，在运行规则检查时，只需将部分文档装入 RAM 即可。Schematron 规则也能够被设置为执行日期检查和运行 Web 服务验证。Schematron 既简单又强大，许多用户认为它是 XML 产品家族中最被忽视的特性之一。

总之，XML Schema 和 Schematron 提供了强大而易用的工具来设计 XML 文档并且验证其结构。图形化工具和简单路径表达式让这些工具对广大受众可用。使项目更易使用是许多 XML 项目的主题。

接下来你将会看到 XQuery 开发者如何生成自定义模块以便可以更简便地使用 XQuery 扩展。

5.5　用自定义模块扩展 XQuery

最初，XQuery 关注的比较狭隘：查询 XML 文件和数据库。而如今，XQuery 被广泛地用到了一些领域，包括一些额外的用例。例如，XQuery 是被用来代替中间层的语言，像许多 Web 应用中使用的 PHP。结果，最初的 XQuery 1.0 规范已经不能满足对新函数和新模块日益增长的需求。EXPath 是这些函数的中央仓库并且能用于多个数据库。使用 EXPath 函数使应用在数据库之间更具移植性。

与 SQL 不同，XQuery 是可扩展的，允许使用你自己的以及其他开发者的自定义函数。XQuery 函数适合去除重复代码或者抽象复杂的代码使其变成可以理解的单元。

XQuery 1.0 规范包含了针对字符串处理、日期、URI、求和以及其他通用数据结构的超过 100 个的内建函数。XQuery 3.0 已经添加了针对格式化日期和数字的一些新功能。但是 XQuery 真正的强项在于可以很容易地增加新函数。FunctX 库是个极佳的例子。

FunctX 包括了大约 150 个额外的函数，可以通过下载这些函数并在程序中声明将其添加到系统。FunctX 库扩展了基本 XQuery 函数使得可以对字符串、数字、日期和持续时间进行操作，以及与序列、XML 元素、属性、节点和命名空间一起工作。

EXPath 模块补充了 XQuery 1.0 函数库缺少的地方，包括加密函数、文件系统库、HTTP 客户端调用和压缩与解压的函数。许多 EXPath 模块被用来包装现有的用 Java 或是其他语言编写的库。

5.6　案例研究：在美国国务院历史学家办公室使用 NoSQL

在本案例研究中，存储、修改和搜索包含混合内容的历史学文档的能力是关键的业务需求。

你将会看到美国国务院历史学家办公室使用一个开源的原生 XML 数据库来构建一个价格低廉的系统，它拥有在企业的内容管理系统中才有的一些高级特性。

历史学的混合内容文档包含了一些表示标注（如加粗、斜体等）以及对象实体标注，如人、日期、术语和组织。当需要精确搜索和导航时，对象实体标注对于高价值文档来说是至关重要的。

在读完本案例研究后，你将会理解标注如何被用来解决业务问题和原生 XML 数据库查询富标注的独特能力。你也会熟悉使用基于 XQuery 和 Lucene 的全文搜索库函数的开源原生 XML 数据库来构建高质量的搜索工具。

美国国务院的历史学家办公室负责规约出版与美国外交关系相关的记录。特定时期美国外交历史的解密被公布于一系列名为美国外交关系（FRUS）的卷宗中。通过一个详细的编辑整理和同行评审的过程，历史学家办公室已经成为在国际外交历史准确性方面的"黄金标准"。FRUS文档被用于政治科学和外交领域以及其他遍布世界的培训。

在 2008 年，历史学家办公室萌生了一个想法，想把印刷的 FRUS 文本书籍转化为一种能轻易进行搜索和能用多种格式浏览的在线格式。历史学家办公室选择了一种在编码历史学文档领域中广泛使用的标准 XML 格式，称为文本编码规范（TEI）。选择 TEI 的原因是因为它有精确的XML 元素来将历史学文档编码为数字形式，并且它还包括了表示人、组织、位置、日期和在文档中使用的术语等元素。

为了转化 FRUS 卷宗（每个大概 1000 页）为 TEI 格式，文档首先需要被发送到外部服务，它深入信息并用 XML 编辑器将其拆分为两个独立的 XML 文档。这两个 XML 文件被互相比较以保证准确性。TEI 编码的 XML 文档接着会返回到历史学家办公室，做好建立索引和转换为 HTML、PDF 或者其他格式的准备。图 5-9 勾勒出了这个编码过程。

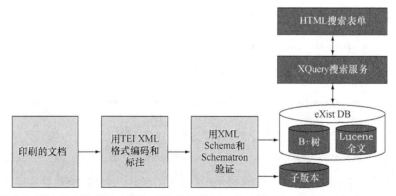

图 5-9 转化印刷的历史学文档为联机系统使用的 TEI 编码的全部文档的工作流。TEI 编码文档被使用 XML schema 和 Schematron 规则文件进行验证并保存到一个 Subversion 修改控制系统中。XML 文档接下来被加载到 eXist 原生 XML 数据库中。搜索表单被用来向某个 REST XQuery搜索服务发送关键字查询。该服务使用 eXist 文档树索引和 Lucene 索引来生成搜索结果

使用 XML 验证工具（XML Schema 和 Schematron）来验证 TEI 编码的 FRUS 文档，并将其

上载至 eXist DB 原生 XML 数据库，这时每个数据元素都会被自动建立索引。当 XML 元素包含文本时，数据库也会使用 Apache Lucene 库为其自动建立索引，这会使每个元素都被建立了全文索引。当在网站上查看网页时，XQuery 执行了一个转换操作，将 TEI XML 格式转化为 HTML。XQuery 程序还被用来转化 TEI XML 为其他格式，包括 RSS/Atom 提要、PDF 和 EPUB。在网站上的页面和文档被请求之前，不需要进行 TEI 到其他格式的预转换。

　　美国国务院历史学家办公室的一个至关重要的成功因素是高质量搜索的需求。图 5-10 展示了一个查询"nixon in china"（尼克松在中国）得到的搜索结果的例子。

图 5-10　一个从美国国务院历史学家办公室得到的 Web 搜索结果样例。结果网页使用了 Apache Lucene 全文索引对于大量文档进行快速搜索和排名。在搜索结果中加粗的单词使用了关键字上下文函数（KWIC）来展示在文档中发现的搜索关键字。搜索接口使用户利用高级搜索选项限制查询范围，并包括了如 Boolean、通配、近似或者模糊搜索的特性

TEI 文档包含了许多被 TEI 标记标注的实体（人、日期、术语）。例如，每个人都有一个

<person>标记来封装单独提到的名字。这些标记的样例如表 5-2 所示。

表 5-2　对于人、日期、术语和地理位置的 TEI 实体标注的样例。注意到某个 XML 属性，
如 person 的 corresp 属性，是用来关联一个全局的字典实体。

实体类型	样例
Person	`<persName corresp="nixon-richard-m">the president</persName>`
Date	`<date when="1967-06-09">June 9th</date>`
Glossary term	`<gloss target="t_F41">Phantom F-4 aircraft</gloss>`
Geolocations	`<placeName key="t_ROC1">China</placeName>`

XQuery 使查询任何 XML 文档中的所有实体变得更加容易。例如，在图 5-11 中，XPath 表达式//person 将会返回整个文档，包括开头、中间、结尾出现的所有人这个元素。

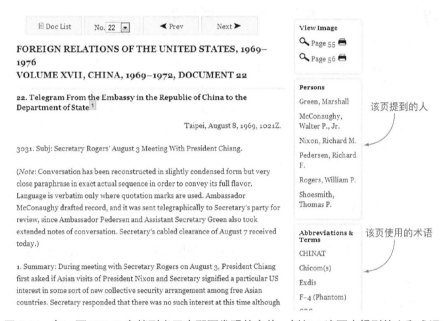

图 5-11　每一页 FRUS 文档列出了在那页发现的实体。例如，这页中提到的人和术语
也展示在网页右边。用户可以点击每个实体来查看那个人或者术语的完整定义

对于这个项目重要的说明：它在一个适度的预算范围内完成了，由非技术性的内部员工和有限的外部承包人完成。内部员工对原生 XML 系统或者 XQuery 语言都没有经验。其中一名员工（一位历史学家）经过培训，通过数月课程的学习，学会了 XQuery 并使用在线的样例以及在 eXist 和 TEI 社区其他成员的帮助下，搭建了一个网站的原型。

现在在系统中有数以百计的完整的 FRUS 卷宗，而且数量每月都还在增长。搜索性能满足了站点页面的渲染以及平均 Web 搜索时间远低于 500 ms 的所有需求。

5.7 案例研究：使用 MarkLogic 管理金融衍生品

在本案例研究中，我们将会来看到一个金融机构如何实现一种商业的原生 XML 数据库来管理高风险的金融衍生品系统。

这个研究是关于有着高度可变数据的组织如何远离关系型数据库（即使它们正在管理高风险金融交易）的一个极佳例子。在关系型数据库中存储高度可变的数据很困难，这是因为每个变化都可能需要在 RDBMS 中创建新的列和表，以及新的报表。

在读完本研究后，你将会理解为什么那些有着高度可变数据的组织可以用文档存储来存储交易数据。你还会看见这些组织如何管理 ACID 事务并使用数据库触发器来处理事件流。

5.7.1 为什么 RDBMS 难以存储金融衍生品

本节呈现了一个金融衍生品的概述，并给出了一些它们不适合存储在 RDBMS 表中的见解。

让我们从一个快速比较开始。如果你从任意网络零售商购买了一些物品，你每次输入想购买的每个物品的信息是有限的。当你购买了一件裙子或者衬衫，你选择物品名字或者数量、尺码、颜色或许还有些其他细节，如材质类型或者物品长度。这种信息很适合 RDBMS 的行。

现在考虑一下购买一种复杂的金融工具，如某种衍生品，它的每个物品有数以千计的参数并且每个物品的参数是不同的。大多数衍生品包含一个产品 ID，但是它们还包含条件逻辑、数学公式、数据透视表甚至是法律合同的全文。简而言之，这种信息并不适合 RDBMS 的表。注意，虽然可以用传统 RDBMS 中的二进制大对象（BLOB）来存储衍生品，但是这样做就不能通过访问 BLOB 里的任何属性来生成报表。

5.7.2 一个投资银行从 20 个 RDBMS 转换到 1 个原生 XML 数据库

一个大型的投资银行使用了 20 个不同的数据库来存储被称为场外交易衍生工具合约的复杂的金融工具，如图 5-12 所示。

银行转换过程中包括以下要点。

- 每个系统都有自己的方法来收集事务，将它们转化为行结构，存在表中，并基于这些交易生成报表。
- 每个新的衍生品类型都需要对软件进行定制，所以关键参数需要被存储和查询。
- 在许多情况下，单个列基于该事务的其他参数而存储不同类型的信息。
- 在数据被存储后，SQL 查询被编写为当关键事件发生时，抽取数据以供下游处理。
- 由于根据衍生品类型，不同的数据被塞到同一列，报表变得复杂且容易出错。
- 错误导致了数据质量问题并需要在数据被下游系统使用之前对输出结果进行大范围的审查。

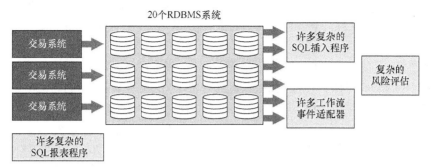

图 5-12　一个复杂的金融衍生品系统使用多个 RDBMS 来存储数据的操作数据存储（ODS）的数据流样例。交易系统分别使用复杂的 SQL INSERT 语句将数据存储到 RDBMS 中。SQL SELECT 语句被用来提取数据。每个新的衍生品类型需要编写软件来定制

　　复杂的转换过程增大了银行获取一致且及时的报表以及高效管理文档工作流的难度。它们需要的是用标准格式（如 XML）来存储衍生品文档以及基于这些明细数据生成报表的灵活方法。如果所有衍生品被保存为完整的 XML 文档，那么每个衍生品就都能包含自己独有的参数，而不用去改变数据库。

　　根据分析结果，银行将它们的操作数据存储转变为一个原生 XML 数据库（MarkLogic），用它来存储它们的衍生品合约。图 5-13 展示了 MarkLogic 数据库如何被整合进金融组织的工作流。

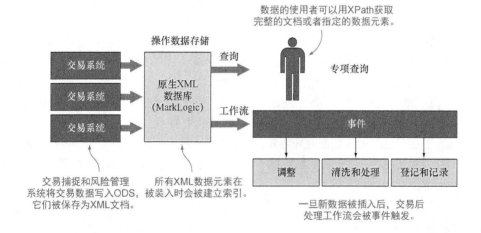

图 5-13　金融衍生品被存储在一个被作为 ODS 的原生 XML 数据库中。交易系统将每个交易或者合同的 XML 直接发送到数据库，这样直接对每个元素立即建立索引。更新触发器会自动将事件数据发送到工作流系统然后系统用户使用简单的 XPath 表达式执行专项查询

MarkLogic 是一个商业的面向文档的 NoSQL 系统，在 NoSQL 术语流行之前就已经存在了。像其他文档存储，MarkLogic 强在存储高度变化的数据，并符合 W3C 的标准，如 XML、XPath 和 XQuery。

银行的新系统对高度变化的衍生品合同来说是理想的集中存储。由于 MarkLogic 支持 ACID 事务和复制，所以银行保持了它的 RDBMS 有的可靠性和可用性保证。MarkLogic 还支持基于文档集合的事件触发器。每当 XML 文件被插入、更新或者删除时都会执行脚本。

反之 RDBMS 需要数据库中的每条记录都有相同的结构和数据类型，文档存储是更灵活的并且使组织在单个数据库中捕获到它们的数据变化。下一节我们将讨论使用原生 XML 文档存储的好处。

5.7.3　迁移至原生 XML 文档存储的商业好处

迁移至文档为中心的架构将对组织带来以下实实在在的好处。

- 更快的开发——前线办公室的交易员添加新的工具类型时并不需要额外的软件开发，因此可在数小时内进行支持，而不是数天、数周、甚至数月。
- 更高的数据质量——当新的衍生品被作为 XML 文档加载到系统中时，系统能用额外的 XML 元素对需要更精确描述衍生品的文档进行追加描述。下游分析和报表变得更容易管理并且更少出错。
- 更好的风险管理——新的报表能结合银行的实时位置，并提供及时的、精确的视图来暴露某些方面的风险，如交易方、货币或者地理位置。
- 更低的操作开销——消除与包含冲突数据的多个操作存储相关的处理误差降低了每笔交易的成本；数据库管理员的人力资源开销也从 10 人降到 1 人；触发交易后，处理工作流的源从 1 个变为 20 个，这种机制增加了操作效率；并且查询每个独立的衍生品内容的能力降低了报表成本。以其新的基础设施，对于更高的透明度和增长的压力测试频率，银行不需要增加资源来满足监管机构的升级需求。

新系统除了还有更多实实在在的好处外，银行还能将新产品更快地推向市场以及对不同的数据进行更详细的质量检查。由于在数据质量和准确性方面树立的新信心，这个解决方案很快就被该银行的其他部门所接受。

5.7.4　项目成果

新的 MarkLogic 系统使银行减少了为复杂的衍生品搭建和维护操作数据存储的开销。另外，当新的衍生品需要被增加时，银行对组织需求的响应能力变得更强。衍生品合约现在以一种语义准确并且灵活的 XML 格式被保存，同时保持了高度的数据完整性，即使格式迁移至了远程的报表和工作流系统。这些改变对整个衍生品合约管理都有积极的影响。

5.8 小结

如果你与那些使用原生 XML 数据库长达数年的人聊天，他们会告诉你他们对这些系统很满意，并且表示自己不愿回到 RDBMS。他们喜欢原生 XML 系统的主要原因不是围绕性能方面的，尽管像 MarkLogic 这样的商业原生 XML 数据库能够存储 PB 的信息。他们的主要原因是和提升开发人员效率以及让非编程人员参与开发流程相关。

经验丰富的软件开发人员会接触到优质的培训并且他们经常使用工具去定制 XML 开发流程。他们有大量的 XQuery 代码库，可以在短时间内快速地进行定制来创建新的应用。这种快速创建新应用的能力缩短了开发周期并且有助于对新产品制定严格的上市时间期限。

尽管 XML 经常和缓慢的处理速度联系在一起，这往往更多地与特定实现的 XML 解析器或者缓慢的虚拟机有关，而与原生 XML 数据库是如何工作的没什么关系。直接从压缩的树形存储结构中生成 XML 的速度通常与其他任何格式（如 CSV 或 JSON）相当。

所有原生 XML 数据库起源于针对缓存进行优化的文档存储模式并从中间层、对象翻译层的消失中获益。它们接着利用标准的力量获得可移植性以及重用 XQuery 函数库的能力。在查询中使用像文件夹这样的标准类比来管理文档集合，以及简单的路径表达式使原生 XML 数据库对于非技术用户易于设置和管理。这种特性的结合还没有出现在其他 NoSQL 系统中，这是因为标准化只是在第三方软件开发者寻求应用移植性时才是至关重要的。

尽管 W3C 的工作主要关注于扩展 XQuery 的更新和全文搜索，仍然还是有些领域缺乏标准化。尽管原生 XML 数据库使你为事物，如地理位置、RDF 数据和图创建定制索引，但是在这些领域里标准仍然很少，在原生 XML 数据库之间移植应用还是比它实际需要的要困难。W3C、EXPath、开发者以及其他研究人员从事的新研究或许会在将来缓解这些问题。如果这些标准持续被开发，基于 XQuery 的文档存储可能会成为一个对 NoSQL 开发者来说更加健壮的平台。

易于被缓存使用的文档和 FLWOR 语句的并行处理特性使原生 XML 数据库天生就比 SQL 系统更容易扩展。在下一章，我们将会关注一些 NoSQL 系统管理大型数据集时使用的技术。

5.9 延伸阅读

- eXist-db. http://exist-db.org/.
- EXPath. http://expath.org.
- JSONiq. "The JSON Query Language." http://www.jsoniq.org.
- MarkLogic. http://www.marklogic.com.
- "Metcalfe's Law." Wikipedia. http://mng.bz/XqMT.
- "Network effect." Wikipedia. http://mng.bz/7dIQ.
- Oracle. "Oracle Berkeley DB XML & XQuery." http://mng.bz/6w3z.

- TEI. "TEI: Text Encoding Initiative." http://www.tei-c.org.
- W3C. "EXPath Community Group." http://mng.bz/O3j8.
- W3C. "XML Query Use Cases." http://mng.bz/h25P.
- W3C. "XML Schema Part 2: Datatypes Second Edition." http://mng.bz/F8Gx.
- W3C. "XQuery and XPath Full Text 1.0." http://mng.bz/Bd9E.
- W3C. "XQuery implementations." http://mng.bz/49rG.
- W3C. "XQuery Update Facility 1.0." http://mng.bz/SN6T.
- XSPARQL. http://xsparql.deri.org.

第三部分

NoSQL 解决方案

本书的第三部分将会带领读者了解 NoSQL 解决方案解决现实世界中有关大数据、搜索、高可用性、敏捷性等问题的方法。在本部分中的每一章里，我们都会首先向你描述一个业务问题，然后再为你介绍一个或多个实现成本低廉但能为组织的投资带来优越回报的 NoSQL 技术。

第 6 章的内容着重解决大数据和线性扩展问题。你将了解到 NoSQL 系统利用大量商用 CPU 解决海量数据集和大数据问题的原理。同时，你还将看到一个我们对 MapReduce 技术和并行处理需求等内容的深入讲解。

在第 7 章，我们将为你指出一个功能强大的搜索系统所必需的关键功能点，并为你演示利用 NoSQL 系统构建更为优秀的搜索应用的过程。

第 8 章则介绍了利用 NoSQL 系统解决高可用性和最小宕机时间等问题的方法。

第 9 章探讨了敏捷性以及 NoSQL 系统能帮助组织对组织级别的需求变更作出快速响应的原因。许多不熟悉 NoSQL 运动的人都低估了关系型数据库在市场需求或业务条件变化时所面临的限制。这一章则会为你说明 NoSQL 系统面对系统与市场需求变更时更具适应性并为组织创造竞争优势的原因。

第 6 章　用 NoSQL 管理大数据

本章主要内容

- 什么才是大数据的 NoSQL 解决方案
- 大数据问题分类
- 分布式计算应用于大数据问题存在的挑战
- NoSQL 如何处理大数据

通过提升我们从海量且复杂的电子数据集中挖掘知识和高价值信息的能力，本计划承诺帮助国家解决一些紧迫问题。

——美国联邦政府"大数据研究发展计划"

你曾想过分析从网络或日志文件中收集到的海量数据吗？对于海量数据的快速分析是各个公司、组织放弃传统的单处理器关系型数据库管理系统（RDBMS），转而投入 NoSQL 解决方案的首要原因。也许你还能回想起我们在第 1 章中讨论的 4 个核心商业驱动力：数据容量、处理速度、数据多样性及敏捷性。其中前两个——数据容量和处理速度——则是大数据问题的要义所在。

在 20 年前，一家企业只需要管理传统单处理器关系型数据库中的约百万条内部交易数据。随着公司从内部和外部产生越来越多的数据，数据集将会迅速扩张到几十亿条甚至几百亿条的规模。如此海量的数据使得公司难以继续使用单一系统来处理数据。他们必须学会如何将数据处理任务分发到多处理器上。这就是时下备受关注的大数据问题。

现今，使用 NoSQL 解决方案来解决大数据问题为用户提供了许多独到的方法来处理和管理大数据。通过移动数据到查询节点、使用散列环来做数据切片分散负载、使用复制机制来扩展读取性能、使数据库向数据节点平均分发查询任务等手段，你可以管理你的数据并且保持系统快速运转。

是什么导致了大数据问题吸引到如此多的目光？原因有二：第一，从 20 世纪 90 年代开始，互联网上的公开信息的体量呈现指数级增长并将在可见的未来持续增长；第二，低成本传感器在各行各业（如农场、风力发电机、制造工厂、机动车以及家庭能耗监控器）的大量应用使各类组织收集了大量的数据。这一趋势使得快速高效地处理和分析海量数据对于企业组织有着重要的战略意义。

接下来，我们将从如下几个方面探讨有着横向扩展能力的 NoSQL 系统能如此完美地解决大数据问题的原因。我们将会探讨几种 NoSQL 系统在普通硬件上进行横向扩展的策略。我们还会看到 NoSQL 系统如何将查询任务发送到数据节点，而不是迁移数据到查询节点。我们也将探讨 NoSQL 系统是如何使用散列环来均匀分布集群中的数据以及是如何使用副本数据来扩展查询性能。所有的这些技术最终使得 NoSQL 系统能均衡节点负载并消除性能瓶颈。

6.1　什么才是大数据解决方案

到底什么样的问题才是大数据问题？大数据问题是指任何已庞大到无法使用单处理器管理的商业问题。大数据问题强迫你从单处理器环境转移到更复杂的分布式计算的世界里。尽管云计算环境非常善于解决大数据问题，但其本身仍面临各种各样的挑战和难题（见图 6-1）。

图 6-1　使用一个还是多个数据库？从单核处理器转移到分布式计算系统上时，你需要面对图中左边列出的各项挑战，所以转移到一个分布式环境并不是一项简单的工作。因此，只有在某个业务问题确实有短周期内处理海量数据需求的情况下，这项工作才是必须的。这也是像 Hadoop 这样的平台很复杂并需要一个复杂框架简化应用开发人员工作的原因

我们想强调一点：大数据和 NoSQL 并不一样。从我们之前在书中对 NoSQL 下的定义可看出，它远不止是处理海量的数据。单处理器同样可以驾驭 NoSQL 中涵盖的理念和使用场景并对系统灵活性和数据质量产生有益影响。但我们认为大数据问题是 NoSQL 的主要应用场景。

在假定你有一个大数据问题之前，你应该评估一下你是需要所有数据还是部分数据来解决你的问题。通过统计样本，你可以只使用部分数据来寻找模式。这样做的难点则是想出一个可

以保证你的采样能很好的体现整个数据集特征的方法。

同时，你也应该评估一下你需要数据被多快地处理。有许多数据分析问题是可以在单处理器上采用批处理形式解决的；你可能并不需要实时结果。其中的关键在于我们要明确问题场景的时间敏感性。

现在你了解到分布式数据库远比单处理器系统复杂并且有其他方法可以不使用所有的数据，那么让我们来看看为什么越来越多的公司企业转而使用这些复杂的系统。为什么拥有海量数据处理能力已成为公司企业战略规划的组成部分？要回答这些问题，我们需要探讨一下驱动大数据市场发展的其他因素。

下面是大数据应用的一些典型场景。

- **海量图片处理。**像 NASA 这样的组织每天都会接收到从人造卫星甚至火星探测器上传来的 TB 级的数据。NASA 使用非常大规模的服务器集群来进行诸如图片增强、图片拼接等图像处理任务；像 CAT 扫描仪和核磁共振仪这类的医用图像系统需要将其获得的原始图像转化为医护人员可读的图片。定制图像处理设备的成本已被证明远高于在需要的时候租用云端的大量处理器的成本。例如，纽约时报使用像亚马逊的 EC2 和 Hadoop 这类的工具，仅仅花费几百美元就将 330 万张历史报纸扫描件转化为了网页格式。

- **公开网页数据。**公开网页上蕴含着大量能提高公司竞争力的数据：新闻、RSS 源、新产品信息，产品评价、博客文章等。但并不是所有都是真实可靠的。这其中也有上百万包含由竞争者或付费第三方捏造的虚假产品评价的网页，以用来诋毁其他网站。不过判断产品评价是否可靠则是详细分析的话题了。

- **远程传感器数据。**现今各种各样小巧且低能耗的传感器几乎可以追踪我们生活的方方面面。安装在机动车上的传感器可以搜集汽车的位置、速度、加速度和燃料消耗等数据并据其告诉保险公司你的驾驶习惯。道路传感器可以实时预警拥堵道路并提供其他可选路径。你甚至通过可以追踪你的花园、草坪和室内植物的湿度来制定浇水计划。

- **事件日志。**计算机创建只读性事件日志来保存诸如网页点击（也叫点击流）、邮件发送、登陆操作等活动。每个这样的事件可以帮助公司企业了解到谁在使用什么资源以及系统在什么情况下不能按指令执行任务。智能管理工具还可以分析这些事件日志并在关键指数跌出可接受范围时向用户发出警报。

- **移动电话数据。**每当用户走到一个新地点时，手机应用可以追踪这些事件。你可以知道你的朋友什么时候在附近或是哪些客户路过了你的零售店。虽然在获取这些数据时存在隐私问题，但这些数据正在形成一条可被创造性利用的事件流来为公司赢得商业先机。

- **社交媒体数据。**像 Twitter、Facebook 和 LinkedIn 这样的社交网络提供了一种可用于用户关系和趋势分析的连续且实时的数据源。每个这样的网站所提供的数据均可被用来推测用户的心情趋势或者获取公司自身和竞争对手的产品反馈。

- **游戏数据。**运行在个人电脑、游戏主机和移动设备上的游戏均需要一个可以快速扩展的后端数据库。这些游戏存储并共享所有用户中的高分和每个玩家的游戏数据。

如果病毒性营销活动能抓住他们的用户，那么游戏站点后端必须能够根据订单数进行扩展。

■ 公开关联数据。在第 4 章中，我们探讨了怎样将企业组织发布的公开数据集转化到你的系统中。不仅仅是因为这些数据集庞大，也因为这一过程可能需要复杂的工具来进行数据融合、去重和过滤。

在以上这些应用场景中，你可以看到有些问题能被描述为独立的并行转化过程：一个转化过程的输出不会被用作另一个转化过程的输入。这些问题包括图片和信号的处理。它们的主要关注点是大规模数据转化的高效性和可靠性。这些场景并不需要许多 NoSQL 系统提供的查询或事务支持。它们只是在键值对数据库（如亚马逊的 S3）或分布式文件系统（如 HDFS）上进行读写，因此可能并不需要文档数据库或关系型数据库提供的高级特性。

其他的场景则需要更多特性予以支持。像处理事件日志数据和游戏数据这样的大数据问题确实需要将数据存储为能被直接查询和分析的结构，所以它们需要不同的大数据解决方案。

为了成为针对一般大数据问题的好的候选方案，NoSQL 应该做到以下几点。

■ 高效地处理输入并输出结果，同时能随着数据的增长进行线性扩展。

■ 易于维护。企业组织承担不了雇用大量人力来维护服务器的成本。

■ 能让非编程人员使用简单工具就能完成报表生成和分析——并不是每个公司都能雇用一个全职的 Java 程序员来编写需要的查询语句。

■ 解决分布式计算的挑战，并考虑到系统间的延迟和故障恢复。

■ 同时满足整晚的大规模数据批处理和处理时间敏感性任务两方面的需求。

如果有足够的时间和努力，RDBMS 同样可以被定制化地解决某些大数据问题：应用可以被重写为分发 SQL 查询到多个处理器上执行后再合并查询结果；也可以重新设计数据库来避免连接分布在不同物理节点的表；SQL 系统可以配置为使用冗余和其他数据同步策略。但上述所有方案都需要不菲的时间和成本来完成。所以从长远来看，转为使用一个已经解决了这些大部分问题的框架可能也是可以被接受的。

最初的 SQL 系统的革命性在于它们标准化了声明式语言。所谓声明式是指编程人员只需要"声明"他们需要什么样的数据而不需要关心如何获取这些数据以及从哪儿获取。SQL 编程人员想要也应该和诸如怎样优化查询语句、如何获取数据以及数据是在哪个节点上这样的问题隔离开来。除非你的数据库能将这些问题和你隔离开，否则你将失去许多像 SQL 这样的声明式系统所带来的好处。

NoSQL 系统一直在尝试着将开发者与分布式计算的复杂细节隔离开。它们提供接口来使用户能够告诉一个集群在一个正确的响应时间内需要读取或写入多少数据。这样做的目的是在你迁移到分布式计算平台后，仍然保留声明式系统的优势和横向扩展的能力。

如果 NoSQL 系统确实拥有更好的横向扩展特性，那么你应该能量化这些特性。所以让我们来看看如何量化 NoSQL 系统的横向可扩展性。

6.2 线性扩展数据中心

线性扩展是大数据的一个核心概念。如果一个系统拥有线性扩展能力，那么每当你为集群添加新处理器时你将自然而然地获得稳定的性能提升，就像图 6-2 所展示的一样。

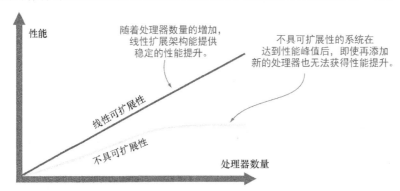

图 6-2 各种系统的性能随着更多节点的添加的变化趋势。性能可以是指读取、写入、转化等操作中任意一个的量化指标。如果性能曲线达到某个阈值后仍不变得平坦，那么这个系统就可以认为是具有线性可扩展性。系统中的许多组成部分都可能造成系统的性能瓶颈，因此线性可扩展性测试对于系统设计来说就显得特别关键

除此之外，根据你试图解决的问题的不同，一些其他类型的扩展对你来说可能也很重要。

■ 并行数据转化性能扩展——许多大数据问题是由作用于单个数据且没有数据间交互的独立转化过程所驱动。这类问题解决起来也最容易——在集群中添加新的节点就可以了。图片转化就是这类问题中的一个典型例子。

■ 读取性能扩展——为了保持低读取延迟，必须在多台服务器上复制数据并使用像内容分发网络（Content Distribution Network，CDN）这样的工具把这些服务器放置在尽可能离用户近的位置。CDN 通过在每个地理区域保存一个数据副本的方式使数据在网络中传输距离最小。但其中的挑战则是服务器越多越分散，越难使它们的数据保持一致。

■ 总量计算性能扩展——总量计算的性能扩展涉及可以多快地在大容量数据上进行简单的数学运算（计数、求和、求平均）。这类扩展需求通常出现在 OLAP 系统中——预先计算好被称为聚合表的数据结构中的子集的总数以提前完成大部分的数学计算。

■ 写入性能扩展——为了不阻塞写入请求，最好拥有多台服务器接受写入请求并且互不阻塞。同时，为了保证数据读取和写入的一致性，这些服务器的位置应该尽可能地相近。因为用户应该总能读取到和他们写入一致的数据。

■ 可用性扩展——复制写入请求到位于不同地理位置的数据中心里的服务器上。如果一个数据中心发生故障，其他数据中心仍能提供数据。可用性扩展保证复制的数据保持一致

并能在一个系统失效后自动进行系统切换。

图 6-3 给出的是 Netflix 用亚马逊弹性计算云系统（EC2）做的线性写入性能扩展分析的样例。

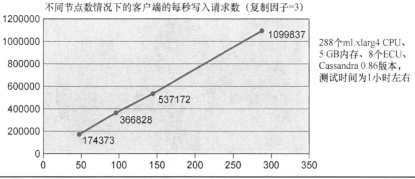

图 6-3　用 Cassandra 集群在多个节点上模拟每秒发生大量写入请求的例子。第一次模拟显示 50 个节点每秒接受了 17 000 次写入请求。随着集群节点增长到 300 个，这个系统已经可以每秒处理超过 1 百万次的写入请求了。这个模拟实验是在一个临时租用的亚马逊弹性计算云中的集群上完成的。能够按小时租用 CPU 使得 NoSQL 系统的线性扩展测试更为容易（参考：Netflix）

线性扩展能力对经济有效的大数据处理来说非常关键。但是读写单条记录并不是许多商业问题的唯一关注点。正如你接下来将看到的一样，系统也必须能够在数据集上高效地执行查询。

6.3　理解线性可扩展性和表现力

可扩展性和在数据上执行复杂查询的能力之间有什么关系？就像我们之前提到的一样，线性可扩展性是指当添加额外的处理器时能从中得到稳定的性能提升的能力。表现力是指对数据集中每条数据执行细粒度查询的能力。

在选择一个 NoSQL 解决方案时，了解每种 NoSQL 技术在可扩展性和表现力两方面的表现是有必要的。为了选择合适的系统，首先需要明确系统对可扩展性和表现力的需求，然后再确保你的选择能同时满足这些要求。可扩展性和表现力可能很难被量化，而且对于一个特定的商业问题，服务提供商宣称的性能也许并不能和实际表现相匹配。如果你是在做一个关键性的商业决策，我们建议你先实现一个试点项目并在租用的云端系统上模拟真实的运行负载。

让我们来看看两个极端的案例：一个键值存储和一个文档存储。在评审完服务提供商的介绍册子后，你觉得两种系统都具有能满足你业务增长需求的线性可扩展性。但哪一个更适合你的项目呢？

问题的答案在于你想怎样从这些系统中获取数据。如果你只需要存储图片且允许使用 URL 定位图片，那么键值存储会更合适。如果你需要存储数据并能根据数据的一些属性进行查询，那么键值存储就不是一个很好的选择，因为键值中的值对查询来说是不可见的。相反，一个可以为日期、数量和数据描述建立索引的文档存储也许是一个更好的选择。

图 6-4 展示了一个根据系统可扩展性和表现力进行排序的示例图。

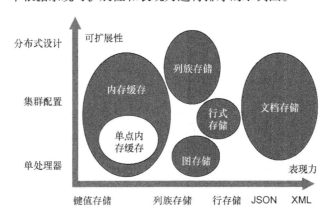

图 6-4　一个可以用来基于系统需求排列系统可扩展性（纵轴）和表现力（横轴）的示例。绝大多数情况下，简单的键值存储是表现力最弱但可扩展性最强的存储，而文档存储通常是表现力最强的存储。为不同数据库的可扩展性和表现力打分的依据可能会与业务环境有关

其中的挑战是可扩展性和表现力两者的排名都依赖于某个特定的业务环境。一些系统对可扩展性的要求也许体现在处理每秒产生的大量读请求，而另一些则可能关心每秒的写请求数。其他可扩展性需求也许只是因为需要连夜转化海量的数据。同样的，需要的表现力可能要求全文搜索并排序或者查询文本中的注解。

如果参与了软件选型过程，那么你需要铭记：极少会有一个完美的方案。可扩展性和表现力分析就是取舍分析的一个典型例子。通过介绍的其他帮助你做取舍决定的工具，你将明白理解数据能够帮助你分类所面对的大数据问题。

6.4　了解大数据问题的类型

现今，我们面对着许多类型的大数据问题，而且每一种都需要综合许多不同的 NoSQL 系统予以解决。在完成数据分类和确定类型后，你会发现有多种不同的解决方案可以用来处理你遇到的问题。也许你建立起来的大数据问题分类框架和我们给出的例子不尽相同，但区分出不同数据类型的过程应该是相近的。

图 6-5 给出的是一个典型的高层大数据分类框架示例。

接下来，让我们来探讨一下可用于分类数据的几种方法以及 NoSQL 系统如何改变公司企业使用数据的方式。

- 以读为主——以读为主的数据是最常见的一种数据分类。这些数据一旦被创建就很少更改。这类数据通常由数据仓库管理，但一些像图片、影像、事件日志、公开发布的文件、图形数据这样的非关系型数据也被认为属于这种分类的范畴，其中事件日志数据包括了

像零售交易、网页点击、系统日志或实时传感器数据等。

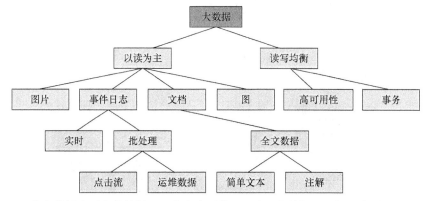

图 6-5　一个大数据类型分类的例子。本章处理的是以读为主的问题。第 8 章则关注于有高可用性需求的大数据读写问题。

■ 事件日志——当业务中发生了操作性的事件，可以将其记录在日志文件中并同时记录下事件发生的时间戳，以便于追溯事件日期。这些事件可以是一次网页点击或者一个磁盘内存溢出的警告。在过去，鉴于事件日志庞大的容量以及高昂的处理成本，许多公司企业选择放弃搜集和分析这些数据。而如今，因为 NoSQL 系统将事件日志存储分析的成本降到了一个可接受范围，所以许多公司企业开始重新审视这些日志数据的价值。

　　正因为我们有能力搜集存储整个企业所有计算机产生的事件日志，所以才催生了商业智能运营系统。智能运营的运用远不止于网页流量趋势或零售交易分析两方面。它还能聚合分析网络监控系统数据并在客户受影响之前监测到问题。低成本的 NoSQL 系统可以作为一个好的运营管理解决方案的有机组成部分。

■ 文本文档——这类数据是指含有像英语这样的自然语言文本的文档数据。文档存储系统的一个重要特点就是你可以像在 SQL 系统中查询数据行一样检索你的 Office 文档的所有内容。

　　这就表明你可以创建一张结合关系型数据库数据和 Office 文档内容的报表。例如，你可以编写一条查询语句来检索所有标题包含有 "NoSQL" 或 "大数据" 关键字的幻灯片的作者名字，再用得到的结果列表结合人力资源数据库中的职称数据找出谁是数据架构师或解决方案架构师。

　　这个案例很好地展示了为了培训或带新人，公司企业是怎样搜寻公司内部潜藏的资源。把文档集成到可被检索的内容当中将对知识管理和员工的高效管理打开一扇新大门。

　　就像所看到的一样，你可能会遇到许多不同类别的大数据。但随着我们进一步的深入，你将了解到无论是以读为主还是可读可写的数据，无共享架构都可以帮你解决大部分的大数据问题。

6.5   使用无共享架构分析大数据

有 3 种方式可以被用来共享计算机之间的资源：共享内存、共享磁盘以及无共享。图 6-6 展示了这 3 种分布式计算架构的比较。

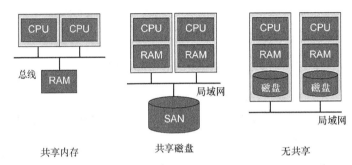

图 6-6   共享资源的 3 种方式。左边部分展示的是多个 CPU 用一个高速总线访问单个内存的内存共享架构。这种系统对于大型图的遍历来说非常理想。中间部分展示的是共享磁盘架构，这种架构中的多个处理器拥有独立的内存，但通过存储区域网络共享磁盘。右边部分展示的则是大数据解决方案中用的架构——缓存友好、利用廉价商用硬件、无共享

当使用的是商用硬件时，这 3 种架构中的无共享架构在单处理器成本方面是最廉价的。随着我们探讨的继续，你将了解到这些架构解决不同数据类型的大数据问题的方式。

到目前为止，我们讨论过的数据存储模式中（行存储、键值存储、图存储、文档存储和列族存储），只有两种（键值存储和文档存储）是支持缓存的。因为列族存储的行列标识符和键值存储相似，所有可以很好地在无共享架构上扩展。但因为行存储和图存储不支持用一个可存储在缓存中的短小键值引用一个大数据块，所以它们不能很好地支持缓存。

为了使图遍历高效，整个图都应该放在内存中。这也是当拥有足够内存装载整个图时图存储才能达到最大性能的原因。如果不能让整个图放进内存中，图存储会尝试将内存中的数据转移到磁盘上。但这样会导致图存储的查询性能下降到 1/1000。解决整个问题的唯一办法就是使用共享内存架构——多个线程均访问一个巨大的内存，避免将图数据移出整个共享内存之外。

基本原则是：如果你有 TB 级的高度互连的图数据并且需要实时分析它们，那么你就应该寻找一个无共享架构的替代方案。单处理器加上 64 GB 内存将不足以装载下整个图数据。就算你尽量保证只装载必须的数据到内存中，图中的边也可能链接到需要从磁盘上读取的其他图节点，这样会使图查询非常缓慢。稍后我们会在本章的案例研究中探讨一种替代方案。

了解可供大数据方案选择的硬件是非常重要的第一步，但集群中的软件分发模式也同样重要。让我们来看看在如何在一个集群中分发软件。

6.6　选择分布式模型：主从模型与对等模型

从分布式的角度来说，现今主要有两种模型：主从模型和对等模型。当一个请求发生时，分布式模型将决定谁来负责处理数据。

当你在评估一个候选大数据解决方案时，了解每种分布式模型的利弊是非常重要的。相比主从模型，对等模型的节点失效容忍度也许更高。一些存在单点故障问题的主从模型可能会对系统的可用性造成影响，所以需要更谨慎地配置这些系统。

分布式模型揭示一个核心问题：由谁管理集群。可选答案有两个：一个节点或者所有节点。在主从模型中，只有一个节点管理着这个集群（主节点）。与之对应的，当集群中没有一个节点能管理整个集群时，整个集群所使用的就是对等分布式模型。

图 6-7 展示了每种模式具体是怎样工作的。

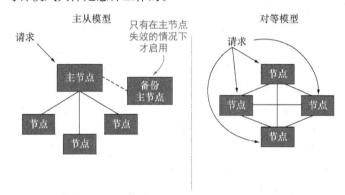

图 6-7　主从模型与对等模型。左边部分演示的是主从配置。在这种配置下，所有的数据库请求（读取或写入）都会被发送到一个单一的主节点，然后再分发到其他节点。在 Hadoop 中，这个主节点被称为名字节点。这个节点管理着一个存储有集群所有节点信息和向每个节点分发请求的规则的数据库。右边部分展示的是对等模型将集群所有的信息存储在每个节点的方式。如果任意一个节点失效，其他节点可以接管它的工作并继续完成处理

让我们来看看这两种模型的利弊是什么。在主从模型中，集群管理是由一个主节点负责。这个节点可以运行在定制的硬件（如 RAID 磁盘）以降低节点崩溃的可能。同时，集群也可以配置一台能时刻同步主节点信息的备用主节点。但难点是除非破坏集群的正常运行，否则很难测试备用主节点的可靠性。备用节点接管失效主节点失败是高可用系统的一大顾虑。

对等系统则是将主节点的职能分散到整个系统的所有节点上。这种情况下的测试比较容易操作，因为可以去除集群中任意一个节点而不影响其他节点的功能。但不利的方面是对等网络中的所有节点都必须增加自己的网络复杂度和额外的通信来同步集群状态。

Hadoop 的早期版本（常常是指 1.x 系列版本）采用的是主从架构——集群中的名字节点（NameNode）负责管理集群状态。名字节点一般不去亲自处理 MapReduce 数据。它的职责是管理查询

语句并将查询分发到集群中合适的节点。Hadoop 2.x 版本的设计则为 Hadoop 集群排除了单点故障。

采用何种合适的分布式模型取决于业务需求：如果高可用性非常重要，对等网络的解决方案可能更好；如果只需要运行数小时的批处理任务来管理大数据，相对来说更简单的主从模型可能更好。下一节将讨论 MapReduce 系统在多处理器配置下处理大数据的方法。

6.7　在分布式系统上使用 MapReduce 处理数据

现在，让我们更深入地探讨 MapReduce 系统利用多处理器处理大数据集的方法。你将了解到 MapReduce 集群与像 Apache HDFS（Hadoop Distributed File System）这样的分布式文件系统协同工作的方式。你还将看到像 Hadoop 这样的 NoSQL 系统如何使用映射和化简这两种方法来处理存储在 NoSQL 数据库中的数据。

如果在 SQL 系统间迁移过数据，你可能比较熟悉抽取（extract）、装载（load）、转化（transform）这样的处理流程。抽取-装载-转化（ETL）过程通常用来从线上关系型数据库提取数据，然后将其转移到数据仓库的暂存区。我们曾在第 3 章讲到 OLAP 系统时论述过这个过程。

ETL 系统通常使用 SQL 语句完成任务。它们在来源数据库上使用 SELECT 语句提取数据，然后使用 INSERT、UPDATE、DELETE 语句更新目标数据库。基于 SQL 的 ETL 系统通常不能使用多处理器完成任务。这种单处理器造成的性能瓶颈广泛存在于数据仓库和大数据领域。

为了解决这类问题，企业组织已经转而使用由映射和化简方法实现的分布式处理模型。为了高效且平均地将任务分发到集群中的处理器上，一个映射过程的输出必须是键值对形式，其中的键用于将数据分组到化简阶段。这些方法的设计初衷就是要能够在无共享架构下实现线性扩展。

MapReduce 的核心过程是并行地将数据从一种形式转化为另一种形式。在运行中，MapReduce 并不需要用到数据库。但为了高效地处理大数据问题，MapReduce 操作确实需要大量的输入和输出。在理想的情况下，MapReduce 服务器的本地磁盘上有转化数据所需的所有输入，并且能将结果写到本地磁盘上。因为将大数据集搬进搬出 MapReduce 集群是非常低效的。

MapReduce 处理数据的方法是基于一致的输入数据指定一系列分步函数。这一处理过程和从 20 世纪 50 年代经由 MIT 的 LISP 系统流行起来的函数式编程比较类似。函数式编程是指对一个列表中的每一个成员应用指定的函数并将结果组成一个新列表返回。现代 MapReduce 与之不同的是能高效且可靠地在拥有几十上百亿个项目的列表上执行数据转化任务。最流行的 MapReduce 算法实现是 Apache Hadoop 系统。

Hadoop 系统并没有从根本上改变映射和化简方法的概念，它所做的是提供一个完整的生态系统保证映射和化简方法能拥有线性可扩展性。实现这个目标的方式就是要求所有映射函数的输出必须是一个键值对。这样就保证了任务被均匀地分发到集群的所有节点。正因为 Hadoop 系统已经实现大数据集分布式计算中所有困难的部分，所以你只需关注如何编写映射和化简函数。

将 MapReduce 系统和关系型数据库做比较也是有帮助的。MapReduce 是一种显式定义转化步骤的方法并通过键值的方式分发数据到集群中的不同节点上，而 SQL 则是尝试将你与从许多表里获取数据的处理步骤隔离开来以执行优化查询。

Hadoop MapReduce 是一个基于磁盘并面向批处理的过程。所有输入均来自磁盘，所有输出也将写入磁盘。和 MapReduce 不同，SQL 的结果是可以被直接装载到 RAM 中的。所以，你几乎不能使用 MapReduce 操作生成一个用户正在等待的网页。

Hadoop MapReduce 处理与对 OLAP 数据仓库中的数据提前加总求和的处理非常相似。在 OLAP 数据仓库中，通常会在每天晚上把新的交易从线上运营数据库中提取出来并将其转化为数据仓库中的历史记录，最后聚合到 OLAP 数据立方体里。通过这些进行过预计算的聚合体，当用户在做商业决策过程中分析趋势时，系统能很快地进行求和与加总计算。

NoSQL 系统实现 Hadoop 的映射和化简函数的方式可能多种多样。它们和 Hadoop 集群集成的方式也可能各不相同。某些 NoSQL（如 HBase）系统可能设计为能直接运行在 Hadoop 集群上——它们的默认配置就是直接在 HDFS 上进行读写。通过这样的方式，HBase 可以充分利用现有的 Hadoop 系统架构并优化输入输出过程步骤。

多数其他致力于大数据问题的 NoSQL 系统则是选择提供它们自己的映射和化简函数实现，或者是以自己的方式和 Hadoop 集群集成。例如，MongoDB 就提供了可以直接对 MongoDB 中的文档进行输入输出操作的映射和化简函数。图 6-8 展示了 MongoDB 的映射化简方法和 SQL 之间的差异。

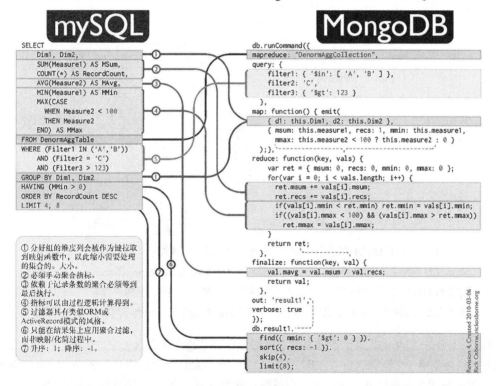

图 6-8　mySQL 查询和 MongoDB 的映射和化简函数的对比。两种查询实现的功能类似，但 MongoDB 的查询可以很容易地分发到超过数百个处理器上（此图由 Rick Osborne 提供）

现在你已经初步了解了 MapReduce 利用多处理器处理数据的方法。让我们再来看看它是如何和底层文件系统交互的。

6.7.1　MapReduce 和分布式文件系统

Hadoop 系统的一大优势是它被设计为能直接在可支撑大数据问题的文件系统上工作。就像你所看到的，通过使用区别于传统的文件系统，Hadoop 简化了大数据处理过程。

Hadoop 分布式文件系统（HDFS）提供了许多用来保证 MapReduce 过程高效可靠的方法。和普通的文件系统不一样的是，它被定制为用来处理透明、可靠、一次写入、多次读取这些类型的操作。可以把 HDFS 看做专门存储大文件且具有容错性的分布式键值存储。

传统文件系统只在一个地方存储数据；如果磁盘故障，需要从备用磁盘上恢复数据。HDFS 上的文件默认会被存储在 3 个地方；如果一个磁盘故障，数据会自动复制到另一个磁盘上。通过使用像 RAID 一样的可容错系统也可以获得类似功能，但是 RAID 磁盘的成本更高，也更难在商用硬件上完成配置。

HDFS 则不同，它使用一个较大的（默认是 64 MB）数据块处理数据。图 6-9 展示了相对一个典型操作系统来说，HDFS 的数据块有多大。

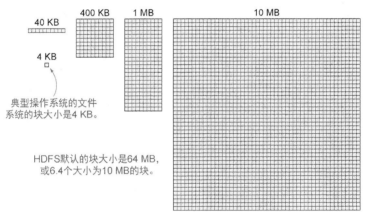

图 6-9　典型桌面或 UNIX 操作系统中的文件系统块大小（4 KB）和 Apache Hadoop 分布式文件系统中为大数据转化优化过的逻辑块大小（64 MB）的差别。默认的块大小确定了文件系统的单位处理大小。在转化过程中用到的块越少，转化过程就越高效。用较大块的弊端则是如果数据不能填满整个物理块，那么该块中的空闲区域也不能被其他块使用

HDFS 还有一些其他区别于普通文件系统的特性：不能直接更新一个数据块。只能通过先删除旧数据块再新增一个新数据块的方式完成更新，哪怕只是更新其中的几个字节。因为 HDFS 的设计初衷就是用来处理那些一次写入多次读取的大块只读数据。高效的更新不是 HDFS 的主要关注点。

虽然 HDFS 被看做是一个文件系统且可以像其他文件系统一样进行挂载，但一般不会像使用 Windows 或 Unix 管理下的额外硬盘一样使用 HDFS。使用 HDFS 存储需要频繁修改更新的 Office 文档不是一个好的做法，因为 HDFS 是被设计作为存储处理 GB 级或更大数据的 MapReduce 批处理的输入输出的高可用文件系统。

现在让我们更深入地了解 MapReduce 作业在分布式集群上工作的过程。

6.7.2　MapReduce 怎样做到高效处理大数据问题

在之前的章节中，我们探讨了 MapReduce 和它令人吃惊的横向扩展特性。MapReduce 是许多大数据解决方案的核心组成部分。图 6-10 详细展示了一个 MapReduce 作业的内部组成部分。

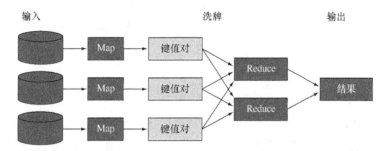

图 6-10　映射和化简函数协同工作为大数据转化提供线性可扩展性的基本原理。映射操作接受输入数据并生成一组统一格式的键值对。在由 MapReduce 框架自动完成的洗牌阶段，键值对基于键的值被自动地分发到正确的化简节点。化简操作接受这些键值对并为每个键返回汇总后的值。MapReduce 框架的职责是将合适的键分发到正确的化简节点

MapReduce 作业的第一步是映射操作。映射操作首先从源数据库中获取数据，然后将其转化为可以在不同处理器上执行的独立数据转化操作。所有映射操作的输出都是键值对结构，并且所有输入文档的键的形式都是统一的；第二步是化简操作。化简操作使用映射操作生成的键值对作为输入，然后执行请求的操作，最后返回想要的结果。

当创建一个 MapReduce 程序时，必须保证映射方法只依赖于它的输入数据且映射操作的输出不会改变数据的状态，只返回键值对。在 MapReduce 操作中，映射方法之间不会传递生成的中间结果。

乍一看，你也许觉得构建一个 MapReduce 框架很简单，但实际上却恰好相反。首先，如果源数据被复制到 3 个或更多的节点上，你会选择在节点间传输数据吗？除非你不想你的任务被高效执行。接下来，必须考虑的是这样几个问题：在哪个节点上执行映射操作？怎样将合适键值分发到合适的化简处理器上？万一某个映射操作或化简操作中途失败了，整个作业需要从头开始，还是将失败的操作分发到另一个节点重试？就像你所看到的，还有许多环节需要考虑，所以构建一个 MapReduce 框架并不像它看起来的那样容易。

好消息是，如果严格遵守这些规则，像 Hadoop 这样的 MapReduce 框架可以帮你完成绝大多数困难的环节——找到合适的处理器来完成映射操作，保证化简节点可以根据键值来获得正确的输入，确保任务在执行过程中出现硬件损坏时也能顺利完成。

到目前为止，我们已经探讨过了大数据问题的类型和一些架构模式。现在让我们来看看 NoSQL 系统解决这些问题的策略。

6.8   NoSQL 系统处理大数据问题的 4 种方式

就像你所看到的，了解大数据对于选择最佳解决方案来说很重要。现在让我们来看看 NoSQL 系统处理大数据问题的 4 种最流行的方法。

在评估任何 NoSQL 系统时，理解这些技术是非常重要的。了解一个使用了这些技术且可线性扩展的 NoSQL 产品，不仅可以有助于选择一个合适 NoSQL 系统，还能帮你正确地部署配置 NoSQL 系统。

6.8.1   分发查询到数据，而非数据到查询

除了大型图数据库，大多数 NoSQL 系统使用商用处理器，每个处理器将一部分数据存储在本地的无共享磁盘上。当客户端想向所有存储有数据的节点发送一条查询时，将查询分发到各个节点上会比将大量数据传输到一个中央处理器上更高效。这种做法的优势非常明显，但让人感到吃惊的是如今仍有许多传统数据库还不能做到分发查询并合并结果。

接下来的一个简单例子能帮助你理解，相比其他不能将查询分发到数据节点的系统，NoSQL 数据库拥有巨大性能优势的原因。假如一个关系型数据库管理系统有两张分布在 2 个不同节点上的表。为了 SQL 查询的成功执行，其中一张表的行信息必须通过网络分发到另一个节点上。越大的表意味着越多的数据移动，最终造成查询执行得更慢。如果考虑中间可能的所有步骤的话，表中的数据需要经过提取、序列化、发送到网络接口上、通过网络传输到目的地、重新组装等步骤后，才能根据 SQL 查询和服务器上的数据进行比较。

以逻辑文档的形式把数据存储在每一个数据节点上意味着只需要将查询语句本身和最后的结果通过网络传输，这样保证了大数据查询快速高效。

6.8.2   使用散列环在集群中均匀分发数据

分布式数据库需要解决的最困难的问题之一是想出一个一致性的方法将文档分发到处理节点。使用散列环技术和随机生成的 40 个字符长度的键在多服务器上均匀地分发数据是平衡网络负载的好方法。

散列环在大数据解决方案中非常普遍，因为它能保持一致地决定一份数据应该被分发到哪个处理器上。散列环使用文档开始的几个字节的散列值决定这一文档应该被分发到哪个节点。这样就使

集群中的所有节点都知道哪些数据被保存在哪个节点上，以及如何在数据增长时适应新的分发方法。将键分为不同区间并把不同的键区间分配给特定节点的这种方法被称作键空间管理（keyspace management）。多数 NoSQL，包括 MapReduce，都使用了键空间这个概念来管理分布式计算问题。

在第 3 章和第 4 章中，我们回顾了散列、一致性散列和键值存储的概念。在 NoSQL 数据库集群中，散列环技术也使用了这些概念来分发具体的一条数据到特定节点上。图 6-11 展示了一个含有 4 个节点的简单散列环例子。

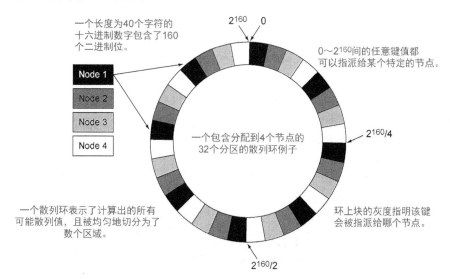

一个长度为40个字符的十六进制数字包含了160个二进制位。

2^{160}　0

$0 \sim 2^{160}$ 间的任意键值都可以指派给某个特定的节点。

Node 1
Node 2
Node 3
Node 4

一个包含分配到4个节点的32个分区的散列环例子

$2^{160}/4$

一个散列环表示了计算出的所有可能散列值，且被均匀地切分为了数个区域。

环上块的灰度指明该键会被指派给哪个节点。

$2^{160}/2$

图 6-11　用散列环技术和长度为 40 个字符的十六进制数字将一个键指派给一个节点管理。这个数字可以用 160 个二进制位表示，其前几位二进制位可以用来将一个文档直接映射到一个节点。这种方式使得文档可以被随机地指派到各个节点上，并且能依据集群中节点的增加而更新指派规则

就像你从图上所看到的一样，每条输入都会根据随机生成的 40 个字符长度的键来决定应该被分发到哪个节点。集群中的一个或多个节点会负责存储这个键到节点的映射算法。随着数据库规模增长，你应该更新这个算法从而保证每个新加节点可以负责某些键值空间。同时，这个算法也应该能从原来管理这些键值空间的节点上复制相应数据到新的节点上。

扩展后的散列环概念也可以用来满足一条数据记录存储在多个节点上的需求。当一条记录产生后，散列环算法实现可能会同时指定一主一次两个位置存储记录的主体和它的一个副本。如果存储主体的节点失效了，系统可以查询存储了对应副本的节点。

6.8.3　使用复制扩展读取性能

第 3 章展示了数据库通过实时复制构建备份数据的原理。同时，我们也阐述了负载均衡器在应用层将查询语句分发到正确的数据服务器上的方法。现在，让我们来看看复制技术如何横向扩

展系统读取请求。图 6-12 展示了这项技术的具
体架构。

这种复制策略适用于大多数情况。因为只有
在少数情况下才需要考虑一个写入请求到达读
取（或写入）节点与客户端读取复制数据这两个
操作间的时间间隔问题。在发起一个写入请求后
再读取同一条数据是常见的操作之一。如果客户
端发起一个写请求后马上从接受这个写请求的
节点上读取同一条记录，那么该操作是完全没问
题的。但如果是在复制节点更新前从复制节点读
取这条记录，那么就会出现问题。这是脏读问题
的一个例子。

规避这类问题最好的方法是在一个写入请
求完成后，只允许从完成这个写入请求的节点上
读取相关数据。这种逻辑可以添加到应用层的会
话或状态管理系统中。在允许大量节点可以处理
写请求的情况下，几乎所有的分布式数据库都放
宽了对数据读取一致性的要求。如果应用需要快
速读写一致性，你就要在应用层做相应的处理。

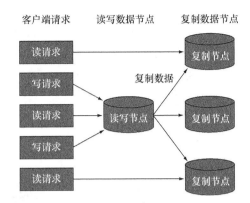

图 6-12 在 NoSQL 系统中，如何通过复制数据
来提升读取性能？所有客户端请求都来自左边。
所有读请求可能被分发到集群中的任意节点，可
能是主读（或写）节点，也可能是存储着复制数据
的节点。所有写入事务都会被转向到一个中央读
取（或写入）节点，这个节点负责更新数据并将
更新的数据自动地发送给复制节点。主节点完成
写入请求与更新达到复制节点的时间间隔决定了
读取到一致数据需要的时间

6.8.4 使数据库将查询均衡地分发到数据节点

为了让跨节点的查询能有优异的性能，将查询的分析评估和执行过程分离开来就显得非常
重要了。图 6-13 展示了这种隔离的架构实现。

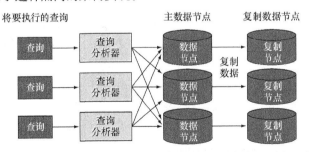

图 6-13 NoSQL 系统将查询分发到数据节点，而不是将数据传输到查询节点。在这个
示例中，所有的查询请求首先到达查询分析节点。这些节点再将这些查询分发到每一
个数据节点。如果数据节点持有符合条件的数据，这些文档就会被返回给查询节点。
只有当所有的数据节点（或复制节点）响应了原始查询请求后，系统才会返回用户的
查询结果。如果某个数据节点失效，分发给它的查询会被重定向到这个节点的复制节点

图 6-13 中采用的只是将查询分发到数据节点而不是将数据移动到查询节点这个策略的一种实现方式。这个策略是 NoSQL 大数据策略的重要组成部分。在这个例子中，分发查询由数据库服务器负责完成，分发查询和等待所有节点的响应是分布式数据库而非应用层的核心职责。

这种实现方式和联合搜索（federated search）这个概念有些类似。联合搜索首先接受一个查询请求，然后将其分发到不同的服务器上，最后合并所有的结果。这样就给了用户一个仅搜索了一个系统的印象。在某些情况下，这些服务器可能存放在不同的地理位置。这个例子中，请求的集群不只可以执行集群本地查询，它也能完成更新和删除操作。

6.9　案例研究：使用 Apache Flume 处理事件日志

在这个案例研究中，你将学习到组织使用 NoSQL 系统搜集分散的事件日志并生成报表的方法。因为事件日志的数据量可能非常庞大（特别是分布式环境中），所以许多组织使用 NoSQL 系统处理这些数据。就像你想象的一样，每台服务器每天将生成成百上千甚至上万的事件记录。如果把这个数字和需要监控的服务器数量相乘，你将切实感受到这会是一个大数据问题。

少数组织将他们的原始事件日志数据存储在关系型数据库中，因为他们并不需要更新和事务性操作这样的特性。因为 NoSQL 系统的可扩展性以及与 MapReduce 这类工具的良好集成，使用 NoSQL 系统分析事件日志数据性价比较高。

虽然我们用事件日志数据（event log data）这个术语来描述这种数据，但更精确的描述应该是带有时间戳的只读数据流（immutable data）。带时间戳的只读数据是指数据被创建后就再也不能更改的数据。所以不需要考虑可能的更新操作，只需要关心如何把这些数据保存在可靠的数据介质上以及如何高效地分析它们。这也是许多大数据问题面对的业务场景。

分布式日志文件分析对组织快速发现系统问题并在服务受影响前采取正确的行动来说非常关键。这也是需要同时满足实时分析和离线批处理大数据集两种需求的好例子。

6.9.1　事件日志数据分析的挑战

如果曾监控过网站或数据库服务器，你就知道可以通过查看它的详细日志文件来了解服务器上发生过什么事情。因为当发生系统启动、作业开始执行、产生系统警告或错误等事件时，系统都会在日志文件中添加一条事件日志记录。

这些日志会按照一个标准的严重等级进行分类。这种等级（从最低到最高严重级别）可能是 TRACE、DEBUG、INFO、WARNING、ERROR 或 FATAL。Java 的 Log4j 系统已经实现了这种标准的严重等级。

多数事件是按通知等级（INFO 等级）记录在日志文件中的。这类事件能记录一个网页渲染的速度或是一条查询能多快返回。通知等级的事件一般用来分析系统的一般状况和监控性能。其他事件类型，如 WARNING、ERROR 和 FATAL 等级的事件，则非常关键且需要运营人员介入并采取行动。

在一个独立的系统上过滤和汇总日志事件是很直接的一件事——通过编写脚本在日志文件中搜索关键字即可完成。与之相反，只有当拥有成百上千个分布在全球并会产生事件日志的系统时，你面对的才是一个大数据问题。其中的挑战是建立一种机制，这种机制要能保证在关键事件发生时能迅速发出通知，同时忽略不重要的事件。

这个问题的一种常见解决方案是在服务器和运营中心之间建立两条通信通道。图 6-14 展示了这两种通道的工作原理。在图的最上面，可以看到系统从服务器上的什么位置拉取事件日志，然后将其转化并聚合更新到像 HDFS 这样的可靠文件系统上。从图的下面部分，可以看到第二个通信通道。服务器上的关键事件将直接通过这第二个通道发送到运营系统主面板上，以便运维人员及时采取行动。

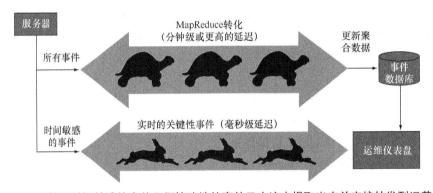

图 6-14　关键且时间敏感的事件必须快速地从事件日志流中提取出来并直接转发到运营人员的操作终端上。其他事件则是在存储到像 HDFS 这样的可靠文件系统上后通过 MapReduce进行批量处理

为了满足以上需求，系统必须达到以下这些客观条件。

■ 必须能够根据规则过滤出时间敏感的事件。
■ 必须能够高效可靠地将含所有事件数据的大批量文件传输到一个中央事件日志数据存储。
■ 必须能够使用一个快速通道可靠地转发时间敏感的事件数据。

让我们来看看使用 Apache Flume 满足这些客观条件的方法。

6.9.2　Apache Flume 搜集分布式事件日志的方法

Apache Flume 是一个专为事件日志数据处理设计的开源 Java 框架。单词"flume"原指木材产业中用来运输原木的蓄满水的水槽。Flume 框架的设计初衷就是提供一个分布式的、可靠的、高可用的系统从各个数据源高效地搜集、聚合、传输海量的日志数据到中央数据存储。因为Flume 是由 Hadoop 社区成员创建的，所以 HDFS 和 HBase 是最常用的输出目标存储。

就像图 6-15 中展示的一样，Flume 是基于一种流动管道的概念建立起来的。

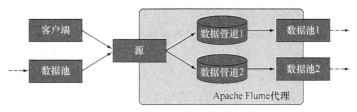

图 6-15　Apache Flume 流动管道的核心组成部分。数据从 Java 客户端组件经由源数
据组件到达 Flume 代理。Flume 代理包含了多个连接着一个或多个数据池的数据管道

下面是流动管道的工作原理。

（1）像 Log4jAppender 这样的客户端程序先将日志写入日志文件。这些客户端程序一般会内嵌在被监控的应用程序中。

（2）Flume 代理中的源组件接收所有事件数据并将其写入一个或多个持久连通的通道里。通道中的事件数据即使在服务器失效且需要重启的情况下也可以持续存在。

（3）一旦事件到达一个管道，它会被保存在管道中直到一个数据池服务删除它。管道需要保证所有事件数据均能可靠地传输到数据池中。

（4）数据池的职责是从管道中拉取事件数据并传输给下一个角色。下一个角色可以是另一个 Flume 代理的源组件，也可以是像 HDFS 这样的最终目的地。作为目的地的数据池通常会把事件数据冗余地存储到 3 个或更多不同的服务器，以避免其中某个节点失效造成数据丢失。

现在让我们看看如何配置 Apache Flume 来满足快速和较慢这两种请求处理需求。图 6-16 展示了这种配置的示例。

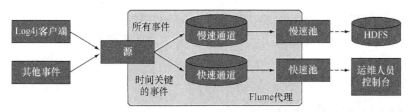

图 6-16　如何配置 Log4j 代理通过一个快速和一个较慢两个数据通道向 Flume 代理写入日志数据。所有数据均会被直接写入 HDFS。所有时间关键的数据会被直接输出到运营人员的控制台上

一旦日志事件被存储到 HDFS 上，一个例行定时批处理工具可以周期性地运行用于对各种事件进行汇总、平均并生成各种报表。展示网页服务平均响应时间或网页渲染时间的报表就是一个典型例子。

6.9.3　延伸思考

这个案例演示了 Apache Flume 提供基础设施使程序能够订阅关键事件并根据延迟需求将它

们分发到不同的服务上的方法。

Apache Flume 是一个以可靠传输事件日志数据到像 HDFS 这样的中央数据存储为目的而创建的定制框架。HDFS 非常适于存储大块的以读操作作为主的数据。HDFS 对于事务控制和更新操作没有额外开销；它专注于海量且可靠的存储。HDFS 的设计初衷之一就是作为以 MapReduce 方式生成分析报表的数据来源。因为数据可以均匀地存储在 Hadoop 集群的上百台节点上，所以使用 MapReduce 能快速生成任何你想要的汇总数据。这对于生成视图并存储到关系型数据库或 NoSQL 数据库来说非常的理想。

尽管 Apache Flume 最初是被设计用来处理日志文件，但它也是一个可以用来处理其他类型的只读大数据问题的通用性工具，比如处理数据记录仪或网页爬虫抓取的原始数据。随着数据记录仪市场价格的降低，像 Apache Flume 这样的工具将会在更多的大数据问题中被用来预处理原始数据。

6.10   案例研究：计算机辅助发现医疗保险欺诈

在这个案例研究中，我们将探讨一个不能简单地通过无共享架构解决的问题。这个问题就是使用巨大的图数据搜寻诈骗模式。高度互联的图数据不能进行分片操作，这意味着你不能将图数据查询切分成子查询并分发到多个无共享的处理器上。如果图数据庞大到已不能全部装载到一台商用服务器的内存中，此时可能就需要选择一个有别于无共享架构的替代方案。

这个案例之所以重要，是因为它揭示了一个采用无共享架构集群的局限性。我们选择这个案例的原因就是希望避免一个趋势—针对所有问题，架构师都推荐使用无共享架构的集群。虽然无共享架构对很多大数据问题都是有效的，但它却无法为像图数据或表间存在连接关系的关系型数据库管理系统这样高度互联的数据提供线性可扩展性。在海量图数据中挖掘潜在模式是需要采用定制硬件的领域之一。

6.10.1   什么是医疗保险欺诈检测

美国国会预算管理办公室的数据显示医疗保险和医疗援助方面的不良支出在 2010 年达到了 507 亿美元，占近全年医疗支出预算的 8.5%。虽然造成这个惊人数字的部分原因是一些不当的医疗文档，但可以确定的是医疗保险欺诈每年将骗取纳税人几百亿美元的资金。

现有用来检测欺诈的手段主要集中在搜寻来自个人受益者或医疗服务提供商的可疑申请。2011 年，这些手段成功地发现了价值 41 亿的医疗欺诈，这大概占所有欺诈的 10%。

遗憾的是，欺诈模式正变得越来越复杂，因此它们的检测方式应该完成从搜寻个体到从已有的各种各样个人或医疗服务提供商的欺诈案例中挖掘潜在模式的转变。因为欺诈行为一直都在变化，所以鉴别这些模式很有挑战，它要求分析人员提出一个关系模式来分辨欺诈、可视化分析结果、评估分析结果并持续地优化他们的假设。

6.10.2　使用图和定制的内存共享硬件检测医疗保险欺诈

图对于需要挖掘数据模式的场景来说非常有价值。图可以展示医疗保险申请人、他们的申请内容、相关医疗提供商、执行过的医疗检查以及其他相关数据之间的关系。图分析师通过搜索这些数据挖掘存在于这些实体间的可能表明是欺诈行为的关系模式。

表示医疗数据的图将会非常巨大：它展示了 600 亿个提供商、1 亿位病人、几十亿条申请记录。图数据中的医疗服务提供商、诊断检查以及每个病人的申请内容和一般性治疗方案之间都是有联系的。这样大容量的数据已经不能装载到单个服务器的内存中，而将数据分片存储到多个服务器上也不具可操作性。如果强行对数据进行分片存储将可能造成查询不能完整执行完毕，造成这种现象的原因可能是跨越分区边界的链接、将数据移进移出内存、缓慢的网络和存储速度造成的延迟等因素。与此同时，欺诈行为将会一直以一个令人警觉的速度产生。

医疗保险欺诈分析师需要一个可在内存中装载整个图的解决方案。这个系统应该可以合并来自不同数据源的不同结构的数据，可以挖掘数据并搜寻模式，可以发现完全匹配和近似匹配。因为图中每条数据都能装载进内存，所以就再没必要考虑图的分区问题。这个图可以方便地动态更新最新数据，进而使已有的查询可以搜索最新数据并整合到当前分析之中。这样就让挖掘数据中的潜在关系更具可行性。

图 6-17 展示了用来在海量图数据中搜寻模式的共享内存系统的高层架构。

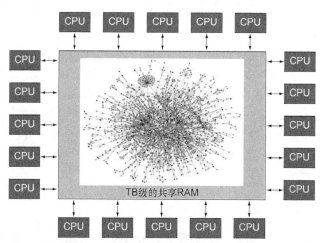

图 6-17　装载海量图数据到一个共享的中央内存结构的示例。这个例子展示了一个存储在容量达 TB 级的中央内存的图以及可能的成百上千个正在同时执行图查询的 CPU 线程。需要注意的是，就像其他 NoSQL 系统，图数据在分析进行过程中将会常驻内存。每个 CPU 都在不影响其他 CPU 的情况下执行独立的查询

考虑到这些需求，一个美国联邦政府资助的受命检测医疗保险和援助欺诈行为的实验室部署

了 YarcData 的 Urika 系统。这个系统可以将内存从 1 TB 扩展到 512 TB，并被最多 8 192 个图形加速 CPU 共享。值得注意的是，这些经过图形加速优化的 CPU 就是为满足图分析需求定制的，并且是 Urika 相较于传统集群能够提供 2～4 倍性能提升的关键因素。

这样的性能表现产生的效果是明显的。交互式查询的响应降低到了秒级，而非数天。这之所以重要，是因为当查询揭示出来的结果并不是需要的模式时，分析师在数分钟内就可以更改他们的查询来修正查询结果并过滤掉无用的数据。发现潜在模式的目标就是挖掘出未知的关系，这就要求系统能够快速地测试新假设来不断进行修正。

现在，让我们看看用户如何和一个典型图应用系统交互。图 6-18 展示了数据如何被装载到像 Urika 这样的图应用系统以及如何将结果对用户进行可视化展示。

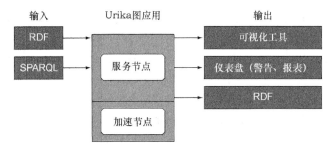

图 6-18　与 UriKa 图分析应用系统交互。用户将 RDF 数据装载到系统后，再通过 SPARQL 语言发送图查询请求。最后，分析师利用工具将这些结果转化成可视化的图或生成报表进行分析

这个应用系统的技术栈包括了 RDF 和基于 W3C 标准的针对图的 SPARQL 语言。正是这些技术实现了多数据源的导入与集成。欺诈检测需要的数据可视化和综合展示工具也需要满足一些特定的要求，所以应用能够快速简单地定制可视化形式和仪表盘是快速发布的关键。

医疗欺诈分析和金融欺诈分析、反恐行动或普通执法中搜寻疑犯这类问题都是非常类似的。而在这些领域的数据中发现未知或潜在的关系将会创造巨大的金融收益或大大提升公民的人身安全。

6.11　小结

在这章中，我们见识了 NoSQL 系统使用多处理器解决大数据问题的能力。虽然从单节点到分布式数据库系统的转变增添了新的管理难题，但幸运的是，多数 NoSQL 系统在设计之初就考虑到了分布式处理的需求。因此它们使用各种技术手段将计算负载均匀地分散到了成百上千台节点上。

大数据集的快速分析需求将会持续存在。除非到了人类灭绝之日，否则随着人类持续地产生和共享数据，大数据问题的规模将会持续地成指数级速度增长。由于人们持续创建并共享数据，

快速地分析数据并挖掘潜在模式的需求始终会是多数商业计划的一部分。为了以后能始终是市场玩家，几乎所有组织都需要完成从单处理器系统到分布式计算的转变，以应对日益增长的大数据分析需求。

NoSQL 数据库中存储的海量记录和文档会使你查找一条或多条特定数据变得更为复杂。在下一章中，我们将会解决数据查询的难题。

6.12 延伸阅读

- Apache Flume. http://flume.apache.org/.
- Barney, Blaise. "Introduction to Parallel Computing." https://mng.bz/s59m.
- Doshi, Paras. "Who on earth is creating Big data?" Paras Doshi—Blog. http://mng.bz/wHtd.
- "Expressive Power in Database Theory." Wikipedia. http://mng.bz/511S.
- "Federated search." Wikipedia. http://mng.bz/oj3i.
- Gottfrid, Derek. "The New York Times Archives + Amazon Web Services = Times-Machine." New York Times, August 2, 2013. http://mng.bz/77N6.
- Hadoop Wiki. "Mounting HDFS." http://mng.bz/b0vj.
- Haslhofer, Bernhard, et al. "European RDF Store Report." March 8, 2011. http://mng.bz/q2HP.
- "Java logging framework" Wikipedia. http://mng.bz/286z.
- Koubachi. http://www.koubachi.com/features/system.
- McColl, Bill. "Beyond Hadoop: Next-Generation Big Data Architectures." GigaOM, October 23, 2010. http://mng.bz/2FCr.
- whitehouse.gov. "Obama Administration Unveils 'Big Data' Initiative: Announces $200 Million in New R&D Investments." March 29, 2012. http://mng.bz/nEZM.
- YarcData. http://www.yarcdata.com.

第 7 章 用 NoSQL 搜索获取信息

本章主要内容
- 搜索分类
- NoSQL 搜索的策略和技术
- 量化搜索性能
- NoSQL 索引架构

我们的发现将会改变我们。

—— Peter Morville（信息架构专家）

我们都很熟悉像 Google 和必应这样的网页搜索引擎：输入搜索条件后，很快就能得到高质量的结果。但遗憾的是，很多人日日沮丧于缺少高质量搜索工具的公司内网或数据库应用。通过集成 Apache Lucene、Apache Solr 和 ELasticSearch 等搜索框架的方式，NoSQL 数据库能使数据库应用更容易地提供高质量查询功能。

NoSQL 系统结合了文档存储的概念与全文索引解决方案，也因此能够提供高质量搜索和更准确的结果。理解 NoSQL 系统查询优异性的原理有助于评估这些系统的优点。

在本章中，我们将阐述用 NoSQL 数据库构建低廉高效搜索系统的方法。同时，我们还会帮助你理解查询性能为何会影响 NoSQL 系统选型。我们将从介绍搜索术语的定义开始本章。接着，将会阐述一些搜索技术中涉及的相对复杂的概念。最后，通过 3 个案例来揭示倒排索引的创建过程和搜索技术在技术类文档和报告中的应用。

7.1 什么是 NoSQL 搜索

为了契合本章目标，我们将"搜索"定义为已知数据的部分信息（例如，某个文档包含某些关键字，但不知道文档标题、作者或创建日期等信息）在 NoSQL 数据库查找期望数据的行为。

搜索技术既可以应用在类似关系型数据库管理系统中高度结构化的数据上，也可以搜索

"非结构化的"（包含单词、句子和段落）纯文本文档。除了这两种类型的数据之外，还有大量被称为半结构化数据（semi-structured data）的文档数据。

　　搜索对于脑力劳动者来说是可以提高生产力的重要工具。研究显示快速查找到正确的文档将为每天的工作节省数小时时间。促使像 Google 和雅虎这样的公司率先使用 NoSQL 系统的原因之一就是文档搜索和获取。在解释可用 NoSQL 系统构建搜索解决方案的原因之前，我们先来定义一些在构建搜索应用时会用到术语。

7.2　搜索分类

　　随着应用的逐步构建，终将发展到需要向用户提供搜索功能的阶段。因此，我们来看看有哪些搜索类型是可以提供的：关系型数据库管理系统中的布尔搜索、类似 Apache Lucene 的框架中的全文关键字搜索、流行于以 XML 或 JSON 格式存储文档的 NoSQL 系统中的结构化搜索。

7.2.1　布尔搜索、全文关键字搜索和结构化搜索的比较

　　如果使用过关系型数据库管理系统，你可能对构建搜索程序在数据库中查找特定记录的过程很熟悉。你也可能使用过类似 Apache Lucene 和 Apache Solr 的工具去全文搜索关键字并获取想要的文档。本节将引入一种新的搜索类型：结构化搜索。结构化搜索结合了布尔搜索和全文关键字搜索两种方式的特点。为了有个清晰的开始，表 7-1 对这 3 种主要的搜索类型做了比较。

表 7-1　布尔搜索、全文关键字搜索和结构化搜索的比较。多数用户已经清楚布尔搜索和全文关键字搜索的优点。采用文档格式存储的 NoSQL 数据库提供了第 3 种方式——结构化搜索。这种方式不仅兼具布尔搜索和全文关键字搜索两者的优势，还可以使用"AND/OR"语句并对搜索结果进行排序

搜 索 类 型	使用的结构	结果是否可排序	结合全文和条件逻辑	最适用领域
布尔搜索——常用于关系型数据库管理系统。对于需要在高度结构化的数据上执行 AND 和 OR 条件的查询非常适用	表中满足 WHERE 子句的数据行	否	否	高度结构化数据
全文关键字搜索——常用于自然语言文档中非结构化数据的搜索	文档、关键字、矢量距离结果	是	否	非结构化的文本数据
结构化搜索——全文搜索和布尔搜索的综合体	XML 或 JSON 文档。XML 文档可能包含实体标签	是	是	半结构化文档

　　布尔搜索系统面对的难题是它们不能提供任何的模糊搜索功能——要么找到完全匹配所提供的信息的数据，要么就什么都不返回。为了查找到一条记录，你必须用增加或移除搜索参数来扩大或缩小搜索结果，并以此进行试错。关系型数据库管理系统的搜索结果不能基于与搜索条件

的相似度进行排序，而只能根据类似最后修改日期或修改者这样的数据列进行排序。

与之相反，全文关键字搜索面对的难题是不能通过文档属性缩小搜索范围。例如，许多文档搜索服务不允许在搜索条件中加入文档创建的日期或作者范围这类的限制。

如果使用结构化搜索，将获得兼具前两种方式优点的搜索功能。NoSQL 文档型存储可以结合复杂的 AND、OR 布尔条件与已排序的全文关键字按期望的顺序返回正确的结果。

7.2.2　测试常见搜索类型

如果正在挑选 NoSQL 系统，你需要明确一个系统的搜索能力。一个数据库的搜索能力是指一系列用来帮助用户查找到期望数据的指标。NoSQL 系统非常善于结合结构化搜索和模糊搜索逻辑，而这正是关系型数据库所欠缺的。下面是一些可以加入系统中的搜索类型。

- 全文搜索——全文搜索是指查找包含类似英语的自然语言的文档。全文搜索适用于查找没有特定结构的数据，如一篇文章或一本书。全文搜索技术中也包括了剔除不重要的虚词（"和""或""这"等）以及删除单词后缀等处理技术。

- 半结构化搜索——半结构化搜索是指针对同时包含关系型数据库那样严格的结构形式和像 Office 文档里那样的全文句子的数据查找。例如，一张数小时咨询项目有关的发票上可能包含了一大段描述项目任务的句子。一个销售订单中可能包含了产品的文本描述。一个商业需求文档也许既包含了像谁提出了新功能、哪个发布版本将包含这个功能这样的结构化字段又包括了一段功能细节描述的文本信息。

- 基于地域的搜索——基于地域的搜索是指根据地理位置距离的远近排序并返回搜索结果的查找过程。例如，查找距离你 5 分钟车程的所有寿司店地址。像 Apache Lucene 这样的搜索框架现在已经集成了可以综合位置信息对搜索结果排序的工具。

- 网络搜索——网络搜索是指根据在类似社交网络的图中获取到的信息排序并返回结果的搜索过程。例如，你可能只想搜索朋友给过 4 星或 5 星评价的餐馆。集成网络搜索结果需要使用社交网络开放的 API 来引入类似 "我 Facebook 好友的平均打分" 这样的搜索条件。

- 分面搜索——分面搜索是指查找条件中包含其他文档属性的搜索，如 "查找某个作者在某个时点之前完成的所有文档"。你可以把 "分面" 认为是用来缩小搜索范围的分类。但是它也可以用来重排序搜索结果。

  你可以通过在每个文档上手工添加多个关键字标签的方式为普通 Word 文档设置分面搜索，但是添加关键字带来的成本增加可能高于其收益。分面搜索适用于每个文档都有高质量元数据（文档属性信息）的搜索场景。例如，多数图书馆都会购买中央数据库中的书籍元数据以便于根据内容主体、作者、发行日期和其他一些标准化属性缩小搜索范围。这些属性有时也被称为文档的都柏林核心（Dublin core）属性。

- 向量搜索——向量搜索是指用多维向量距离模型计算出数据与搜索关键字的距离并据此排序并返回搜索结果的查找过程。如果把每个关键字都看做空间中的一个维度，那么一个查询和每个文档间的距离就可以像计算地理距离一样被计算出来，如图 7-1 所示。

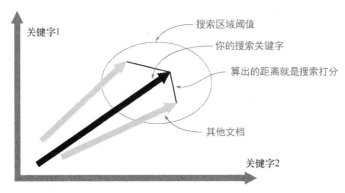

图 7-1   向量搜索是查找距离搜索关键字最近的文档的一种方法。通过计算每页中某个关键字的数目，可以对所有文档按一个关键字维度排序

正如你所猜测的那样，计算搜索向量非常复杂。但幸运的是，多数全文搜索框架都已实现了该算法。一旦建好全文索引，搜索引擎的构建就会像在搜索框中输入查询语句一样简单。

向量搜索是允许用户使用模糊查询功能的一项关键技术。该技术可以找到不完全匹配查询条件但"临近查询关键字"的文档。向量搜索工具也支持将整个文档作为一个关键词集合来实现一些特别的搜索。该特性使得搜索系统可以提供类似"查找与某个文档相似文档"的功能。

- N-gram 搜索——N-gram 搜索是指在搜索可能包含空白字符的内容时，先将需要搜索的内容中的长字符串分割成数个较短的定长字符串（通常是 3 个字符）并对这些分割后的字符串建立索引，再在这些索引上执行完全匹配搜索的查找过程。N-gram 索引会占用大量磁盘空间，但它是快速搜索像软件源代码这种（包含空白符在内的所有字符都很重要的）文本数据的唯一方法。N-gram 索引也可用来搜寻存在于类似 DNA 序列的长字符串中的潜在模式。

虽然存在着许多种搜索类型，但也有很多工具可以帮助我们使这些搜索快速高效地执行。随着下一节的讨论，你将看到 NoSQL 系统快速查找并获取到期望信息的能力。

7.3 提高 NoSQL 搜索效率的策略和方法

NoSQL 系统如何才能接收请求的搜索条件并快速地返回结果？让我们来看看使 NoSQL 系统能高效搜索的策略和方法。

- 范围索引——范围索引是指用升序的方式为数据库中的所有记录创建索引的方式。范围索引非常适合条件是字母序关键字、日期、时间戳、等于或处于特定值之间的数量等的搜索。范围索引可以用来为任何能够按照某种逻辑顺序排序的数据类型创建索引，而为图片或全文本段落创建范围索引则不那么明智。

■ 倒排索引——倒排索引和书籍后面的索引比较类似。在一本书中，每个引用及其出现的页码都会按字母顺序被列在书的最后。可以根据索引中的条目在书中快速找到使用术语的地方。如果没有这些索引，你将不得不通过扫描整本书的方式进行查找。搜索软件也是使用相同的方式来利用倒排索引——针对一堆文本文档中的每个词都有一个包含了所有出现过这个词的文档列表。

图 7-2 是一张莎士比亚戏剧的 Lucene 索引的截图。

类似 Apache Lucene 的搜索框架的设计初衷之一就是能够用来创建并管理海量文本的倒排索引。这些倒排索引能够加速文档中的关键字搜索。

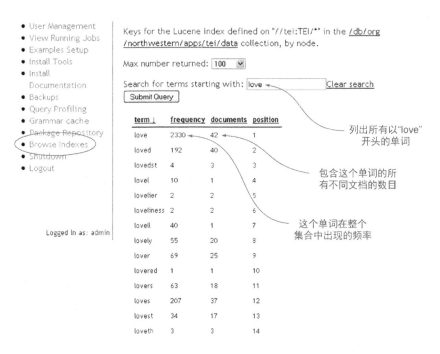

图 7-2　从一份莎士比亚戏剧的倒排索引中检索以"love"开头的词。在这个例子中，系统会将剧本以 TEL XML 格式编码，并用 Apache Lucene 为其建立索引

■ 搜索排序——搜索排序是指根据用户期望结果相似度排序搜索结果的过程。如果一个文本中某个关键词密度越高，那么这个文本的内容越可能和这个关键词有关。术语"关键词密度"（keyword density）是指一个关键字在一个根据文本大小加权后的文档中出现的次数。如果只是单纯地计算一个文本中词的出现次数，那么内容越多关键词越多的文本总会拥有更高的排序。搜索排序要同时考虑文本中关键词出现次数和文本总词数两个方面，以此避免长文本一直处于搜索结果中前几位的可能。排序算法也考虑诸如文档类型、社交网络中的推荐、与某个特定任务的关联度等其他因素。

- 提取词干——提取词干是指在搜索中将用户以多种形式提供的词干和该词的其他形式相匹配的过程。例如，如果一个人输入一个关键词"walk"，那么包含 walks、walked 和 walking 的文本也可能被包含在搜索结果中。

- 同义词扩展——同义词扩展是指在搜索结果中引入包含搜索关键字同义词的文本的过程。例如，如果用户输入"阿司匹林"作为关键字，那么它的化学名称水杨酸、乙酰水杨酸也可能会被作为关键词进行搜索。WordNet 数据库就是一个利用词库在搜索结果中包含同义词的好例子。

- 实体提取——实体提取是指查找文本中出现的实体并对其打上标签的过程。诸如日期、人名、组织、地理位置和产品名称等类型的对象都应该被实体提取程序打上标签。最常见的标记文本的方法是使用 XML 包装元素。像 MarkLogic 这样的纯 XML 数据库就提供了在文本中自动查找实体并打上标签的功能。

- 通配符搜索——通配符搜索是指通过添加特殊的字符来表明希望查询语句能够匹配上多种字符的过程。多数搜索框架支持后缀通配符。例如，用户输入"dog*"，搜索程序将会匹配"dog"、"dogs"、"dogged"。可以使用"*"来匹配 0 个或多个字符，而"?"则是匹配单一字符。Apache Lucene 允许在字符串中间使用通配符。

  多数搜索引擎不支持前导通配符或在一个字符前添加通配符。例如，"*ing"这样的用法是期望匹配所有以"ing"结尾的词。因为这种类型的搜索的需求并不强烈，而支持这种功能会使现有索引的体积加倍，所以以多数搜索引擎不支持这种通配符用法。

- 邻近搜索——邻近搜索是指搜索与文档中某些词距离相近的词。例如，可以查找所有包含"dog"和"love"且这两个词之间不超过 20 个词的文档。文档中这两个词的距离越近，它在返回的结果中的排序也就越靠前。

- 上下文关键字（KWIC）——上下文关键字库是一种在搜索结果中高亮关键字的工具。一般是通过在搜索结果页面中出现搜索关键字的文档段落上添加一个元素装饰器的方式起到高亮的效果。

- 错别字联想——如果用户在搜索框中输入了一个错别字并且这个字在字典中不存在，那么搜索引擎可能会以"你是不是想搜索......"的方式为用户提供一个替代关键字。这个功能要求搜索引擎能够找到和某个错别字相似的字。

并不是所有的 NoSQL 数据库都支持上面提到的所有功能。但在比较两个 NoSQL 系统时，这个列表也许会是一个好的开始。接下来，我们将探讨一种能够提供高效搜索的 NoSQL 数据库——文档型数据存储。

7.4 使用文档结构提升搜索质量

在第 4 章中，我们介绍了文档存储的概念。回忆一下，文档存储是将所有数据元素保存在单一的对象中。它不会将数据切分成表中的行，而是将所有信息都存放在一个层次化的树形结构中。

　　文档存储在搜索领域中非常流行，因为保留下来的结构可用来精确定位一个关键字在文本中出现的位置。使用这种关键字匹配位置信息对在海量文本中查找单一文档的效率会有巨大提升。

　　如果保留文档的原始结构，可以将一个大文件的每个部分都看做是一个新的文档。然后，可以根据这个文档中找到的每个关键字对每个搜索结果进行打分。图 7-3 说明了文档存储利用保留原始结构的模型得到更优的搜索结果的原理。

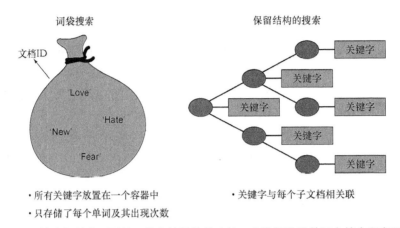

　　图 7-3　搜索领域中用到的两种文档结构的比较。左边部分是基于文档中所有词
　　　　　但不考虑词在文本中具体位置的词袋搜索。右边部分则展示了保留原始结构并将结
　　　　　构中的每个节点当成新文档的搜索方式，该种方式可以使在标题中出现了关键字的
　　　　　文档比在内容中出现了关键字的文档有更高的排名

　　假设你在搜索关于 NoSQL 的书籍。当你打开出版社网站并在搜索框中输入"NoSQL"关键字时，你可能会得到许多匹配项。搜索系统会在书中的如下几个位置去匹配关键字 NoSQL。

- 书或章节标题。
- 书中词汇表或书最后的索引。
- 书中的文本内容。
- 书中的书目引用。

　　你也许能猜测到，如果一本书的标题中含有 NoSQL 关键字，那么这本书很可能就是关于 NoSQL 的书籍。另一方面，许多相关书籍中也许有一章关于 NoSQL 的内容，而更多的书籍也许只是在内容或书目引用列表中提到 NoSQL 这个术语。当搜索系统向用户返回结果时，给予标题匹配了关键字的书籍一个最高的分数和给予章节名匹配了关键字的书籍次一级的分数将是一个符合逻辑的行为。接下来才是词汇表或索引中匹配了关键字的书籍，再是书籍内容匹配了关键字的书籍，最后才是在书目引用中提到关键字的书籍。

　　根据词在文本中出现位置提高搜索分数的过程被称为加权（boosting）。如果不能找到指定书和章节的标题，系统将很难利用这个规则提升它们的排名。较大字体或不同的字体颜色不能帮助搜索引擎搜索到期望文档。这就是使用类似 DocBook 的结构化文档格式可以比词袋模式获得更准确搜索结果的原因。

可以看到,使用文档原始结构可以很容易地提升搜索结果的质量。下一节将探讨采用量化搜索质量的方式辅助比较候选 NoSQL 系统的方法。

7.5 搜索质量量化

在 NoSQL 数据库选型时,精确量化搜索质量是一个非常重要的流程。从质量的角度考虑,既需要搜索结果包含搜索的关键字,也需要结果能被准确地排序。为了量化搜索质量,我们使用两个量化指标:准确率(precision)和召回率(recall),这两个指标可以帮助我们客观地评价搜索结果质量。

图 7-4 展示了一种计算搜索质量的方式。

我们的目标是使准确率和召回率都能达到最大。另一个被称为 F 指标(F-measure)的量化指标是前两个指标的粗略平均值:F 指标越大,搜索质量越高。

销售搜索服务的企业都有专业的质量团队监控并修改搜索排序算法以达到更高的 F 指标。他们开发出了一种提高质量的方法:检测用户点击了哪些搜索结果;然后寻找方法自动地提高相关条目的排名并降低用户认为和他们搜索条件不相关条目的排名。

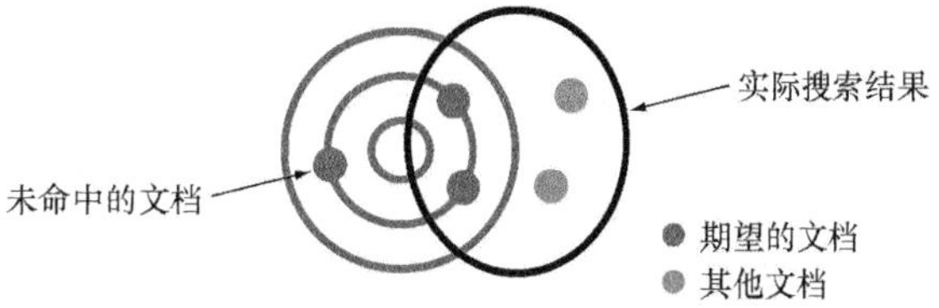

图 7-4 搜索准确率和召回率。准确率展示了搜索结果中正确结果所占比例。4 个搜索结果中有 2 个正确结果的准确率是 50%。召回率是指搜索结果中正确结果占所有正确结果的比例。在这个例子中,一共有 3 个正确结果,实际搜索结果中只包含了 2 个正确结果,所以召回率是 66%

通过在搜索结果中引入更广泛的文档,每个搜索系统都有自己的方式平衡准确率和召回率。搜索引擎可以查找关键字的同义词并返回包含搜索关键字或同义词的结果。在搜索结果中加入更多的文档会降低准确率,但能提高召回率。平衡好准确率与召回率对于满足系统需求来说是非常重要的一件事。

但并不是所有项目的数据库选型都有时间仔细量化候选系统的准确率和召回率。准备大量文档和量化排序后搜索结果的相关度会耗费大量时间,同时也很难自动化完成。可是通过保留文档结构,文档存储已经证明了其在准确率和召回率两方面均能产生大幅提高的能力。

到此为止,我们已经探讨了搜索类型和 NoSQL 系统加速这些搜索的技术。接下来,我们将比较各种分布式系统存储用来优化搜索索引的策略。

7.6 本地索引与远程搜索服务

NoSQL 系统有两种存储搜索索引的方式:本地索引和使用远程搜索服务。多数 NoSQL 系统将数据及其索引都存放在同一个节点上。但有些则选择使用外部搜索服务进行全文搜索。这些系统将全文索引保存在一个远程集群上,然后使用搜索 API 获取搜索结果。既然多数 NoSQL 系统都是使用这两种方式中的一种,那么了解每种方法的优缺点将有助于评估候选的 NoSQL 方案。

图 7-5 描述了这两种方式的实现原理。

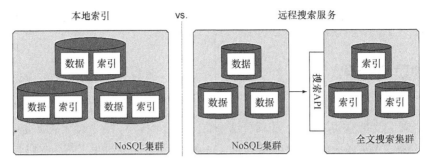

图 7-5　内部集成搜索与搜索服务。左边部分展示了 NoSQL 系统在同一台节点上存储数据和索引的方法。右边部分则展示了一个远程搜索服务将索引数据存储在一个提供搜索 API 的远程集群上的方式

当你在使用一个本地搜索系统时，倒排索引和数据存储在同一个节点上。在向节点发送查询请求并返回搜索结果的过程中，这种方式无需额外的输入输出搜索信息。如果保留了文档原始结构，还可以使用结构化匹配规则并基于匹配上的数据在文档中的位置改变搜索结果排序。

与之相反，当需要对一个文档建立索引时，搜索服务将该文档发送到外部搜索集群。这个过程一般是由一个集合触发器完成：当向文档集合中添加或更新文档时，触发器将会触发索引创建过程。因此即使文档中只改变了一个单词，也需要将整个文档发送给远程服务并重新建立索引。当执行一个搜索时，搜索条件中的关键字将被发送给远端系统，然后远程系统将返回所有匹配上搜索条件的文档 ID。值得注意的是远程系统并不会返回实际的文档，而是只返回一个文档 ID 的列表以及它们对应的排序分数。Apache Solr 和 ElasticSearch 都是可以被配置为远程搜索服务的例子。

让我们来看看这两种策略各自的优势。

- **本地索引架构的优势**
  - 较少的网络开销；无需在集群间发送文档；更高的性能表现。
  - 适用于有大量频繁且零碎修改的大容量文档。
  - 更好地细粒度地控制结构化文档的搜索结果。
- **远程搜索服务架构的优势**
  - 能够利用已有的经过测试的组件完成一些类似创建和管理全文搜索索引这样的标准任务。
  - 更容易升级到提供了新功能的远程搜索服务。
  - 适用于一旦创建就很少修改的文档。

这都是高层的指导原则，但不同种类或版本的 NoSQL 系统也可能是没遵循这些原则。之前我们已经了解了文档更新频率对选择合适架构产生的影响。因此，不论选择什么架构，我们都建议花些时间测试出最符合业务需求的配置。

下一节将探讨加速文档索引建立过程的方法以及建立倒排索引支持全文搜索两方面内容。

7.7 案例研究：使用 MapReduce 建立倒排索引

构建搜索系统最耗时的步骤之一就是当有新的全文本文档引入 NoSQL 数据库时为它们建立倒排索引的过程。一个典型的 20 页共 5 000 字的文档可以产生 5 000 个新的倒排索引项。将 1 000 个文档引入文档集合并建立索引大概需要更新 500 万条索引。将这整个过程的负载分散到多个服务器上执行是为海量文档集合创建索引的最好方法。

因为 MapReduce 能够横向扩展，所以对于创建倒排索引来说，它是一个非常理想的工具。Google 开始 MapReduce 项目的主要驱动力之一就是建立倒排索引，而这个项目又促成了 Hadoop 框架的实现。让我们一步步地来了解使用 MapReduce 建立倒排索引的过程。

为了设计一个 MapReduce 作业，必须将面对的问题切分为多个步骤。第一步就是编写映射函数接收输入（源文档）并返回一组键值对。第二步是编写化简函数返回期望的结果。这个案例的期望输出是倒排索引文件——针对每个关键字，倒排索引列出了包含这个词的所有文档。

回顾一下，映射阶段和化简阶段之间必须以键值对的形式传递数据。那么接下来需要回答的问题是，返回的键应该对应什么样的值。最符合逻辑的键应该是词本身。键值对中的"值"应该是一个列出了所有包含这个词的文档标识符列表。

图 7-6 展示了这个过程的详细步骤。从这个图中可以看到，在开始处理之前，需要将大写字母转换成小写字母并剔除类似 the、and、or、to 的短停止词，因为这些词不太可能作为关键字。接着，以文档标识符作为值并以词本身作为键创建一个键值对。MapReduce 框架接着会开始执行"洗牌并排序"的步骤并将输出传递到最终的化简阶段。在化简阶段，词-文档标识符形式的键值对将基于键进行合并成词-文档列表，最终得到倒排索引期望的格式。

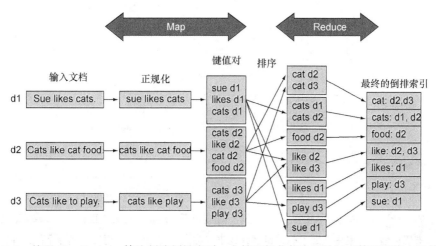

图 7-6 使用 MapReduce 算法创建倒排索引。文档正规化将会剔除标点符号和停止词并把所有字母转换为小写。映射阶段的输出必须是一组键值对。化简函数通过将关键字文档分组得到最终的倒排索引

在接下来的两节中，我们将会介绍使用搜索解决具体问题的案例。

7.8   案例研究：搜索技术文档

这个案例研究将会探讨搜索技术文档的问题。在查找资料的时候，一个高质量的技术文档的搜索结果可以节省大量时间。例如，当在使用一个复杂的软件工具包并需要查找某个方法的帮助文档时，一个高质量且精确的搜索结果能够快速地获取到正确信息。

就像你将看到的一样，保留文档原始结构可以用来建立拥有高准确率和召回率的系统。在接下来的示例中，我们将使用一种被称为 DocBook 的 XML 文件格式———一种非常适用于技术信息检索的格式。你将了解到通过直接将 Apache Lucene 集成到 NoSQL 数据库的方式构建高质量搜索系统的方法。值得注意的是，在本节中提到的观点都是普适的，且可以应用到除 DocBook 之外的其他格式上。

7.8.1   什么是技术文档搜索

技术文档搜索主要的关注点是在技术文档中快速地找到感兴趣的特定领域的信息。例如，查找软件用户手册里的软件使用方法、汽车修理手册中的一张设计图、一个在线帮助系统、一本大学教材。技术出版物采用单源出版（single-source publishing）过程，诸如网页、在线帮助、纸质文档或 EPUB 文档等文档的输出格式都是由同一个文档源格式派生而来。图 7-7 展示了采用 DocBook XML 格式存储技术文档的一个示例。

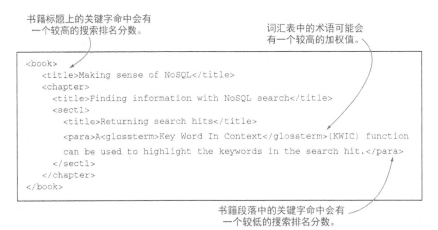

图 7-7   一个 DocBook XML 文件的示例。直接位于<book>元素下面的<title>元素是这本书的标题。标题中匹配上的关键字会比书内容中匹配上的关键字有一个更高的分数

DocBook 是一种专门用来出版技术出版物的 XML 标准。它定义了超过 600 种元素来存储技术出版物的内容，其中包括了作者、修订版本、区域、文本段落、图、说明、表格、词汇标签以

及书目引用等信息。

DocBook 经常会被定制用于不同类型的出版。每个组织在出版一个文档时，都会选择部分 DocBook 元素再加上自定义元素以满足他们特定的应用要求。例如，一本数学教材可能会引入用来表示方程的 XML 标签（MathML），一本化学教材可能引入用于化学符号的标签（ChemML），一本经济学教材可能需要增加 XML 格式的图表。为了不影响到已有出版流程，这些新的 XML 元素可以放置在新加入 DocBook 中的不同命名空间中。

7.8.2　在 NoSQL 文档存储中保留文档结构

有多种搜索海量的 DocBook 文件的方式。其中最直接的方式就是将所有标签信息删除后再发送给 Apache Lucene 创建倒排索引，这样每个单词都会和某个文档 ID 相对应。但这样做的问题是会丢失词在文档中的位置信息。如果某个词出现在书籍或章节标题中，它的排名分数也不会比出现在书目引用部分高。

理想状况下，应该保留文档的原始 XML 结构并将其存储在原生 XML 数据库中。这样任何出现在标题中的匹配项的排名都会比出现在内容主体中的匹配项的排名高。

构建这项搜索功能的第一步是将所有 XML 文档装载如一个集合的结构。这种结构会将相似的文档进行逻辑分组。这样的好处是能像在文件浏览器里一样方便地进行文件导航操作。在装载完所有文档后，可以执行一个脚本查找所有具有唯一性的文档，这个过程被称为元素盘点（element inventory）。

元素盘点的结果将会作为判断哪些元素含有有用信息且需要建立何种索引以进行快速搜索的基础。例如，包含日期信息的元素可以使用范围索引，像含有<title>和<para>的文本元素可以使用全文索引。

除了这些索引类型，还可以根据元素是否是某个文本段的总结的可能性对元素进行排名。我们把这种排名过程称为文档集合的加权。例如，某章标题上的匹配项将会比小节标题上或词汇表中的匹配项拥有更高的排名。在语义权重设置好后，搜索系统将创建好对应的配置文件并开始创建索引。表 7-2 是加权的一个示例。

表 7-2　一个技术性书籍搜索网站的加权示例

元　　素	权　　重
书籍标题	5.0
章节标题	4.0
词汇表	3.0
索引项	2.0
文本段落	1.0
书目引用	0.5

值得注意的是，这些权重配置也存储在搜索结果索引中，如此才能用它们获得精确的搜索排

名结果。这也意味着如果更改权重配置，就需要对文档重建索引。尽管这个示例略显简单，但它揭示了书籍元素的标签信息对搜索排名过程的重要性。

确定好文档元素及其权重后，就能创建配置文件来说明你希望为哪些数据项索引。在这之后，就可以开始根据这个配置文件中的文档元素和权重配置为每份文档建立全文倒排索引。Apache Lucene 就是用来创建并管理这些索引的框架例子。所有在文本元素中找到的关键字都能和一个文本元素的节点标识符相关联。通过对文本元素节点和文档排序，可以准确地知道关键字出现在文档中的哪种文本元素中。

在创建索引后，就可以开始实现能使用范围索引和全文两种索引的搜索功能了。集成文本搜索最常见的方式是使用 XQuery 全文搜索包——一种接收搜索关键字并返回排名后的搜索结果的工具包。XQuery 使用的查询语句和 SQL 中的 WHERE 子句类似，但与之不同的是它还会返回用来排序的搜索结果分数。XQuery 语句可以返回 DocBook 中的任意类型的节点，如书籍、文章、章、节、图表、书目引用项等。

最后一步是返回搜索命中的 HTML 文本片段。在结果页面顶部，可以看到搜索命中条数和最高的排名分数。多数搜索工具会返回一段文本并将关键字出现的部分进行高亮处理，这被称为上下文关键字（key-word-in-contex，KWIC）功能。

7.9　案例研究：搜索领域语言——可检索性和重用性

虽然我们常认为搜索质量是一种和搜索海量文本文档相关的属性，但它对查找类似软件子程序或用被称为特定领域语言（domain-specific language，DSL）编写的代码的任务也有好处。这个案例研究阐述了搜索工具通过使员工能够搜索并重用财务报表这样的图表的方式为企业节约大量时间和金钱的方法。

一个大型的金融机构可能会用数千个图表创建图形化的仪表盘。多数图表是根据一个描述了每个图表特征的 XML 描述文件生成的。而这些特征包括了图表类型（折线图、柱状图、点图）、标题、坐标系、比例和图例等元素。仪表盘作者面对的挑战之一是怎样通过重用现有图表并将其作为起始模板的方式减少创建新图表的成本。

所有图表都被存储在标准的文件系统中。每个需要图表的部门都有一个自己的存放图表的目录。因为存储结构的原因，他们没办法查找到图表并按它们的特点进行排序。虽然有经验的图表作者会知道从文件系统中的哪个目录中查找模板例子，但没经验的图表作者就常常需要在历史图表中花费数小时搜寻模板以满足新的需求。

某天，一名新员工花费了大半天重新制作了一个图表。实际上，一个相似的图表已经被创建过了，但无法被检索到。在员工会议上，一名经理询问是否存在将图表存储到数据库并可以被搜索到的方法。

将图表存储到关系型数据库中将会是一个需要花费数月时间的任务。因为这些图表拥有数百个属性而且类型也多种多样。甚至只是给每个图表添加关键字并将其存储到 Word 文档中的过程也将花费大量时间。这是可以用来证明多样化数据最好存储在 NoSQL 系统中的一个绝好例子。

与存储到关系型数据库相反，图表将会被装载到一个开源的原生的 XML 文档存储（eXist-db）中，并创建一系列路径表达式用来搜索各种图表类型。例如，可以用横坐标上的 XPath 表达式搜索所有包含以时间为横坐标的图表。在检索到特定图表后，还可以使用 XQuery 更新语句为图表添加关键字。

你也许会觉得这个事实比较讽刺：对一个有着数百人年的关系型数据库经验的组织来说，基于 XML 的图表系统却是一个更好的解决方案。但成本数据证明了开发一个完整的关系型数据库的收益将远小于其成本。因为数据是以 XML 格式存储，所以就没有做数据建模的必要，只需要将数据装载到数据库并执行搜索就可以了。

接着，系统上添加了用来搜索具有特定属性图表的搜索表单。图表的标题、描述和开发者注释等信息都已经用 Apache Lucene 全文索引工具创建好了索引。搜索表单允许用户通过各种图表属性、组织以及日期等条件缩小搜索范围。在输入搜索条件后，用户开始执行搜索操作，然后得到一个显示有图表预览按钮的搜索结果页面。

图表搜索服务构建完成后的成果是在图表库中查找图表的时间从数小时大幅降低到数秒钟，且通常可以在搜索结果中的前 10 个条目中找到和新图表相似的图表。

公司还能够从图表搜索功能中获得额外的一些好处。可以编写质量和一致性报表展示哪些图表持续地满足了银行认可的格式准则。在业务部门使用前，还可以校验新报表是否满足质量和一致性准则的要求。

新系统带来的一个意料之外的结果是企业中的其他部门也开始使用这个财务仪表盘系统。因为非专家人员也可以快速地查找到相似图表，所以越来越多的人使用 XML 图表标准而不是使用 C 程序、统计程序或 Excel 定制化生成图表。用户也明白如果他们创建了一些高质量的图表并加入数据库中，那么其他人就有更大机会重用他们的工作成果。

这个案例研究说明，随着软件系统不断增长的复杂性，查找到合适的代码片段将会变得越来越重要，而软件重用的前提是可检索性。"你无法重用你根本就找不到的东西"就是这种方式的最佳注解。

7.10 实践

Sally 在拥有许多员工从事软件开发生命周期（SDLC）相关工作的信息技术部门工作。SDLC 文档包括了需求、用例、测试计划、业务规则、业务术语、报表定义、缺陷报告、归档文档以及真正的开发源代码。

虽然 Sally 的部门已经为业务部门构建了多个高质量的搜索系统，但"鞋匠的孩子打赤脚"这句谚语看起来就非常符合她们部门的现状。SDLC 文档以诸如 Word、维基、电子表格和源代码仓库等多种格式存储在多个地方。这些文档常同时存在多个版本，而且也不清楚哪个版本是业务部门已经确认的或是应该由谁来确认。

这个部门以前拥有一个源代码库的高效关键字搜索系统，但用户根本没法使用这个系统完成像"搜索一个内部产品 3.0 发布版本中所有经过休·约翰逊确认的新功能"这样的分面查询。

Sally 意识到将 SDLC 文档放到一个单一的集成了搜索功能的 NoSQL 数据库中能缓解现有困境。所有和需求、源代码以及缺陷相关的 SDLC 文档都可以被看作文档并通过 NoSQL 数据库提供商提供的搜索工具执行搜索任务。结构化文档也能通过分面查询接口进行搜索。因为几乎所有文档都有时间戳，所以以数据库可以提供一个按时间线排序的视图让用户清楚哪个开发人员在什么时候提交了与这些缺陷问题报告相关的代码。

这个部门也开始向这个可搜索数据库中加入更多的元数据。这些元数据包括了数据库元素信息和它们的定义、表的列表、列、业务规则以及工作流等信息。这就成为了一个正式评审和确认"唯一版本事实"的灵活的元数据注册表。

将 NoSQL 数据库作为集成的文档存储和元数据注册表使得团队能够快速提升部门生产力。同时，新的网页表单和易于更改、类维基式的结构使开发人员添加或更新 SDLC 数据更为容易。

7.11 小结

在本章关于大数据的阐述中，可以看到网站和内部系统产生的可用数据持续地呈指数级增长。随着组织持续使用这些数据，在正确的时间定位正确的信息的需求也在持续增长。本章着重阐述了在海量数据集合中检索到期望数据的方法。我们谈到了 NoSQL 系统可以实现的搜索类型以及可以使 NoSQL 系统高效执行搜索的方法。

本章还分析了在文档存储中保留文档结构能够提升搜索结果质量的原因。能得到这个效果的原因是将关键字与包含这个关键字的文档元素相关联，而非文档本身。

虽然我们主要关注的是相对来说需要详细评估的 NoSQL 系统搜索部件，但本章也介绍了像 MapReduce 这样的可以用来创建加速搜索的倒排索引的具有高可扩展性的技术。最后的案例研究探讨了使用开源的原生的 XML 数据库和 Apache Lucene 框架构建搜索解决方案的方法。

前一章关于大数据的讨论和本章关于搜索的阐述都强调了使用多节点协同工作解决问题的重要性。多数 NoSQL 系统都非常适合完成这些任务。NoSQL 数据库集成了许多复杂的信息检索领域的理念以提升数据库中记录的可检索性。在下一章中，我们将主要关注高可用性—如何保障所有的这些系统可靠持续地运行。

7.12 延伸阅读

- AnyChart. "Building a Large Chart Ecosystem with AnyChart and Native XML Databases." http://mng.bz/Pknr.
- DocBook. http://docbook.org/.
- "Faceted search." Wikipedia. http://mng.bz/YgQq.

- Feldman, Susan, and Chris Sherman. "The High Cost of Not Finding Information." 2001. http://mng.bz/IX01.
- Manning, Christopher, et al. *Introduction to Information Retrieval.* 2008, Cambridge University Press.
- McCreary, Dan. "Entity Extraction and the Semantic Web." http://mng.bz/20A7.
- Morville, Peter. *Ambient Findability.* October 2005, O'Reilly Media.
- NLP. "XML retrieval." http://mng.bz/1Q9i.s

第 8 章　用 NoSQL 构建高可用的解决方案

本章主要内容

- 什么是高可用性
- 量化可用性
- NoSQL 的高可用性策略

会出错的事总会出错。

——墨菲定律

你曾经遇到过在使用计算机应用的时候它突然就停止响应的情况吗？数据库的间歇性失效在某些场景中可能都不算是异常情况，但高数据库可用性也可能意味着一项业务的成功与失败。NoSQL 系统在可扩展性和大数据处理两方面都已被世人认可，而这些特性也可用来提升数据库服务器的可用性。

数据库失效的原因可能包括人为错误、网络故障、硬件故障、不可预料的高负载以及更多的其他情况。在本章中，我们不会详细讨论人为错误和网络故障这两方面问题。我们的关注点是 NoSQL 架构如何使用并行和复制技术处理硬件故障和扩展问题。

在本章中，你将了解到 NoSQL 数据库处理大量数据以及保证数据服务稳定运行的技术手段。我们首先会阐述高可用数据库的定义。然后，将介绍几种量化评估系统可用性的方法。除此之外，我们还会介绍 NoSQL 系统在组成部件失效的情况下也能保持高可用性的技术。最后，我们将探讨 3 个实际的拥有高可用性服务的 NoSQL 产品。

8.1　高可用 NoSQL 数据库的定义

高可用 NoSQL 数据库是指服务无中断地持续运行的系统。许多基于网站的业务要求数据服务能够一直不中断。例如，支撑在线购物的数据库需要保证一天 24 小时、一星期 7 天、一年 365 天的可用性。某些需求甚至要求数据库服务保持"永久在线"。这就意味着你不能关闭数据库来进行定期维护或软件升级。

为什么需要它们一直运行？有永久在线需求的公司可以计算出因为他们服务不可用而造成的每分钟收入损失。假设你的数据库支撑着一个全球化的电子商务网站，那么数分钟的宕机就可能造成一个消费者的购物车被清空，或是系统在德国主要消费时段停止响应。像这些类型的故障将会使你的顾客转而选择你的竞争对手并降低你的消费者信任度。

从软件开发的角度来看，永久在线的数据库是一个新的需求。在互联网出现之前，数据库的设计目标是保障某个时区星期一到星期五的上午 9 点到下午 5 点的"银行家时间"内的业务请求。在下班时间，这些系统可能会定期关闭以执行备份、软件更新、生成报表或导出每日交易记录到数据仓库这样的操作。但银行家时间对于基于网站的拥有世界各地用户的业务已不再适用。

在线店面就是一个需要高可用性数据库同时支持读写请求的示例场景。针对大数据分析优化过的以读为主的系统通过使用数据复制就可以相对容易地完成高可用性配置。我们在此关注的是运行在分布式系统上有着海量读写请求的应用。

永久在线的数据库系统并不新鲜。从 20 世纪 70 年代开始，像 Tandem Computers 的 Non-Stop 系统就已经为 ATM 网络、电话交换机、股票交易系统等应用提供了商业化的高可用性数据库系统。这些系统使用对称的、对等的且会发送消息确认以系统整体健康度的无共享节点、冗余存储以及高速故障转移软件来提供持续性的数据库服务。这类系统的最大缺点是它们是专有和难以部署配置的，并且分摊到每笔交易上的开销也非常大。

分布式 NoSQL 系统降低了那些需要可扩展性和永久在线特性的系统的每笔交易成本。虽然多数 NoSQL 系统使用非标准的查询语言，但它们的设计和可以部署在低费率的云端计算平台的能力为那些因初创而只有极少资金但又需要为全球客户提供永久在线功能的公司提供了可能的选择。

在搜集系统高层需求时，了解系统可用性非常关键。因为 NoSQL 系统使用分布式计算，所以它们可以使用最小的成本完成某个服务的高可用性配置。

第 2 章中提到的 CAP 定理有助于理解本章提到一些概念。我们说当两部分间的通信管道损坏时，系统设计师需要选择提供哪种层级的可用性给用户。组织通常认为可用性的优先级高于一致性。"A 胜过 C"这句话暗示了在与复制服务器之间出现临时网络故障时保持订单在系统中的流动比一致性报告更为重要。回想一下，只有在确实发生网络故障时，这些决定才是和实际有关的，而在正常的操作过程中，CAP 定理根本就不需要考虑。

现在你对高可用 NoSQL 系统以及它们是合适选择的原因有了一个清晰理解。接下来将讨论量化可用性的方法。

8.2　量化 NoSQL 数据库的可用性

系统可用性可以用不同的方式和不同层次的精确度进行量化。如果你正在编写可用性需求或比较多个系统的服务等级协议，你可能需要细化这些量化指标。我们将从一些衡量系统整体可用性的一般性指标开始，然后再进一步地探讨系统可用性的细化指标。

描述系统整体可用性最常用的方法是用"9"来描述可用性，其中的"9"是指在设计上的可用性概率中出现"9"的次数。所以"3 个 9"意味着一个系统被预测可以在 99.9%的情况下可用，而"5 个 9"意味着那个系统应该有 99.999%的可能是可用的。

表 8-1 展示了一个基于典型可用性目标计算出的每年宕机时间的例子。

表 8-1   可用性目标样例和年宕机时间

可用性%	年宕机时间
99%（2 个 9）	3.65 天
99.9%（3 个 9）	8.76 小时
99.99%（4 个 9）	52.56 分钟
99.999%（5 个 9）	5.26 分钟

确定你的系统在线时间需求并不是精确的计算。某些业务可以将每分钟利润损失和总的数据服务不可用时间明确地联系起来。但也有像因为系统缓慢导致用户放弃购买他们购物车里的商品并转而使用其他网站这样的不容易计算损失的不清晰情况。还有其他一些不容易量化但也会造成损失的因素，如不良的声誉和缺乏信任等。

量化整体系统可用性并不仅仅是计算出某个数字。为了客观地评估 NoSQL 系统，还需要了解系统可用性中的细化指标。

如果一个业务部门声明他们不能承担一个日历年宕机 8 小时的后果，那么就需要构建一个提供 3 个 9 可用性的基础设施系统。多数固定电话交换机的设计目标是达到 5 个 9 的可用性，或每年不超过 5 分钟的宕机时间。现今，除了某些需要更高可用性的场景，5 个 9 被认为是数据服务的黄金标准。

虽然计算 9 的个数已经是一种描述系统可用性的普遍方式，但是这种方式通常不能使人详细地理解其中的涉及的业务影响情况。对于用户来说，30 s 宕机的影响与在网页缓慢的一天的影响相近。某些系统可能出现部分组件失效，这时可用其他仍可用的功能代替已失效的功能，这样整个系统表现出的现象就仅仅是响应缓慢而已。所以最终的结果就是不能使用一个简单的量化指标衡量系统整体可用性。在实践中，多数系统会参考超过特定阈值的服务请求所占比例。

因此，业界使用服务级别协议（service level agreement，SLA）这个术语来描述任何数据服务期望达到的可用性指标。SLA 是服务提供商和客户之间达成的一种书面协议。它定义了服务商需要提供的服务及其期望的可用性和响应时间，而非服务的提供方式。在起草 SLA 时需要考虑以下因素。

■ 按每年在线时长比例计算，服务整体上期望达到的可用性是多少？

■ 在普通操作的情况下，服务一般的平均响应时间是多少？服务请求与响应之间的时间通常以毫秒为单位。

■ 服务在设计上能处理的最大请求数是多少？这项指标通常按每秒的请求数计算。

- 服务的请求数是否存在周期性变化？例如，在诸如每天某个特定时间、每周或每月中的几天、每年里的节假购物日或体育活动日等特定时间段内，是否存在可预期的请求高峰？
- 如何监控系统和汇报服务可用性？
- 服务请求响应时间的分布曲线的趋势是什么？追踪平均响应时间可能用处不大，组织通常关心的是响应中最慢的 5%请求。
- 遭遇服务中断的情况下，应该遵循怎样的恢复流程？

NoSQL 系统的可用性配置也许会和上面这些普适规则有出入，但关注点都不应该只是某个单一可用性指标。

8.2.1 案例研究：亚马逊 S3 的服务级别协议

现在，让我们来看看亚马逊为 S3 键值存储服务编写的 SLA。亚马逊的 S3 是现今最可靠的基于云端的键值存储服务，且即使在遇到大量读写高峰的情况下也能持续良好运行。传闻中，这个系统中存储的数据在 2012 年夏季达到了 1 万亿条，为目前容量最大的云端存储。这些数据平均下来大概能达到全球人均 150 条记录。

亚马逊在网站上声明了如下数个可用性指标。

- 年度数据可靠性设计值——这项指标是指在一年中丢失一条键值对数据的可能性。亚马逊声称他们的可靠性设计值是 99.999999999%，即 11 个 9。这项数据根据存储在 3 块硬盘上的数据在进行备份前遇到所有硬盘均发生故障的可能性计算得出。这意味着如果在 S3 上存储有 10 000 条数据并以每年 1 千万条的速率增加，那么会有 50%的可能丢失 1 条数据。这应该不会让你经常担心得夜不能寐。但是需要注意的是，设计值并不能等同于服务保证。
- 年度可用性设计值——这项指标是指在最坏的情况下，每年无法写入新数据或读取旧数据的总时长。亚马逊声称在最坏的情况下，S3 仍有 99.99%即 4 个 9 的可用性。换句话说，亚马逊认为键值对数据存储每年可能有 53 分钟的不可用时间。但实际上，用户享受到的是远高于该设计值的服务保障。
- 月 SLA 承诺——S3 的 SLA 声明：如果系统在任意的一个月内不能达到 99.9%的在线，亚马逊将会返给用户 10%的服务费用；如果数据在一个月中有 1%的情况无法访问，用户将得到 25%的服务费用返还。但实际上，我们从没听说哪个亚马逊用户得到过 SLA 服务返点。

仔细阅读亚马逊的 SLA 对你仍会有帮助。例如，协议定义错误率为 S3 返回了内部错误代码的请求个数，但完全没有提到任何与缓慢的响应时间相关的条目。

在实践中，多数用户将获得的可用性远超过 SLA 中写明的最小值。一个独立的测试服务发现 S3 能够达到 100%的可用性，即使在长时间高负载的情况下也一样。

8.2.2 预测系统可用性

如果要构建一个 NoSQL 数据库，就要能够预测这个数据库的可靠性。你也需要一些工具帮助你分析数据库服务的响应时间。

可用性的预测方法是通过观测每个被依赖的（单点故障）系统组件的可用性估计值来计算系统总体可用性。如果每个子系统使用一个像 99.9 这样的简单可用性估计值，那么将每个数值相乘就可以得出系统总体可用性的估计值。例如，如果有 3 个会造成单点故障的情况——网络有 99.9%可用性、主节点有 99%可用性、电源有 99.9%可用性，那么总的系统可用性就是这 3 个数值的乘积：98.8%（99.9×99×99.9）。

如果有像主节点或名字节点这样的单点故障节点，那么 NoSQL 系统可以平滑地切换到备用节点而不会造成主要服务中断。如果一个系统可以快速地从一个失效组件的情况下恢复过来，这就是说该系统有自动故障转移（automatic failover）的特性。自动故障转移是指系统能够监测到服务失效并自动切换到备用组件的特性。故障恢复是指恢复系统中失效组件到正常状态的操作过程。一般情况下，这个过程需要执行数据同步操作。如果系统只配置了一个备用节点，必须综合故障转移失败的概率和故障恢复前系统再次故障的可能性这两项数据来计算可用性。

除了故障指标，还有一些其他指标可用来评估可用性。如果系统有客户端请求响应大于 30 s 即超时的配置，那么可以计算客户端请求失败的总占比。在这种情况下，被称为客户端收益（client yield）的量化指标可能是一个更好的参考因素。其中客户端收益是指任意请求在指定时间间隔内返回响应的可能性。

其他指标，比如收获指数（harvest metric），可以在引入部分 API 结果时纳入参考范围，类似联合搜索引擎这样的服务就可能返回部分结果。例如，搜索 10 个远程系统，如果有一个系统在等待结果的 30 s 时间窗口内发生了故障，那么这次请求的收获指数就是 90%。收获指数可以通过可用数据除以总的数据源数得到。

要找到最适合应用需求的 NoSQL 服务也许需要比较两个不同系统的架构，而系统的真正架构可能隐藏在网络服务接口之后。在这种情况下，构建一个原型项目并模拟真实负载测试服务也许更有意义。

部署好一个包含压力测试的原型项目后，需要测量的一个关键指标是读写响应时间的频率分布图。这些分布图可为决定是否扩展数据库提供参考。这个分析中的一个关键点是应该关注响应中最缓慢的 5%部分花了多长时间完成响应，而不是平均响应时间。一般来说，拥有稳定响应时间的服务的可用性比有时出现较高比例缓慢响应的系统要高。让我们来看看这种情况的一个示例。

8.2.3　实践

Sally 在为一个关心网页响应时间的业务部门评估两个候选 NoSQL 系统。网页由某个键值存储中的数据渲染。Sally 已经将候选项缩小到了两个键值存储，我们将其叫作服务 A 和服务 B。如图 8-1 所示，Sally 通过 JMeter（一种常用的性能监控工具）生成了两者响应时间的分布图。

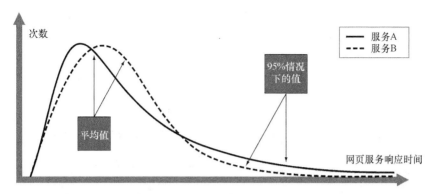

图 8-1　平均情况和 95% 的情况下响应时间频率分布的对比图。需要注意的是，两条分布曲线分别对应的是两个 NoSQL 键值对数据存储在负载下的表现。服务 A 拥有较低的平均响应时间，但在 95% 的情况下比 B 更慢。服务 B 则是拥有较高的平均响应时间，但 95% 的情况下比 A 更快

　　当 Sally 观测数据时，她发现服务 A 拥有较低的平均响应时间。但在 95% 的情况下，服务 A 响应时间比服务 B 高。服务 B 的平均响应时间可能较高，但仍在网页响应时间的期望范围内。在和该业务部门就测试结果讨论完后，该团队选择了服务 B，因为他们感觉在实际负载情况下服务 B 会有更稳定的响应时间。

　　现在，我们已经讨论过了预测和量化系统可用性的方法。接下来将探讨 NoSQL 集群用来提升系统可用性的策略。

8.3　NoSQL 系统的高可用性策略

　　在本节中，我们将回顾数个由两个或两个以上集群支撑的用来提高 NoSQL 系统可用性的策略。探讨中将会涉及负载均衡、集群、复制、负载及压力测试、监控等概念。

　　随着对上面的每个概念的讨论，你将了解到 NoSQL 系统用来提供最高数据服务可用性的方法。你最初想要问的几个问题之一可能是：“如果 NoSQL 数据库崩溃了怎么办？”为了解决这个问题，可以创建一个数据库复制。

8.3.1　使用负载均衡器将流量转向到最空闲的节点

　　对高可用性有需求的网站会使用一个叫负载均衡器（load balancer）的前端服务。图 8-2 展示了一个负载均衡器的示意图。

　　图 8-2 中，服务请求从左边进入系统，然后被发送到一个被称为负载均衡池（load balancer pool）的资源池中。接着，被发送给负载均衡主节点的服务请求会再被转发给某个应用服务器。理想情况下，每个应用服务器有某种负载状况指示来告诉负载均衡器它们的繁忙状况。最空闲的

应用服务器将会接收到负载均衡器转发的请求。应用服务器响应请求服务并返回结果。应用服务器也可能向一个或多个 NoSQL 服务器发送数据请求。当查询请求的结果返回后，服务也就最终完结。

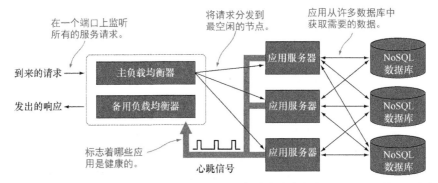

图 8-2 负载均衡器适用于有大量可以独立完成服务请求的节点的场景。为了获得性能提升优势，所有的服务请求首先到达负载均衡器，再由其分发给最空闲的节点。每个应用服务器发送的心跳信号构成了一个正在工作的应用服务器列表。一个应用服务器也可能向一个或多个 NoSQL 数据库发送数据请求

8.3.2 结合高可用分布式文件系统和 NoSQL 数据库

多数 NoSQL 系统的设计目标之一就是能够和像 Hadoop 分布式文件系统（HDFS）这样的高可用文件系统协同工作。如果你正在使用像 Cassandra 这样的 NoSQL 系统，你将了解到它拥有一个和 HDFS 兼容的文件系统。基于某个特定文件系统来构建 NoSQL 系统既有好处也有不足。

将 NoSQL 数据库与分布式文件系统结合有以下优势。

■ 重用可靠的组件——从时间和成本上考虑，重用已构建好并完成测试的组件非常有意义。NoSQL 系统不需要重复实现分布式文件系统已实现的功能。另外，组织也许已经有了相应的基础设施和经过培训并知道如何部署配置这些系统的员工。

■ 可定制的文件夹级别可用性——多数分布式文件系统可以实现文件夹级别的可用性配置。与使用存在单点故障问题的本地文件系统存储输入输出数据集不同，这些系统可以配置为在多个地方存储数据，一般的默认配置是存储到 3 个不同地方。这就意味着只有当 3 个节点同时崩溃时，客户端请求才会失败。而发生这种情况的概率对于多数服务级别来说已经足够了。

■ 机架和站点感知——分布式文件系统软件在设计中已经考虑到了计算机集群在数据中心的位置分布因素。基于位于同一机架上的节点间会有更高带宽的假设，在部署文件系统时，可以指明哪些节点位于同一个机架。机架也可以设置在不同数据中心，这样文件系统就能在某个数据中心宕机后迅速地将数据复制到位于远程数据中心机架的节点上。

将 NoSQL 数据库与分布式文件系统结合还有以下缺点。

- 移植性较低——某些分布式文件系统在 UNIX 或 Linux 系统上的运行效果最好。将这些文件系统移植到像 Windows 这样的其他操作系统上可能并不具可行性。如果确实想在 Windows 上运行，那可能就需要添加一个额外的虚拟机层，而这将造成性能的损失。
- 设计和部署较为耗时——部署一个具有优秀设计的分布式文件系统时，探索出合适的文件夹结构也许就会花费不少时间。文件夹中的所有文件都共享像复制因子这样的属性。如果使用创建日期作为文件夹名字，可能可以根据文件存在的日期（如两年以上）来降低该文件的复制个数。
- 学习曲线较为陡峭——员工需要去学习部署和管理一个分布式文件系统。另外，还需要对这些系统进行监控和备份敏感数据。

8.3.3　案例研究：将 HDFS 作为一个高可用的文件系统存储主数据

在第 6 章关于大数据管理的内容中，我们介绍了 Hadoop 分布式文件系统（HDFS）。HDFS 通常能够可靠地存储 GB 级到 TB 级的海量文件，同时，HDFS 还可以调整复制配置以支持单文件级别的复制策略。默认情况下，HDFS 中的多数文件都拥有 3 个复制副本。这意味着组成这些文件的数据块将备份存储在 3 个不同的节点上。一个简单的 HDFS shell 命令就可以更改任何 HDFS 文件或文件夹的备份数。有两个原因可能需要提高 HDFS 中文件的复制因子数配置。

- 降低数据变得不可访问的可能——例如，如果依赖这个数据的数据服务要提供 5 个 9 的可用性保障，那么你可能会想把复制因子数从 3 提高到 4 或 5。
- 提高读取并发——如果一个文件有大量的并发读请求，可以增大复制因子使更多的节点可以响应这些请求。

降低备份数的主要原因一般是磁盘空间将被耗尽或是不再要求需要高复制数的服务级别。如果担心磁盘空间将被耗尽，那么在数据不可访问造成的损失较低且读取需求不严格的情况下，可以减小复制因子。另一方面，让复制数随着数据存储日期的变长而减小也比较常见。例如，超过 2 年的数据可能只有 2 个备份，而超过 5 年的数据就只有 1 个备份。

HDFS 提供的较好特性之一就是机架感知。机架感知功能可以根据节点在物理机架上的放置方式以及在一个机架内部网络中的连接方式对 HDFS 节点进行逻辑分组。位于同一个物理机架的节点之间通常拥有更高的带宽连接，而且使用这种网络能够将数据和其他共享网络进行隔离。图 8-3 展示了这种结构。

机架感知的优点之一是可以通过谨慎地将 HDFS 数据块分发到不同机架的方式来提高系统可用性。

我们还讨论过 NoSQL 系统将查询分发到数据而非数据到查询的策略。既然数据存储在 3 个节点上，那么应该哪个节点来执行查询？答案通常是其中最空闲的节点。那么查询分发系统怎样知道哪些节点存储有期望的数据呢？这就是查询分发系统和文件系统需要紧密结合的地方了——数据存储在哪个节点的信息必须通知给客户端程序。

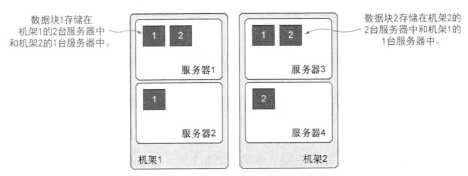

图 8-3　HDFS 的设计初衷之一就是能够拥有机架感知功能。这就能够将数据块分散到可以放置在不同数据中心的机架上。在这个例子中，所有数据块都复制存储在 3 个不同服务器（复制因子为 3）上，并且 HDFS 将这些数据块分散在了 2 个机架上。即使其中任意一个机架变得不可访问，另一个机架上也仍保存着数据块 1 和数据块 2 的一个备份

使用外部文件系统的主要局限在于数据库也许不能移植到与该文件系统不兼容的操作系统上。例如，HDFS 一般运行在 UNIX 或 Linux 操作系统上。如果想部署设计目标是运行在 HDFS 上的 HBase，可能需要克服更多的困难才能使 HDFS 运行在 Windows 系统上。使用虚拟机是实现的一种方式，但是使用虚拟机会造成性能上的损失。

需要注意的是，使用现成的存储区域网络（SAN）也能获得同样的复制因子。但这种配置不能提供一种简便的方法使查询和数据位于同一台服务器上。使用 SAN 获得的高可用性可以满足小数据集存储的要求，但如果用来存储海量数据，则会造成过大的网络流量。从长远来看，Hadoop 架构下的操作本地大数据集复制的无共享节点是最具可扩展性的解决方案。

部署 Hadoop 集群是一种确保 NoSQL 数据库同时具有高可用性和性能可扩展两方面优势的绝好方式。Hadoop 的早期版本（通常称为 1.x 版本）在名字节点上有单点故障。为了高可用性，Hadoop 使用了一个二级故障转移节点。这个节点可以自动复制主节点数据并在主名字节点失效时自动完成切换。从 2010 年开始，Hadoop 就有了可以解决 Hadoop 名字节点单点故障的定制发行版本。

尽管名字节点是早期 Hadoop 集群部署中的一个薄弱环节，但它却通常不是服务故障的主要原因。Facebook 做过一个关于他们服务故障原因的研究，发现只有 10% 的故障和名字节点有关，其他多数故障是人为原因或所有 Hadoop 节点上均存在的系统级缺陷造成的。

8.3.4　使用托管的 NoSQL 服务

组织发现即使是使用先进的 NoSQL 数据库，也需要花费大量的工作去构建和维护可估计的具有高可用性和可扩展性的数据服务。除非有大量的 IT 预算以及该领域的员工，否则让其他有部署配置数据库经验的公司完成这项工作而让自己的员工关注应用部署的成本更为低廉。现今，使用基于云端的 NoSQL 应用的成本只有内部 IT 部门部署配置系统的成本的数分之一。

让我们来看看使用亚马逊的 DynamoDB 键值对数据存储获得高可用性的方法。

8.3.5　案例研究：使用亚马逊的 DynamoDB 作为高可用数据存储

在第 1 章中介绍的亚马逊的 DynamoDB 论文是 NoSQL 运动中最具影响力的论文之一。这篇论文详细地介绍了亚马逊抛弃关系型数据库管理系统设计转而使用自己定制的分布式计算系统来满足他们的网页购物车对横向扩展和高可用性需求的细节。

最初，亚马逊并没有开源 DynamoDB。然而，尽管缺少源代码，这篇 DynomaDB 论文还是对诸如 Cassandra、Redis 和 Riak 等其他 NoSQL 系统产生了深远影响。在 2012 年 2 月，亚马逊将 DynamoDB 开放为数据库服务供其他开发者使用。这个案例研究将回顾亚马逊的 DynamoDB 服务以及将它作为全托管、高可用、可扩展的数据库服务的方法。

让我们从介绍 DynamoDB 的高层特性开始。Dynamo 的关键革新点是它能够快速且精确地调整吞吐量。这项服务能够可靠地承载大量的读写事务，并且可以通过调整网页上的配置完成分钟级别的性能调整。图 8-4 展示了它的用户界面的一个示例。

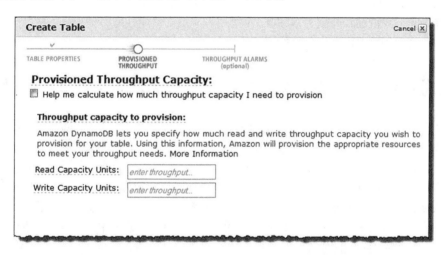

图 8-4　亚马逊的 DynamoDB 数据表吞吐量预设。通过修改读容量单位或写容量单位，可以将
数据库中的每张表调整到满足容量需求的合适值。亚马逊还提供了计算应用容量需求的工具

DynamoDB 管理着节点的使用数量和节点间负载均衡的策略。亚马逊也提供了 API 接口可以根据负载监控系统的结果进行编程调整预见到的吞吐量。整个过程均不需要运维人员的介入。而且每月的亚马逊账单会根据这些参数修改进行调整。

为了开发 DynamoDB 服务，亚马逊使用了许多复杂的算法在数万台服务器中实现均衡可靠地分发读写事务。另外，DynamoDB 的独特之处还在于它是完全部署在固态硬盘（SSD）上的最初几个系统之一，而使用 SSD 让 DynamoDB 有了一个可预测的服务级别。

DynamoDB 的目标之一是提供稳定在几毫秒延迟内的读取响应。全部使用 SSD 意味着 DynamoDB

根本不需要考虑磁盘读取延迟。最终结果就是用户的所有 GET 和 PUT 操作均能够得到稳定的响应，而使用基于 DynamoDB 中数据进行渲染的网页也会比其他基于磁盘数据库中数据的网页快。

DynamoDB 的 API 提供细粒度的读取一致性控制。开发人员可以选择从本地节点读取一个中间结果（称为最终一致性）的方式，或是较慢但确保一致性（guaranteed consisten）的数据读取方式。这种确保一致性的读取会花费稍长的时间来确保读取数据的节点保存有最新的数据副本。如果应用知道请求的数据没有改动，那么直接读取会比较快。

这种读取数据的细粒度控制是利用对一致性需求的理解（在第 2 章介绍过）来调整应用的绝好例子。需要重点强调的是，总是可以强制要求读取结果一致，但对基于 SQL 的数据服务来说，这一需求会是个挑战，因为在分布式系统上执行的 SQL 并没有"在查找之前保持数据一致"的功能。

DynamoDB 非常适合于有弹性需求的组织。只为用到的服务付费的策略是节省服务器管理开销的主要方法。然而，当确实需要扩展时，DynamoDB 也提供满足业务快速增长需求的扩展空间。DynamoDB 还提供了可扩展的转化弹性 MapReduce 支持。这就意味着在需要执行可扩展的提取、转化、装载（ETL）过程时，可以快速地将海量数据移进移出 DynamoDB。

到现在为止，我们已经介绍了 NoSQL 系统用来实现高可用性的多种策略。接下来，让我们了解两个有着高可用性方面良好口碑的 NoSQL 产品。

8.4　案例研究：使用 Apache Cassandra 作为高可用的列族存储

这个案例研究将介绍 Apache Cassandra 数据库。它是一个在可扩展性和高可用性两方面均有良好口碑的 NoSQL 列族存储。即使在写入高负载的情况下，它也能为用户保证数据服务的高可用性。Cassandra 是纯对等分布式模型的早期实现者。它的集群中的所有节点均具有完全一致的功能，且客户端可以在任意时间点向任意一个节点写入数据。因为 Cassandra 集群中不存在任何单独的主节点，所以它的集群也就没有所谓的单点故障，因此也就不需要再去部署测试额外的故障转移节点。Apache Cassandra 本身是一个 NoSQL 技术的有趣结合体，所以有时也将它称为受 Dynamo 灵感启发的 BigTable 实现。

除了它健壮的对等模型，Cassandra 还将大量心思放在了集群的易部署性和读写一致性级别的易配置性上。表 8-2 展示了完成复制级别配置后，它所能提供的多种写入一致性级别设置。

表 8-2　用于指定 Cassandra 表写入一致性的代码。Cassandra 中的每张表在创建时就需要设置好满足一致性级别需求的配置。而且还能随时修改这些配置，Cassandra 也会根据修改自动地更新配置。读取一致性方面也有类似的配置

级　别	写　入　保　证
ZEROR（弱一致性）	不确保写入完成。不保证一致性。如果服务器崩溃，写入请求可能丢失
ANY（弱一致性）	某个节点（包括"指定不插手"的节点）完成了写入请求就足以确认写入完成

续表

级　　别	写　入　保　证
ONE（弱一致性）	某个节点完成了写入请求就足以确认写入完成
TWO	保证写入请求返回时，数据已经写入至少 2 个复制节点上
THREE	保证写入请求返回时，数据已经写入至少 3 个复制节点上
QUORUM（强一致性）	$N/2+1$ 个复制，其中 N 表示复制因子数
LOCAL_QUORUM	保证数据已经写入本地数据中心的[复制因子]/2+1 个节点上（需要 NetworkTopologyStrategy 配置）
EACH_QUORUM	保证数据已经写入每个数据中心的[复制因子]/2+1 个节点上（需要 NetworkTopologyStrategy 配置）
ALL（强一致性）	必须确保所有复制节点都已将数据刷到磁盘

接下来，需要考虑的是一个读取事务中某个节点变得不可用时的策略。怎样指定返回新数据前需要检查的节点数？只检查一个节点可以使请求快速返回，但得到的数据可能已经过期。而检查多个节点可能会多花费数毫秒，但能确保获取到数据的最新版本。最好的方法是让客户端指定和前面介绍的写入一致性代码类似的读取一致性代码。在读取数据时，Cassandra 客户端可以根据需求从 ONE、TWO、THREE、QUORUM、LOCAL_QUORUM、EACH_QUORUM 和 ALL 中选择合适的代码。甚至可以使用 EACH_QUORUM 在返回数据前检查位于世界各地的多个数据中心。

接下来，将介绍部署配置 Cassandra 集群之前需要理解的具体配置项。

在 Cassandra 中配置数据和节点间的映射

在关于一致性散列的讨论中，我们介绍了在集群中使用散列来均匀分发数据的技术。Cassandra 使用了相同的技术来完成数据的均匀分发。在深入理解 Cassandra 的实现方式之前，让我们先介绍一些 Cassandra 中的关键术语和定义。

1．行键

行键（rowkey）是一个数据行的标识符。Cassandra 会对这个值进行散列并根据得到的散列值将数据存放到一个或多个节点上。行键是用来决定数据存放节点的唯一数据结构，这个过程将不会用到任何列数据。设计好行键结构是保证相似数据聚合在一起以提供高速读取的关键步骤。

2．分区

分区（partitioner）是根据键指定一行数据存放节点的策略。默认策略是随机选择一个节点。Cassandra 使用键的 MD5 散列值作为数据行的一致性散列值，这样就使得数据能够随机但均匀地分发到所有节点上。另一个选择则是使用行键中实际的字节（而非行键的散列值）来决定数据存放的节点。

3．键空间

键空间（keyspace）是决定一个键如何在节点上复制的数据结构。默认情况下，可能会将需要更高级别可用性的数据的复制数设置为 3。

Cassandra 键空间通常可以看作一个环的形式，如图 8-5 所示。

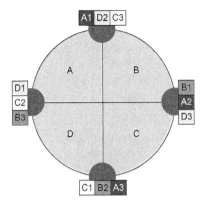

图 8-5　使用 `SimpleStrategy` 配置复制 Cassandra 键空间的示例。数据项 A1、B1、C1 和 D1
被写入了一个复制因子设为 3、由 4 个节点组成的集群里。每个数据项都被写到 3 个不同节
点上。在某个数据项完成第一个节点写入后，Cassandra 将按顺时针方向顺序寻找 2 个额
外的节点继续写入该数据项

　　Cassandra 允许根据键空间的属性对复制策略进行微调。在向 Cassandra 系统中添加任意一行
数据时，必须将这行数据和键空间关联起来。每个键空间都允许配置修改该行的复制因子。图 8-6
展示了一个键空间定义的示例。

针对单一站点，请使用"SimpleStrategy"。如果有多
个站点，请使用"NetworkTopologyStrategy"。

```
CREATEKEYSPACE myKeySpace
with placement_strategy='org.apache.cassandra.locator.SimpleStrategy'
and strategy_options={replication_factor:3};
```

将备份因子设置为3，这样每条数据都
会存储在集群中3个不同的节点上。

图 8-6　Cassandra 配置复制策略的示例。复制策略是键的一个属性，指明了所在网络类型
和对应键复制数

　　使用这个策略能够均匀地将数据行分发到集群的所有节点上，从而消除系统瓶颈。虽然可以
使用键中特定的几位来关联键空间，但我们强烈建议不使用这种方式。因为它可能导致集群中出
现热点节点并使集群管理复杂化。而这种方式最主要的局限是如果更改了分区算法，就不得不重
新保存并恢复整个数据集。

　　当拥有多个机架或多个数据中心时，也许需要更改这个算法来保证在返回写入确认消息前，数据
已经写入了多个机架甚至是多个数据中心中。如果将分发策略从 SimpleStrategy 改为 Network
TopologyStrategy，Cassandra 将会遍历键空间环直到找到位于不同机架或数据中心的节点。

　　因为 Cassandra 拥有一个完整的对等部署模型，所以它看起来很适合那些期望使用同时具有
高可用性和可扩展性的列族系统的组织。下一个案例研究将探讨 Couchbase 2.0 使用 JSON 文档
存储实现对等模型的方法。

8.5 案例研究：使用 Couchbase 作为高可用文档数据库

Couchbase 2.0 是一个使用了和其他 NoSQL 系统相同复制模式的 JSON 文档数据库。

Couchbase 与 CouchDB

Couchbase 技术不应该和 Apache CouchDB 混为一谈。虽然两者都是开源技术，但它们是两个独立的、有着不同特性以及用来支持不同应用开发和场景的开源项目。在底层结构上，Couchbase 和最初的 Memcached 项目的共同点比与最初的 CouchDB 项目的共同点更多。虽然 Couchbase 和 CouchDB 使用同样的生成 JSON 文档的算法，但具体的实现方式却不相同。

与 Cassandra 类似，Couchbase 也使用所有节点提供相同服务的对等分布式模型，以消除单点故障出现的可能。但与 Cassandra 不同的是，Couchbase 采用的是可以根据文档内容查询的文档存储而非列族存储。另外，Couchbase 也使用了键空间这一概念将键范围和每个节点关联起来。

图 8-7 展示了部署在多个数据中心的 Couchbase 服务器中的组件。Couchbase 将文档集合存储在被称为桶（bucket）的容器中。这些桶的配置管理和文件系统中的文件夹非常类似。桶的类型包括两种：缓存在内存中的桶（存储在内存中且会被清除）和存储在磁盘上并配置了复制的 Couchbase 桶。一个 Couchbase JSON 文档会被写入一个或多个磁盘上。针对高可用性系统的讨论，我们将主要关注 Couchbase 桶。

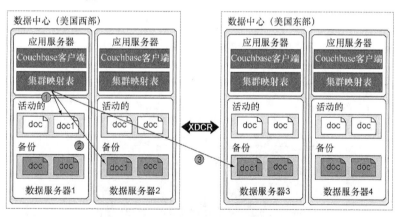

图 8-7　Couchbase 中高可用的文档。Couchbase 桶是配置用来实现高可用性的文档逻辑集合。Couchbase 客户端通过集群映射配置找到存储在当前活动节点上的文档（第 1 步）。如果数据服务器 1 不可用，集群映射配置将使存储在数据服务器 2 上的 doc1 的备份成为当前生效的版本（第 2 步）。如果美国西部数据中心宕机，客户端将会使用跨数据中心备份（XDCR）并使存储在位于美国东部地区的数据服务器 3 上的副本成为生效版本（第 3 步）

在内部，Couchbase 使用了一个被称为 vBucket（虚拟桶）的概念。这个概念关联了一个基于散列值切分出来的键空间的某个或某几个部分。Couchbase 的键空间和 Cassandra 中的键空间类似。但在数据存储时，它的键空间管理对外部是透明的。需要注意的是，一个虚拟桶并不只是包含某个键空间范围，而是可能会包含许多非连续的键空间。值得庆幸的是，用户并不需要考虑键空间的管理或是虚拟桶的工作原理。Couchbase 客户端仅仅是和这些桶进行交互，而让 Couchbase 服务器去考虑应该从哪个节点上找到存储在某个桶中的数据。将桶和虚拟桶区分开来是 Couchbase 实现横向扩展的主要方式。

通过使用集群映射表中的信息，Couchbase 会在主节点和备份节点上各存储一份数据。如果 Couchbase 集群中的任何节点失效，该节点就会被打上一个故障转移的标记，而集群随之会根据这标记更新集群映射表。所有指向该节点的数据请求都会被转向到备份节点。

在某个节点失效与对应备份节点接管后，用户通常会开始一个重平衡操作——向集群中添加新节点以使集群恢复之前的容量。重平衡操作将更新虚拟桶和节点间的映射信息并使之生效。在重平衡期间，虚拟节点会被均匀地在节点间进行重分发以此最小化数据在集群中的移动。一旦某个虚拟桶在新节点上被重新创建，集群会自动禁用之前节点上的虚拟桶并启用新节点上的虚拟桶。

Couchbase 提供了使 Couchbase 集群在整个数据中心宕机的情况下也能不间断运行的功能。针对横跨了多个数据中心的系统来说，Couchbase 提供了一个被称为跨数据中心复制（cross data center replication，XDCR）的功能。这个功能使数据可以自动地备份到远程数据中心并在两个中心里均保持可用。如果一个数据中心发生宕机，另一个数据中心可以负责承担其负载并持续对外提供服务。

Couchbase 的最强特性之一是其内建的高精度监控工具。图 8-8 展示了其监控工具的一个示例。

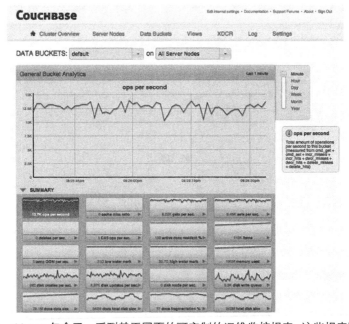

图 8-8　Couchbase 包含了一系列基于网页的可定制的运维监控报表。这些报表可以显示负载对 Couchbase 系统资源的影响。图中展示了以分钟为单元的默认桶每秒操作数视图。可以从 20 个视图中任意选择一个查看更多的信息

这些细粒度监控工具可以迅速定位 Couchbase 的性能瓶颈并根据负载数据重新平衡内存和服务器资源。这些工具消除了购买第三方内存监控工具或配置外部监控框架的成本。虽然需要花些时间培训员工理解和使用这些监控工具，但它们将会是保障 Couchbase 集群良好运行的第一道防线。

Couchbase 也提供了允许系统进行无中断软件升级的功能。升级过程包括了复制数据到部署了新版本软件的节点和复制完成后启用新节点与停用旧节点等步骤。这些特性能为用户提供一个 356 天、24 小时不停机的服务级别。

8.6 小结

本章学习了配置 NoSQL 系统作为键值存储、列族存储、文档存储的高可用性数据服务的方法。NoSQL 数据服务不仅具有高可用性，它们还可以在合理的资源开销下进行优化以达到精确的服务级别。我们探讨了 NoSQL 数据库利用像 Hadoop 这样可以细粒度控制文件复制数的分布式文件系统的方法。最后，我们回顾了几个利用 NoSQL 架构优势构建一站式数据服务的例子。

组织已经发现，即使在关系型数据库也被配置为高可用的情况下，运行在多节点上的高可用 NoSQL 系统仍比其更为经济有效。其中的主要原因还是类似键值存储的分布式数据库的使用。键值存储不使用连接查询、利用了一致性散列算法且拥有极强的可扩展性，而其简约的设计也常常意味着系统的高可用性。

尽管 NoSQL 有着以上所有的架构优势去构建一个经济有效且高可用的数据库，但它们仍然有局限性。最主要的不足是 NoSQL 的不成熟性。因为它出现的相对较晚，所以在少数场景或不常见的配置中可能还存在着缺陷。NoSQL 社区里充满了这样的故事：在没有足够时间与预算去培训员工以及做负载与压力测试的情况下，知名初创网站使用了新版本 NoSQL 系统并经历预料之外的宕机事故。

负载和压力测试需要时间和资源。而为了成功，项目也需要受过正确培训并使用过相同工具和配置的有经验的员工。NoSQL 相对于传统关系型数据库管理系统来说仍相对较新，因此需要根据情况调整员工的培训预算。

下一章将了解如何使用 NoSQL 系统敏捷部署软件应用，解决业务问题。

8.7 延伸阅读

- "About Data Partitioning in Cassandra." DataStax. http://mng.bz/TI33.
- "Amazon DynamoDB." Amazon Web Services. http://aws.amazon.com/dynamodb.
- "Amazon DynamoDB: Provisioned Throughput." Amazon Web Services. http://mng.bz/492J.
- "Amazon S3 Service Level Agreement." Amazon Web Services. http://aws.amazon.com/s3-sla/.
- "Amazon S3—The First Trillion Objects." Amazon Web Services Blog. http://mng.bz/r1Ae.

- Apache Cassandra. http://cassandra.apache.org.

- Apache JMeter. http://jmeter.apache.org/.

- Brodkin, Jon. "Amazon bests Microsoft, all other contenders in cloud storage test." Ars Technica. December 2011. http://mng.bz/ItNZ.

- "Data Protection." Amazon Web Services. http://mng.bz/15yb.

- DeCandia, Giuseppe, et al. "Dynamo: Amazon's Highly Available Key-Value Store." Amazon.com. 2007. http://mng.bz/YY5A.

- Hale, Coda. "You Can't Sacrifice Partition Tolerance." October 2010. http://mng.bz/9i3I.

- "High Availability." Neo4j. http://mng.bz/9661.

- "High-availability cluster." Wikipedia. http://mng.bz/SHs5.

- "In Search of Five 9s: Calculating Availability of Complex Systems." edgeblog. October 2007. http://mng.bz/3P2e.

- Luciani, Jake. "Cassandra File System Design." DataStax. February 2012. http://mng.bz/TfuN.

- Ryan, Andrew. "Hadoop Distributed Filesystem reliability and durability at Facebook." Lanyrd. June 2012. http://mng.bz/UAX9.

- "Tandem Computers." Wikipedia. http://mng.bz/yljh.

- Vogels, Werner. "Amazon DynamoDB—A Fast and Scalable NoSQL Database Service Designed for Internet Scale Applications." January 2012. http://mng.bz/ HpN9.

第9章 用 NoSQL 提升敏捷性

本章主要内容
- 量化系统敏捷性
- NoSQL 提升敏捷性的原理
- 使用文档存储来规避对象关系映射

变更不再只是增量的。带来不同规则的激进"非线性变更"正变得越来越频繁。

——Cheshire Henbury，《敏捷问题》

你所在的组织考验快速适应业务前提的更改吗？你的计算机系统可以迅速响应增长的工作负载吗？你的开发人员能够快速地为应用添加新功能以抓住新的商业机遇吗？非编程人员可以在没有软件开发人员帮助的情况下管理业务规则吗？你是否想过构建一个处理复杂数据的网页应用，但没有聘用数据库建模师、SQL 开发人员、数据库管理员以及 Java 开发人员预算？

如果你确实思考过上面提到的任意一个问题，你应该考虑去调研一个 NoSQL 解决方案。我们已经发现 NoSQL 解决方案可以有效地减少构建、扩展和更改应用所花费的时间。如果可扩展性方面的考虑是公司抛弃关系型数据库管理系统的最主要原因，那么敏捷性则是 NoSQL 解决方案"坚挺"的原因。一旦你体验过了 NoSQL 的简易性和灵活性，按原来的方式做事看起来就会像是一件吃力不讨好的苦差事。

随着本章内容的逐步推进，我们将会探讨敏捷性的方方面面。你将了解到试图客观量化敏捷性带来的挑战。我们也会快速地回顾一下在关系型数据库中存储文档所面对的问题以及与对象关系映射相关的挑战。最后，我们将以一个使用 NoSQL 解决方案管理复杂业务表单的案例研究结束本章。

9.1 软件敏捷性的定义

让我们从软件敏捷性的定义和 NoSQL 技术能够快速构建新应用并快速适应新业务需求的原因开始本章内容。

我们将软件敏捷性定义为软件能够快速吸纳并适应业务需求变动的能力。敏捷性和运维健壮性及开发人员的生产力两方面高度相关。它不仅仅是指快速地构建新应用的能力，它还意味着软件可以在不重写代码的前提下变更业务规则。

详细地说，敏捷性是快速实现以下目标的能力。

- 构建新应用。
- 扩展应用快速满足新阶段的需求。
- 在不重写代码的前提下变更已有应用。
- 允许非编程人员创建和管理业务逻辑。

从开发人员的生产力方面考虑，敏捷性可以体现在软件开发生命周期（SDLC）中的各个阶段，包括创建需求、编写用例文档以及生成测试数据来维护现有系统的业务规则等。你也许已经了解，其中的某些活动并不是由传统意义上的开发人员或程序员所主导的。而在 NoSQL 方面，敏捷性可以帮助企业同时提高程序员和非程序员的生产力。

传统上，我们认为"程序员"是指拥有 4 年制计算机科学或软件工程学位的员工。因为他们既清楚计算机的工作细节，也拥有内存分配、指针等知识。他们还能够使用 Java、.Net、Perl、Python、PHP 等多种语言进行计算机编程。

敏捷性与敏捷开发

我们关于敏捷性的讨论不应该与敏捷开发混淆。敏捷开发是指一系列软件开发过程管理的准则，而我们的关注点是数据库架构对于敏捷性的影响。

非编程人员是指可以接触到数据并可能有过编写 SQL 或电子表格宏经验的员工。他们关注于完成业务相关的工作，而非编写代码。非编程人员可能担任的典型角色包括业务分析师、规则分析师、数据质量分析师或质量保障人员等。

虽然我们有着大量事实证据证明了 NoSQL 解决方案对敏捷性有着正面影响，但很少有科学研究结果可以支撑这一观点。一项由 10gen 公司（MongoDB 的开发商）资助的研究结果显示超过 40%的使用 MongoDB 的组织有着超过 50%的员工生产力提升。图 9-1 展示了这一研究的结果。

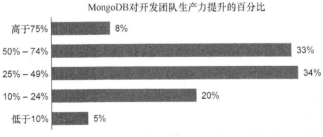

图 9-1　10gen 公司的用户调查结果。结果显示使用 MongoDB 的开发团队中有超过 40%的团队提升了超过 50%的生产力。这项研究调查了 61 个组织并在 2012 年 5 月对数据进行了校对验证（来源：TechVallidate。TVID：F1D-0F5-7B8）

当问到人们为什么认为 NoSQL 解决方案可以提升敏捷性时，他们提出了多种原因。一些人说 NoSQL 让程序员专注于他们的数据并构建以数据为中心的解决方案。另一些人则说不需要对象关系映射为非编程人员参与开发过程并缩短开发时间线提供了可能，最终使得软件拥有更高的敏捷性。

通过移除对象关系映射，那些只有少量 SQL、HTML 或 XML 背景的人在经过少量培训之后就可以构建并维护他们自己的网页应用。在这些培训之后，多数人已拥有足够知识去执行诸如新增、读取、修改、删除和搜索（CRUDS）这样的关键操作。

程序员也将从免除对象关系映射中受益。因为他们可以将关注点从映射相关的问题转移到编写自动化工具供他人使用上来。但是所有的这些节省时间和金钱的 NoSQL 趋势所带来的影响也会给企业解决方案架构师在决定合适的解决方案时施加压力。

如果曾经接触过多层软件架构，你也许就会比较熟悉保持所有层同步所面对的挑战。用户接口、中间层对象和数据库必须同时进行更新或是保持一致。如果任何一层脱节，那么整个系统就将崩溃。而保持这些层一致将会花费大量的时间。保持一致和重置所有层状态花费的时间将拖慢一个团队并降低敏捷性。NoSQL 架构能够提升敏捷性是因为其中的软件层数更少，而且对某个层的更改不会对其他层造成问题。这就意味着你的团队可以在不同步所有层的情况下添加新功能。

NoSQL 无模式数据集通常是指那些不需要预定义表、列（包括列的数据类型）和主外键关系的数据集。而这些没有预定义结构的数据集也更容易修改。当开始设计系统时，可能并不知道需要的数据元素有哪些。NoSQL 系统允许用户在需要的时候添加新的数据元素并将数据类型、索引和规则与之关联，而不是预先定义好。随着新的数据元素被装载到某些 NoSQL 系统中，对应的索引也会被自动创建好。如果在 JSON 或 XML 输入文件中的任何位置为 PersonBirthDate 添加一个新的元素，它的索引也会被随之创建并加入数据库中的其他 PersonBirthDate 索引当中。但需要注意的是，用来快速排序的基于时间的范围索引可能仍需手动触发创建。那么，让我们再进一步了解 NoSQL 数据服务比关系型数据库更具有敏捷性的原因吧。

NoSQL 系统常常被用来为一类特定类型的大型网站或应用提供数据服务。它们为提供更快的响应时间和可靠性而配置复制数据，并通过使用数十个协同工作的 CPU 提供数据。NoSQL 数据服务的 CPU 一般会专注于数据服务计算，而放弃其他功能。随着性能和可靠性需求的变化，更多的新 CPU 将会被自动地加入集群中来达到分担负载、提升响应时间和降低宕机可能性的目的。

这种由专用 NoSQL 服务器构建起的高度可调优的数据服务架构和将成百上千的表全部存储在单一节点上的典型关系型数据库架构是完全相反的。考虑到复杂查询负载可能会对一些与之无关的数据表的数据服务产生不良影响，为服务构建一个精准的数据服务级别将会非常困难。与分布式处理结合后的 NoSQL 数据架构将能使组织更具敏捷性并能更容易地适应因为需求的变化。

虽然在本章中我们的关注点是 NoSQL 数据库架构对系统整体敏捷性的影响，但在我们完成对敏捷性定义讨论（因为 NoSQL 架构与之相关）的收尾工作之前，让我们先来看看部署策略是如何影响到敏捷性的。

实践：本地部署还是云端部署

Sally 正在为一个预算和时间都很紧张的项目努力。她所在的组织倾向于使用他们自己数据中心里的数据库服务器，但是也同意在合适的情况下采用云端部署的方式。考虑到这个项目提供的是一项新服务，这个业务部门没法准确地估计这项服务的负载和吞吐量需求。

Sally 想要评估采用云端部署的方式会对这个项目的可扩展性和敏捷性产生什么样的影响。所以，她咨询了一个做运维的朋友这样一个问题：从一个内部 IT 部门下订单到配置完成一个新的数据库服务器通常需要多长时间。图 9-2 展示了她得到的带有一个电子表格附件的电子邮件回复。这张图表展示了一系列 Sally 所在 IT 部门提供一台新数据服务器的典型流程。

数据库服务器购买审批的平均时间	
流程	平均耗费的工作日
编写申请表	1
申请表审核并通过	3
订购硬件	1
订购操作系统（Windows/Linux）	1
订购数据库软件	1
订购备份软件	1
审核机架、电源、网络和散热计划	1
安装硬件	2
安装操作系统	2
安装数据库软件	2
安装备份软件	1
配置及测试	3
总工作日数	19

图 9-2　一个典型的大型组织供应一台新数据服务器需要的平均耗时。因为 NoSQL 服务器可以部署为托管服务，所以如果不考虑改变集群节点数的话，原本一个月的耗时可以减少到数分钟甚至是数秒钟

正如你所看到的上面对需要的总工作日的计算，需要 19 个工作日或大概一个月的时间才能完成这个项目。而这与只需要数分钟甚至数秒钟的基于云端的 NoSQL 部署完全相反。不可否认，企业还有一些基于虚拟机的部署方案可以供选择，但这些方案并不能完全保证平均响应时间可以满足要求。

Sally 决定在这个项目第一年期间将 NoSQL 数据库部署在云端。在第一年之后，业务部门会重新评估成本并与使用内部服务器的成本做比较。这种方式使得这个团队可以快速地向前推进可扩展性测试，而不用在前期考虑用于订购和配置数十台数据库服务器的开销。

我们本章的目的并不是比较本地和云端部署这两种部署方式，而是理解 NoSQL 架构对项目部署速度的影响。但针对任何项目，选择本地部署还是云端部署都应该经过慎重考虑。

在第 1 章中，我们讨论过了数据容量、处理速度、数据多样性和数据敏捷性这 4 个商业驱动

力推动 NoSQL 运动的方式。现在，你已经熟悉了这些驱动因素，那么就可以评估在组织中使用 NoSQL 解决方案可能产生的正面影响，以此来帮助业务满足现今充满竞争的市场需求。

9.2 量化敏捷性

了解项目或团队的整体敏捷性是确定相关的一个或多个数据库架构的敏捷性的第一步。接下来，我们将探讨开发人员敏捷性及对其客观量化的方法。

在 NoSQL 解决方案选型过程中，量化纯粹的敏捷性是很困难的。因为它和开发人员的培训与使用的工具等方面相互交织，不易理清。例如，一个 Java 和 SQL 方面的专家可以比一个 NoSQL 初学者更快地构建完成一个网页应用。所以其中的关键就是将工具和依赖员工能力的组件从量化过程中剔除出去。

一个应用开发架构的整体软件敏捷性是可以被精确量化的。例如，你可以跟踪使用关系型数据库和 NoSQL 解决方案去完成项目各自需要的总小时数。但就如图 9-3 所示的那样，量化数据库架构和敏捷性之间的关系远比这复杂。

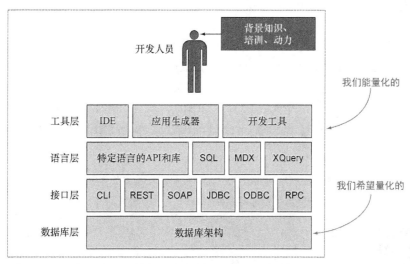

图 9-3　使得量化数据库架构对整体软件敏捷性影响充满挑战的因素。数据库架构只是整个 SDLC 生态系统中的一个组成部分。开发人员的敏捷性会受到个人背景、培训和动机等因素的强烈影响。工具层包括了集成开发环境（IDE）、应用生成器和开发工具等影响因素。接口层包括了命令行接口（CLI）和接口协议等组件

图 9-3 说明了数据库架构只是整个软件生态中一个很小的组成部分。整个图揭示了软件架构中包含的所有组件和为了实现它们所用到的工具。系统架构和使用的软件的复杂度息息相关。简单的软件可以由一个只具备少量特定技能的小团队完成开发和维护，而且简单的软件也只需要员工培训并使团队成员可以在开发过程中互相协助。

为了明确数据库架构和敏捷性间的关系，需要一种可以提取出非数据库架构相关组件的方法。一种方法是开发一个标准化过程把不重要的流程从敏捷性量化中分离出来，如图 9-4 所示。

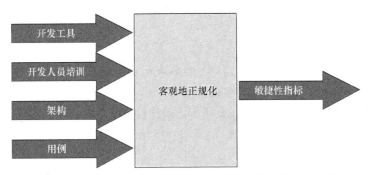

图 9-4   诸如开发工具、培训、架构和用例等影响开发敏捷性的因素。为了客观公正地比较 NoSQL 架构对敏捷性的影响程度，需要正规化非架构性的组件。一旦平衡好了这些因素，就可以比较出不同 NoSQL 架构对项目敏捷性的影响程度

这种模式的核心是从需求中选择关键用例并分析达到业务目标所需的总工作量。虽然这听起来比较复杂，但一旦用户完成过几次，这个流程相对来说就会显得比较直接了。

接下来让我们用一个例子进行简单的讲解。你的团队有一个涉及导入 XML 数据并开发使用搜索功能来返回部分数据的 RESTful 网页服务的新项目。你的团队成员坐在一起讨论需求，并由开发人员设计出一个所需步骤和工作的顶层框架。你将候选方案缩小到了两个方案：使用 XQuery 的原生 XML 数据库或是使用 Java 中间件的关系型数据库。根据项目的简单性，工作量被分为了从级别 1 到级别 5。其中级别 1 工作量最少，级别 5 最多。表 9-1 是这种分析的一个示例。

表 9-1   构建一个搜索 XML 数据集的 RESTful 搜索服务的高层工作量分析。构建这个服务的每步
工作量使用一个粗略级别（1～5）来衡量其困难程度

NoSQL 文档存储	SQL/Java 方法
1. 搜集并装载 XML 文件到数据库集合（1） 2. 编写 XQuery（2） 3. 发布 API 文档（1） 总工作量：4 个工作日	1. 盘点所有 XML 元素（2） 2. 设计数据模型（5） 3. 编写建表语句（5） 4. 执行建表语句（1） 5. 转换 XML 为 SQL 插入语句（4） 6. 运行数据装载脚本（1） 7. 编写 SQL 语句查询数据（3） 8. 构建查询数据的 Java JDBC 程序和将 SQL 结果转化为 XML 的 RESTful 程序（5） 9. 编译 Java 程序并安装到中间件服务器上（2） 10. 发布 API 文档（1） 总工作量：29 个工作日

这类分析的结果可以揭示一个架构针对某个用例的适用程度。大型项目可能会涉及许多用例场景，有可能会分析得出一些互相冲突的结果。可以通过引入不同组的员工来消除背景和培训因素的影响，从而估计出一个公正客观的总工作量。

花费在估计每个用例工作量上的时间取决于你和你的团队。如果团队中有对每个候选数据库都有丰富经验的人并且高度信任团队公正比较工作量的能力，那么非正式的"想法实验"就可以取得较好的结果。如果对于相对工作量有不同意见，你可能需要为一些用例编写样例代码来进行测试。虽然这些步骤会消耗时间并减慢选型的进程，但对于公正地评估候选方案和校验工作量比较的客观性来说，这些步骤有时却是必须的。

许多比较过关系型数据库和文档存储的组织发现文档存储将大幅减少关于数据导入导出的用例的工作量。在下一节中，我们将详细分析关系型数据库需要的数据和自然业务对象之间的互相转换。

9.3　使用文档存储来避免对象关系映射

你可能听过这样一句话："聪明的人解决问题，智慧的人规避问题"。采用文档存储来规避对象关系映射层的创建的组织确实称得上有智慧。对象层次结构向表结构的转化或相反过程可能会是应用构建过程中最令人烦恼的问题之一。规避了对象关系层映射是 NoSQL 系统可以提升开发人员生产力的最主要原因。

早期商用计算机系统关注的是财务和会计数据。这些表格式的数据以固定行列的形式存储在文本文件中。例如，财务系统将普通的总账数据存储在一系列代表负债和收益的行列中。因为存储的数据形式高度一致并且不同用户的数据结构差异性很小，所以这些系统的数据建模很容易。

之后，其他部门也开始发现存储分析数据有助于库存管理和作出更好的商业决策。对于许多部门来说，搜集并存储的数据需要满足一些类型需求。所以一个简单的表格化结构就不再能满足部门的需求。而工程师也做到了他们最擅长的工作：他们试图在已有结构上实现新的系统需求。毕竟他们已经在已有的系统上投入了可观的人力物力，所以希望能继续使用同样的关系型数据库来存储会计数据。

随着时间的推进，业务组件的实现改为了使用对象模型的中间件形式。因为天然地以业务实体实际存储形式建模，所以对象模型相对最初的打卡模式来说更具灵活性。对象可以包含其他对象，而被包含的对象中也可以存在另外的对象。为了保存对象的状态，需要生成许多 SQL 语句来存储和重新组装对象。在 20 世纪 90 年代末期，用户还要求可以在网页上浏览和修改这些对象，而这些需求可能会需要一些额外的转化工作。

图 9-5 展示了一个包含 4 个步骤的转化过程的最常见的设计。

如果你觉得这个包含 4 个步骤的转化过程很复杂，那么你的感觉是对的。让我们试着将这个流程的痛苦指数和收拾你的衣服做个比较。

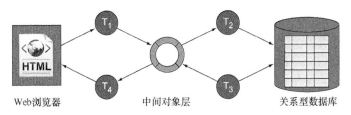

图 9-5　包含 4 个转化步骤的网页-对象-关系型数据库模型。这个模型的使用场景是网页和
关系型数据库间存在对象层作为桥梁的情况。第 1 个转化步骤（T_1）是 HTML 网页到中间
对象的转化。第 2 个转化（T_2）是中间对象到关系型数据库语句（如 SQL）的转化。由于
关系型数据只会返回表，所以第 3 个转化（T_3）就是表重新转化为对象。第 4 个转化（T_4）
是为了将数据展示到网页上而进行的对象到 HTML 的转化

　　试着将这个流程想象为这样一个日常过程：你完成了一整天的工作后回到家。然后，你脱掉
衣服并将其一点一点地拆解成丝线。最后再将拆出来的丝线绕成一个线球。当在第二天起床后准
备去上班时，你将不得不拿出针线和线球来重新编织好你的衣服。如果你觉得"这些好像都是不
必要的工作"，那么你也就理解了这个例子的意义所在。现今，NoSQL 文档存储使你可以规避由
存储表格化数据造成的复杂性。它们确实为开发团队规避了大量不必要的工作负担。

　　为了降低这个 4 步转化流程的复杂性，业界也作出了不少的工作。像 Apache Hibernate 和 Ruby
on Rails 这样的工具就是其中的两个例子。这些框架尝试着去替开发人员管理对象关系映射的复
杂性。在开发人员意识到使用 NoSQL 解决方案将文档结构直接存储到数据库中而不需要进行格
式转换或将其划分为表中的行列是更好的解决方案之前，这些工具将是他们唯一的选择。

　　不需要转化过程使得 NoSQL 系统的使用更为简单，从而使得行业专家（subje matter expert，
SME）和其他非编程人员可以直接参与到应用开发过程。通过鼓励 SME 直接参与应用构建工作
可以使开发人员更早地纠正课题方向，从而节省重新开始所带来的时间和金钱的损耗。

　　NoSQL 技术揭示了从将数据存储在表中到存储在文档中的转变所带来的利用和展示数据的
可能的新方法。随着将系统从自家后院迁移到万维网，你将看到 NoSQL 解决方案是如何使开发
过程变得相对简单。

　　接下来，我们将使用基于网页的无转化架构构建一个易用且可移植到多个 NoSQL 平台上的
开发平台。

9.4　案例研究：使用 XRX 管理复杂表单

　　这个案例研究将介绍使用无转化流程存储复杂表单的方法。我们将会讨论复杂表单的特点、
XForms 的工作原理以及 XRX 网页应用架构使用文档存储让非编程人员构建并维护这些应用的
方法等内容。

　　XRX 是指 3 个用于构建基于表单的网页应用的标准。第一个 X 是指 XForms，R 是指 REST，
最后一个 X 是指 XQuery（第 5 章介绍过的 W3C 制定的服务端编程语言）。

9.4.1　什么是复杂业务表单

如果你构建过 HTML 表单形式的应用，你就知道构建一个像登录或注册这样的表单是比较简单且直观的。一般来说，简单表单只有少量的输入框、一个选择列表以及一个保存按钮，而所有的这些元素都可以使用 HTML 已有的标签实现。

这个案例研究考虑的是一类需要比简单表单更多的元素的复杂表单。这些复杂表单和那些大公司业务表格或零售网站的购物车比较相似。

如果你可以将表单数据存储到关系型数据库表的一行数据中，那么你处理的表单可能就不是我们在此要讨论的复杂表单，而使用简单 HTML 和一条 SQL INSERT 语句可能是解决你的问题的更好方式。但是经验告诉我们仍有大量的业务表单超过了 HTML 表单的实现范围。

复杂业务表单有着复杂的数据和复杂的用户接口。它们一般有着以下几个特征。

- 重复元素——根据条件在表单中添加两个或两个以上的输入项。例如，当你输入一个人的信息时，表单中可能会有多个电话号码、兴趣、技能的输入项。
- 选择性视图——根据用户其他项的填入数据有选择地为用户展示表单中的某些区域。例如，当一个病人的性别选择的是男性时，表单就应该隐藏“是否怀孕”这样的问题。
- 级联选择——根据某个列表的选项值更改另一个列表的候选项。例如，如果你选择了一个国家代码，表单就会显示一个包含这个国家的州或省代码的列表。
- 逐项验证——使用业务规则去校验每个输入项的值并给予用户及时反馈。
- 上下文帮助——输入框上有帮助提示信息来指导用户完成选择。
- 基于角色的表单语境——组织中每个角色看到的可能是有着细微不同的不同版本的表单。例如，只有具有发布者角色的用户才可能看到“同意发布”的按钮。
- 基于类型的控件——如果你明确地知道某个元素的数据类型，XForms 可以自动地更改用户接口控件。布尔值类型的真或假显示的是真或假单选框，而日期输入框则一个日历控件来让用户选择日期。
- 自动补全——随着用户在输入框中输入字符，你也许想系统能够在输入框中提示文本的剩余部分。这也被称为自动提示。

虽然以上并不是 XForms 支持的全部功能，但它们也部分揭示了创建表单所涉及的复杂性。现在，让我们来看看在不编写复杂 JavaScript 的情况下将这些功能添加到表单的方法。

9.4.2　用 XRX 替换客户端 JavaScript 和对象关系映射

前一节列出的所有功能都可以用运行在网页浏览器中的 JavaScript 实现。你定制的 JavaScript 代码将对象发送到关系映射层来请求存储在关系型数据库中的数据，而这也是现今许多企业实现表单的方式。如果你和你的团队都是是经验丰富的 JavaScript 开发者并且熟悉对象关系框架，你可以考虑采用这个方式。但是 NoSQL 文档存储提供了一个更为简单的选择。通过 XRX，在不使用 JavaScript 或对象关系映射层的情况下也能开发出这些复杂的表单。让我们先回顾一些术语，再探讨使用 XRX 简化这个过程的方法。

图 9-6 展示了一个表单的 3 个主要组成部分：模型、绑定和视图。当填写表单时，用户点击"保存"按钮后保存的数据被称为模型（model）。展现在屏幕上并能被用户看见的组件（包括列表中的选择项）被称为表单视图（view）。关联模型元素和视图的过程被称为绑定（binding）。我们把这个架构称为模型视图表单架构（model-view forms architecture）。

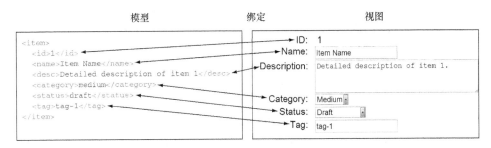

图 9-6　表单中的主要组成部分。模型保存了会被存储到服务器上的数据。视图展示每个输入框和列表中的选项。绑定则将用户接口输入框和模型元素关联起来

为了在浏览器中使用表单，必须首先将默认的或已有的表单数据填充到模型中。在模型数据填充好后，表单将使用绑定将模型数据填充到视图。随着用户在输入框中填入信息，模型数据也会随之更新。当用户选择保存时，更新后的模型就被存入服务器。图 9-7 展示了使用标准模型视图架构开发业务表单所需的各种代码的比例。

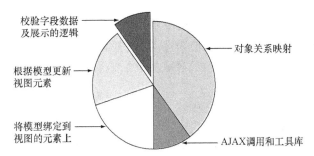

图 9-7　一个用到关系型数据库、对象中间层和 JavaScript 等技术的典型表单应用所需代码分布饼图。中间对象将和客户端中的模型互相转换。XRX 试图自动化包括关键业务逻辑在内的表单处理过程（饼图的左上角部分）

从这个图中可以看出，接近 90% 的代码和多数业务表单系统类似，而且都涉及了在各层间交换数据。这份代码完成了包括获取和存储数据库中的数据、在用户填入表单输入项时与各层进行数据交换等所有步骤。首先，传输数据到中间层；接着将代码填充到浏览器中的模型里；最后，当用户点击"保存"按钮时再反向执行之前的步骤。

XRX 试图自动生成所有用于数据交换的通用代码。如此，软件开发者才能将精力集中到选择和校验输入项控件，从而满足根据用户输入和业务规则来有选择性的展示表单。正因为它允许非编程人员在从没学习过 JavaScript 或对象关系映射系统的前提下都可以构建健壮的应用，所以这个架构对敏捷性有着正面影响。

图 9-8 展示了 XRX 网页应用的具体架构。

通过使用 XForms，你所编辑的整个表单结构都会被以浏览器模型中的 XML 文档形式存储。而在服务器端，像原生 XML 数据库这样的文档存储将被用来存储这些数据结构。整个架构好就好在这个过程完全不需要对象关系映射，所有过程就像将手放入手套一样自然。

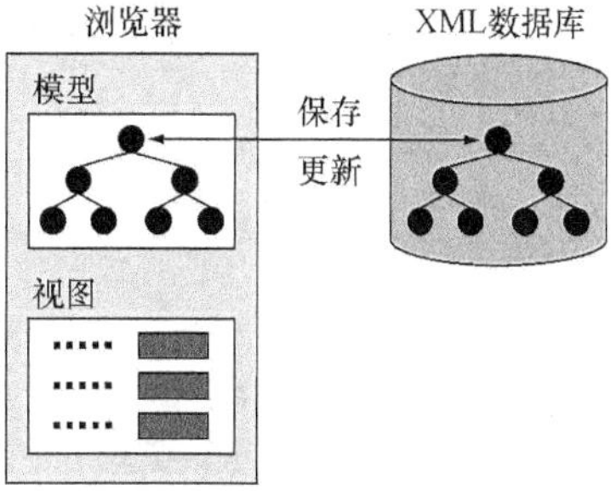

多数原生 XML 数据库都自带 REST 接口，而这就是 XRX 中的 R 部分。XForms 通过添加一个被称为 `<submission>` 的 XML 元素来指定表单中的保存按钮将要请求的服务端 REST 方法。这些方法通常是用 XQuery 语言实现的，而这就是 XRX 中最后的一个 X。

XForms 是为数据输入表单定制的声明式领域语言中的一个例子。和其他声明式系统类似，XForms 可以让你指定你想表单完成什么功能，同时隐藏表单完成这些功能的细节。

图 9-8 装载从原生 XML 数据库中获取的 XML 文件到 XForms 应用模型的过程。这就是一个无转化过程架构的示例。一旦 XML 数据被装载入 XForms 模型，视图组件就可以让用户在网页表单中编辑模型内容了。当用户点击"保存"后，模型中此时的数据将被直接存储到数据库中，而不需要转化为对象或表的形式，因此也就不需要对象关系映射层

XForms 包括了大概 25 个用于实现复杂业务表单的元素。图 9-9 显示了一个 XForm 标签的例子。

因为 XForms 是一个 W3C 标准，所以它复用了许多和 XQuery 相同的标准（如 XPath）和 XML Schema 的数据类型。并且，XForms 可以和原生 XML 数据库很好地兼容。

XForms 解决方案可以由多种方式实现。可以使用各种开源 XForms 框架（如 Orbeon、BetterForm、XSLTForms、OpenOffice 3 等）或商业 XForms 框架（如 IBM Workplace、EMC XForms）。这些工具和网页浏览器协作完成 XForms 元素的解释并将其展示为合适的行为。某些来自 Orbeon、OpenOffice、IBM 等公司的 XForms 工具还提供了表单构建工具。这些工具使用 XForms 来完成表单布局并将表单元素和模型关联起来。

在完成表单创建后，要能够将表单数据保存到数据库，而这就是原生 XML 数据库闪耀光芒的地方。因为 XForms 会将在表单中填入的数据全部存储到一个 XML 文档中，所以多数原生 XML 数据库的保存操作都可以由一行代码完成，即使表单非常复杂。

当需要修改应用时，XRX 的优势将会真正展现出来。只需要在模型中添加一个新元素并在视图中添加少量代码来显示这个新元素就能完成新的输入项的添加需求。仅此而已，不需要修改数据库和重新编译中间实体，也没有必要编写额外的浏览器 JavaScript 代码。XRX 使一切保持简单明了。

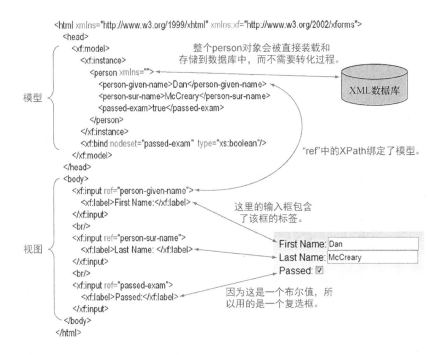

图 9-9　这个图展示了装载原生 XML 数据库中的数据到 XForms 模型的原理。一旦 XML 数据被装载到模型中，XForms 的视图组件就能让用户在网页表单中编辑模型内容。当用户选择"保存"时，模型将被直接存储到数据库中，而不需要任何修改转化。因此对象关系映射也就不再需要了

9.4.3　理解 XRX 对敏捷性的影响

　　现今，我们生活在这样一个世界：许多 IT 部门的关注点不是让业务部门方便地构建维护他们自己的应用。然而，这正是 XRX 所提供的功能。表单开发人员将不再被 IT 部门里工作繁重且没有时间学习每个部门复杂业务逻辑的员工的时间表所束缚。只需要少量培训，许多用户就能够维护更新他们自己的表单应用。

　　XRX 是简易性和标准化驱动敏捷性提升的绝好案例。越少的组件意味着越容易构建和修改表单。因为复用了标准，所以团队不需要学习新的 JavaScript 库或新数据格式。XRX 和 NoSQL可以对一个项目中的工作划分方式产生变革性的影响。这意味着 IT 部门员工可以集中精力到其他任务上，而不是在每来一个变更请求时用 Java 和 JavaScript 去更新业务逻辑。

　　从 XRX 学习到的经验和知识同样可以应用到其他领域。如果你有一个像 MongoDB、Couchbase 或 CouchDB 这样的 Json 文档存储，你可以构建 JSON 格式的数据服务来填充 XForms模型，而且有些 XForms 可以装载和保存 JSON 文档。这个架构中重要的一点是消除了对象关系

层以及避免了客户端的 JavaScript 程序。如果你采用这个架构，行业专家将在项目中扮演更为活跃的角色，从而提升组织的敏捷性。

9.5 小结

NoSQL 运动背后的首要商业驱动力是企业对优雅地完成横向扩展的需求。这个需求强迫他们放弃过去而寻求新的创新性方式来存储数据。这使得创新者可以构建成熟的系统来支持敏捷性的软件开发。"我们冲着可扩展性而来——我们为了敏捷性而留下"这句话就是这个过程的最好总结。

在本章中，我们强调了比较两个数据库架构敏捷性的困难。因为整体敏捷性会受到软件开发人员的技术栈的强烈影响。虽然存在着挑战，但我们认为构建用例驱动的想法实验来辅助客观评估是值得的。

几乎所有 NoSQL 系统都为运维敏捷性示范了一个优异的可扩展架构。将复杂性剔除出处理流程的简单架构可以在多方面提升敏捷性。我们的证据显示，在应用到合适场景的情况下，键值存储和文档存储两者都能大幅提升开发人员敏捷性。支持网页标准的原生 XML 系统也可以和其他拥有高敏捷性的系统协同工作，从而使非编程人员发挥更大作用。

这是我们关于为特定业务问题构建 NoSQL 解决方案的 4 章讨论中的最后一章。我们集中探讨了大数据、搜索、高可用性和敏捷性。我们在下一章展开一个不同的话题。接下来的内容将促使你思考解决问题的方式并引入并行处理的新思考模式。最后，我们将在介绍正式的系统选型方法之前讨论安全性。

9.6 延伸阅读

- Henbury, Cheshire. "The Problem." http://mng.bz/9I9e.
- "Hibernate (Java)." Wikipedia. http://mng.bz/tEr6.
- Hodges, Nick. "Developer Productivity." November 2012. http://mng.bz/6c3q.
- Hugos, Michael. Business Agility. Wiley, 2009. http://mng.bz/6z3I.
- —— "IT Agility Means Simple Things Done Well, Not Complex Things Done Fast." CIO, International Data Group, February 2008. http://mng.bz/dlzN.
- "JSON Processing Using XQuery." Progress Software. http://mng.bz/aMkn.
- TechValidate. 10gen, MongoDB, productivity chart. March 2012. http://mng.bz/gH0M.
- "JSON Processing Using XQuery." Progress Software. http://mng.bz/aMkn.
- Robie, Jonathan. "JSONiq: XQuery for JSON, JSON for XQuery." 2012 NoSQL Now! Conference. http://mng.bz/uBSe.
- "Ruby on Rails." Wikipedia. http://mng.bz/7q73.

第四部分

高级主题

在第四部分中，我们将探讨两个和 NoSQL 相关的深入话题：函数式编程和系统安全。在最终章节里，我们将综合目前为止介绍过的所有内容并带你了解为项目选择合适 SQL、NoSQL 或数个系统相结合的解决方案的过程。

现在，NoSQL 和横向可扩展性之间的关系应该已经清晰了。第 10 章将介绍使用函数式编程、REST 和基于活动者的框架提升软件可扩展性的方法。

在第 11 章中，我们将比较关系型数据库的细粒度权限控制系统和基于文档的访问控制系统。我们还将探讨使用视图、组和基于角色的访问控制（RBAC）机制来控制 NoSQL 数据访问，并最终满足组织对安全级别的需求的方法。

在最后一章中，我们将总结之前介绍过的所有概念并展示将合适的数据库匹配到业务问题的方法。我们将介绍从高层需求搜集到使用质量树沟通结果等过程中架构上的权衡。这一章将为项目中的 NoSQL 系统选型提供一个完整的路线图。

第 10 章 NoSQL 与函数式编程

本章主要内容
- 函数式编程的基础概念
- 函数式编程示例
- 函数式编程势不可挡的趋势

世界是并发的。世上的所有事物都不共享数据。所有事物均通过消息沟通。任何事物都会失效。

——Joe Armstrong，Erlang 的联合创始人

在本章中，我们将探讨函数式编程、使用函数式编程语言的好处以及在创建和编写系统时函数式编程如何迫使你换一种思考方式等内容。

转向函数式编程需要编程模式的转变。这一过程包括了从软件设计到流程控制等一系列的改变，最终将关注点聚焦在执行独立数据转化任务的软件上来。现今人们使用的多数流行编程语言，如 C、C++、Java、Ruby 和 Python，是以运行在单节点平台为目标编写的。虽然这些语言的编译器和工具库也支持多处理器上的多线程运行，但它们本身及其工具库都是在 NoSQL 和多节点集群横向扩展变为业务需求之前就出现的。在本章中，我们将探讨组织如何使用致力于隔离数据转化过程的编程语言来更容易地使用分布式系统。

为了满足现代分布式系统的需求，你必须问自己一个问题：一个编程语言能多好地满足你编写一个可以通过指数级扩展来服务上百万互相联系的互联网用户的系统的需求。设计一个仅能够扩展到 2、4 或 8 个处理器的系统已不再够用。你需要考虑的是架构能否扩展到 100、1000，甚至 10 000 个处理器。

正如整本书都在讨论的一样，多数 NoSQL 解决方案都被特别地设计为可以工作在多计算机上。而横向可扩展性的特点就是能使集群中所有节点协同工作并自动适应集群中的变化。在需要这些特性时再想着去添加它们通常是不现实的。因此它们必须做为最底层的应用技术栈被包含在最初的设计之中。SQL 连接查询不具备可扩展性可以算是这种改造不具操作性的最佳示例。

　　某些软件架构师觉得如果要完成到横向扩展的真正转变，就必须在编程语言和运行库这一层次上改变编程模式，而这种模式改变就是从传统的面向对象和过程编程模式到函数式编程模式的转变。现今，即使采用的是一些传统语言来实现底层算法，多数 NoSQL 系统也已经开始拥抱函数式编程的概念。在本章中，我们将讨论函数式编程模式带来的好处并展示为什么它是有别于现今多数大学教授内容的重要新篇章。

10.1　什么是函数式编程

　　为了理解函数式编程的概念和它与其他编程方法的不同，我们先来了解编程模式的分类。图 10-1 展示了一个高层的编程模式分类。

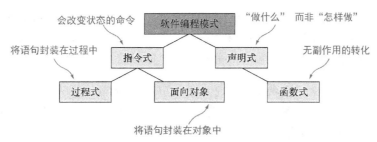

　　图 10-1　编程模式的高层分类。在英语中，祈使句是指表达命令语气的句子。"马上修改那个变量！"就是一个祈使句的例子。在计算机科学中，指令式编程模式由一系列专注于更新内存的命令所组成。过程式编程模式则是将指令语句包裹在过程和方法中。声明式编程模式关注点是需要做什么事而非怎么做。函数式编程可以认为是声明式编程模式的一个子类，因为它们关注的是需要转化什么数据而不关心这些转化如何发生

　　我们首先将介绍现今基于程序状态和内存数据管理的最流行语言。接着，我们将用它们与函数式编程进行对比，从而得出哪种语言更适合解决数据转化问题。我们也将阐述函数式编程系统与分布式系统需求的匹配程度。

　　在阅读完本章之后，你将能够将函数式编程想象为互相隔离的数据转化流程就像水流过一系列管道一样。如果能将这种模型牢记心中，你就能够明白这些转化过程可以被分发到多个节点并具备横向可扩展性的原因了。你也将了解到副作用将会如何阻止系统达到这些目标。

10.1.1　指令式编程就是管理程序状态

　　在过去 40 年中，计算机系统使用的编程模式大多以状态管理为中心，或被称为指令式编程系统（imperative programming system）。面向过程和面向对象语言都是指令式编程系统的例子。

　　图 10-2 给出的是一个这种关注状态管理的系统的说明。

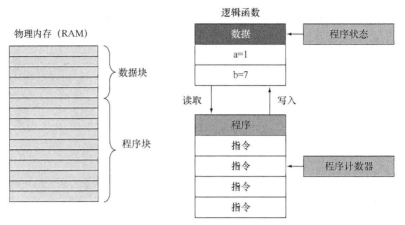

图 10-2　指令式程序将物理内存（RAM）分为了两个区。一个区存储数据块另一个区存储程序块。程序的状态由一个单步计数的程序块的程序计数器维护，这个计数器会读取用于读取或写入变量到计算机内存的指令。程序必须小心地协调数据的读取和写入并保证数据的正确性和一致性

　　用程序计数器和内存来管理状态是约翰·冯·诺依曼（John von Neumann）和其他科学家在 19 世纪 40 年代开发第一代计算机系统时所追求的目标。这个架构将数据和程序存储到同类核心内存中，然后让一个程序计数器依次读取一系列指令并更新内存。高级编程语言将内存分为两个区域：数据内存区和程序内存区。当一个计算机程序编译好后，加载器（loader）将程序代码加载到程序内存区并在数据内存区中为程序变量分配好存储空间。

　　只要能够明确每个程序应该更新的内存地址，那么整个架构就能很好地运行在单处理器上。但是随着程序越来越复杂，希望能够控制程序更新多个内存区的需求也应运而生。在 20 世纪 50 年代末期，一个新的趋势产生了。那就是期望只允许特定类型的访问方法去更新数据内存区，从而起到保护数据的作用。这种包含了数据及其操作方法的新的数据结构被称对象（object）。

　　图 10-3 展示了一个对象状态的示例。

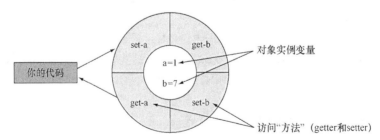

图 10-3　使用封装和访问函数或方法来保护自身状态的对象结构。在这个例子中，对象有两个内部状态，a 和 b。为了获取状态 a，你必须使用 get-a 方法。而为了为状态 a 赋值，你必须使用 set-a 方法。这些方法是对象内部状态变量的守护者，所有状态访问操作均需通过它们

　　对象非常适合用来在单个处理器上模拟真实世界中的事物。可以用一系列代表了你想模拟的

真实对象状态的程序对象来为真实世界建立模型。例如，一个银行账户可能会包含账户 ID、账户持有者名字和当前余额等数据。某个银行可以用一个包含了该银行拥有的账户的对象来模拟，而整个金融机构则可以通过许多银行对象来进行模拟。

但是最初的对象模型用来守护对象状态的方法里并没有管理并发的逻辑。也就是说，对象它们本身并没有考虑可能有上百个并发线程同时更新它们状态的情况。一旦涉及回滚一系列中途失败事务中的更新操作时，这个简单的对象模型就将变得复杂了。因为在一个指令式的世界里追踪多个对象的状态可能是非常复杂的。

让我们来看看一个对象上的单步操作。在这个示例中，我们的目标是递增一个变量。代码可能是写成 x=x+1，意思是将 x 自身的值加上 1 再赋值给 x。如果在执行这段代码时计算机或部分网络崩溃了，那会出现什么情况？这段代码会被执行吗？当前状态是正确状态吗？需要重新执行这段代码吗？

在单个系统上追踪时刻变化的世界中的状态是比较简单的，但当使用分布式计算时就会变得复杂起来。函数式编程提供了一种不同的实现计算的方法。那就是将计算操作转化为了一系列独立的数据转化过程。完成这种转变之后，就不需要担心状态管理的细节了，因为你已经进入了一个新的编程模式。这个模式中的所有变量都是不变的，所以可以重新执行转化而不必担心在转化过程中改变了外部变量的值。

10.1.2 函数式编程是没有副作用的并行转化

和持续追踪对象状态相反，函数式编程关注的是使用函数完成一个可控的从一种形式到另一种形式的转化过程。函数接收输入数据并生成输出数据，就和代数中的数学函数一样。图 10-4 是一个展示函数式程序和数学函数拥有相同工作方式的示例。

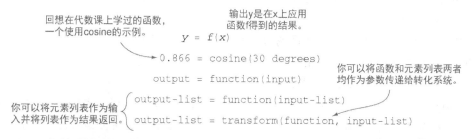

图 10-4　函数式编程的工作方式和数学函数类似。与修改对象状态的方法不同，函数式程序只转化输入数据并且没有任何副作用

需要着重强调的是使用函数式编程必须满足的一个新的约束。那就是在转化过程的任何时候都不能更新外部环境的状态，而且在转化中也读取不到外部环境的状态。转化过程输出只能依赖于函数的输入。如果遵从这些规则，你将获得巨大的系统灵活性。可以在拥有上千个等待执行代码的节点组成的集群上运行转化方法。如果任意节点失效，相关过程可以毫无问题地使用相同输入来重新执行。如此，你就已经进入了一个无副作用的并行编程世界，而函数式编程正是为你打

开这个世界大门的钥匙。

串行过程这个概念是指令式系统的根基。作为一个例子，让我们来看一个 for 循环或迭代在串行和并行环境中的运行流程。因为指令式语言串行地执行数据元素的转化，所以只有在前一个循环完成后下一个循环才会开始。而函数式编程可以同时处理每个循环并将其分发到多个线程上执行。图 10-5 所示的就是一个具体例子。

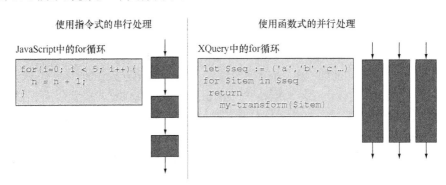

图 10-5　指令式语言中的迭代或 for 循环计算循环中的每一次迭代并且允许下一个迭代可以使用前一个迭代的结果。左边部分展示了使用 JavaScript 递增一个可变变量的例子。通过使用函数式编程语言，迭代可以被分发到独立线程上执行，而每个循环的结构也将不能被其他循环使用。右边部分展示了一个 XQuery 实现 for 循环的例子

就像你所看到的，因为所有变量的状态必须在下一个循环开始前完全计算完成，所以指令式编程不能并行地执行上述例子。某些像 XQuery 这样的函数式编程语言将每个循环都视为一个单独且完全独立的线程。但在某些情景下，我们并不要求并行执行，所以有人建议给 XQuery 方法添加串行执行选项。

为了理解指令式编程和函数式编程的不同，想象这样一个模型对你会有帮助。图 10-6 中展示的一个没有任何孔洞的管道就是这样的模型。

关注点从更新可变的变量到在独立的转换过程中只使用不可变变量的改变是支撑许多 NoSQL 系统模式转变的灵魂。如果你想实现可靠性和多节点数据中心上的高性能横向扩展，那么这种转变就是必选项。

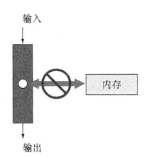

图 10-6　函数式编程模式依赖于在互相隔离的转化过程中为每个数据输入生成不同的输出。你可以把它想象成一个数据转化管道。当输入到输出的转化在没有修改外部内存的情况下完成时，这个转化过程就被称为无副作用管道。这意味着你可以多次在任何阶段重新执行这个转化过程而不用担心外部环境的影响。另外，如果在转化过程中禁止从外部内存中读取数据，你获得的额外好处就是明白相同的输入肯定会生成完全一样的输出。这样你就可以计算输入数据的散列值并通过检查缓存来看看这个转化是否已经完成了

函数式编程的底层原理

一个在指令式编程世界中成长起来的人可能会说：这些人一定是疯了，我们如何能在不修改变量的情况下编写一个软件？其实函数式编程背后的理念并不新，它们可以追溯到 20 世纪 40 年代的计算机科学基础。关注转化过程是由阿隆佐·邱奇首先提出的 λ 演算（Lambda calculus）的核心主题，它也是许多流行于 20 世纪 50 年代的基于 LISP 的编程语言的基础。因为这些语言对于管理符号逻辑非常理想，所以它们被许多人工智能系统所采用。

虽然 LISP 及其衍生语言（Schema、Clojure 和其他语言）流行于 AI 研究领域，函数式编程在商业应用中并不常见。Fortran 独霸了科学领域编程是因为它可以通过使用特定的编译器来实现向量化。COBOL 开始在会计系统中流行是因为它试图用一种更接近自然语言的结构来表示业务规则。在 20 世纪 60 年代，像 PASCAL 这样的过程式语言开始流行。在 20 世纪 80 和 90 年代，则是像 C++和 Java 这样的面向对象语言盛行。随着横向可扩展性变得越来越重要，评审编程语言的选型对你来说也就越来越重要。函数式编程的优势将会随着处理器数量的增加而逐渐显现出来。

一种可视化扩展系统中的函数式编程的方法是观察一系列输入被独立的处理器转化。一个使用独立线程执行的后果是你不能从一个循环中向另一个循环传递中间计算结果。图 10-7 展示了这一过程。

这个约束在设计转化过程时非常关键。如果需要一个转化过程的中间结果，就必须退出这个函数并返回输出。如果这个中间结果还需要额外的转化，那么就应该调用第二个函数来完成剩下的转化。

需要考虑的另一个因素是执行顺序和与基于数据元素个数相关的转化完成所花费的时间。例如，如果你的输入是文档，而你想计算每个文档中单词的个数。那么计算一个 100 页文档的单词个数所耗时间将是计算一个 10 页文档的 10 倍（参见图 10-8）。

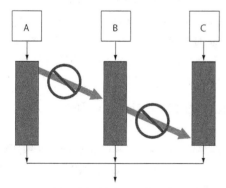

图 10-7 函数式编程意味着元素 A 转化过程中的中间结果不能在元素 B 中使用。同时，元素 B 的中间转化结果也不能用于计算 C。只有这些转化过程的最终结果可以联合起来创建聚合结果

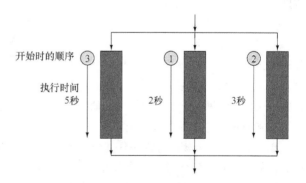

图 10-8 函数式编程意味着你不能保证元素转化的顺序或什么元素的转化过程会首先完成

转化过程耗费时间和输入数据位置两方面的不确定性为任务规划系统增添了额外的负担。在

分布式系统中，输入数据会被复制到集群中的多个节点上。为了高效，你会希望首先启动耗费时间最长的任务。同时，为了最大化利用资源，指派任务到集群中不同节点的工具必须能够从多个数据源上搜集到处理过程信息。能够判断出任务在不同节点上运行时间的长短和每个节点繁忙程度的调度器将会是最高效的调度器。指令式系统一般不会提供这类信息。甚至像 HDFS 和 MapReduce 这样的成熟系统仍在持续优化它们转化大数据集的能力。

10.1.3　比较指令式编程和函数式编程的扩展性

现在，让我们来比较指令式系统和函数式系统对大量并行 CPU 同时访问海量共享数据的支持能力。图 10-9 展示了指令式处理管道和函数式处理管道的比较结果。

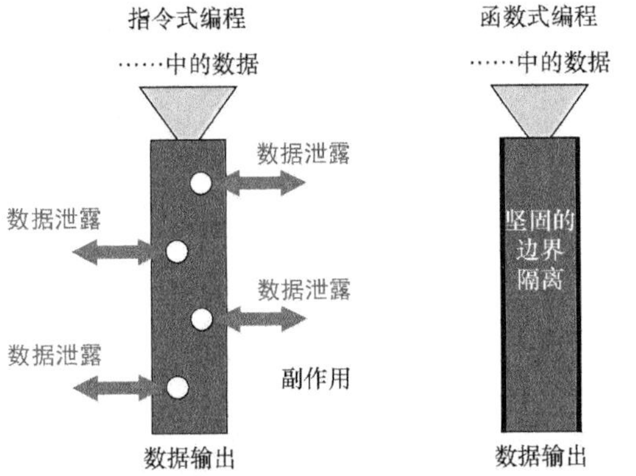

可以看到，如果在转化过程中阻止写入，那么你将获得转化过程无副作用的优势。这意味着可以重启失败的转化过程，而且能确定外部系统的状态在它没有完成的情况下不会被更新。但指令式系统却不能提供这样的保障。如果转化过程中出现了失败，那么任何外部更改都可能需要回滚。而追踪操作的执行状态会增加系统复杂度，进而拖慢大型系统的速度。无副作用保证对于创建可重现转化过程来说非常关键，而这样的转化过程是易于调试和优化的。因此在转化过程中不允许会造成副作用的外部写入使其持续地快速运行。

第二个可扩展性优势是在禁止转化过程中读取外部数据的时候体现出来的。这个约束使你明确地知道输出结果完全是由转化过程的输

图 10-9　在转化数据时，指令式编程（左边部分）和函数式编程（右边部分）采用了不同的规则。为了有效利用引用透明的优势，转化过程的输出必须完全依靠于转化过程的输入。也就意味着，在转化过程中，不应存在其他的内存读写操作。相比于左边存在空洞的管道，可以将转化过程想象为一个不会向外界传输信息且拥有坚固边界的管道

入数据驱动。如果生成输入数据散列值的时间相对于转化过程的耗时来说较小，那么可以通过检查缓存来确定转化过程是否已经完成。

λ 演算中的一个核心理论是任何数据的转化结果都可以替代数据的实际转化过程。这项用缓存数据代换长耗时转化过程的能力也是函数式编程可以比指令式系统更高效的原因之一。

这种可以重复执行多次且不改变数据的转化被称为幂等转化（indempotent transform）或幂等事务。幂等转化指在首次运行时会以固定方式改变环境状态但重复运行这一转化并不会损坏数据的转化过程。例如，如果你有一个会向 XML 文件添加缺失元素的过滤器，那么这个过滤器就应该在添加元素之前确保它们在 XML 文件中并不存在。

幂等转化也可以用在事务处理中。因为幂等转化不会更改外部状态，所以我们就不需要进行回滚操作。另外，可以用事务标识符来确保转化的完成状态。例如，如果你正在某个数据上执行

一个递增银行账户数据的事务,你可以在银行账户事务历史中记录下这个事务的标识符。接下来,你就可以创建一条只执行事务标识符未被执行的事务的规则。这样就能保证一个事务不会被重复执行。

幂等事务允许使用引用透明(referential transparency)这个概念。说一个表达式是引用透明的,就是说在不改变程序行为的前提下可以将其替换为它的值。如果转化过程输出可以被执行实际转化过程的函数调用所替代,那么任何函数式编程语句都是符合这项概念的。引用透明可以使程序员和编译器两者都想出多种方法来优化相同数据集重复调用相同函数。但是这种优化技术的前提是使用函数式编程模式。

在 10.1.4 中,我们将详细探讨引用透明可以缓存函数式程序结果的原因。

10.1.4 使用引用透明避免重复计算

现在,你了解了函数式编程提倡幂等事务的原因。接下来,让我们来看看如何使用这些结果来加速系统。从 Web 应用到 NoSQL 数据库再到 MapReduce 转化过程的结果,你可以在许多系统中采用这项技术。

因为能够清晰地了解何时可以避免重复计算转化结果,所以引用透明使函数式编程和分布式系统更为高效。对于一些耗时的计算或从磁盘文件系统上读取数据的过程,引用透明允许用户使用缓存结果。

图 10-10 演示了图片在网页浏览器上显示的过程。

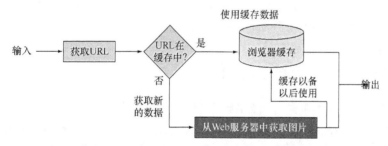

图 10-10 本地浏览器会在去网页获取图片之前,检查这个图片的 URL 是否在本地缓
存中。一旦这张图片从远程主机上获取下来了(通常是一个较慢的过程),它就可以被
缓存下来供以后使用。而从本地缓存获取一张图片也更为快速高效

默认情况下,浏览器认为指向同一个 URL 的多个图片是同样的一个“静态”图片。这种图片的内容不会随着你请求它们的次数而改变。如果相同的图片被多个网页用来渲染,那么这个图片只会从 Web 服务器上获取一次。但为了能够这样做,所有页面都必须引用这个完全一致的 URL。接下来的引用用的就是本地缓存中的副本。如果图片被更改了,重新获取更新后的图片的唯一方法是从本地缓存中删除原来的图片并刷新页面或者直接引用新的 URL。

默认情况下,浏览器认为许多元素是静态的,如 CSS 文件、JavaScript 程序以及其他一些根据 HTML 头中的属性适当标记了的数据文件。如果数据文件确实更新了，可以指示服务器在文件中添加信息来表明缓存的副本已经不再有效并从服务器上获取新的副本。

这种缓存文档的理念也适用于用于生成报表与网页的查询和转化。如果有一个依赖于许多小文档转化结果的大文档，那么可以用那些未改变小文档的缓存结果和重新计算出的确实有变化的小文档的转化结果来重新组装这个大文档。图 10-11 展示的就是这个使用了缓存的文档转化过程。

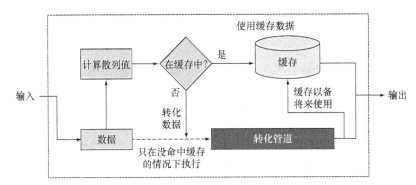

图 10-11   使用引用透明技术，可以通过检查缓存来确定一项转化过程是否已经
完成，从而提升任何转化过程的性能。如果某个转化过程的输出在缓存中，可以
用缓存的值，而不是重新运行耗时的转化过程。如果输出不在缓存中，可以将它
存储在像 memcache 这样的内存缓存中，从而达到复用输出的目的

这项转化优化技术与函数式编程非常契合，并且是具有创新性的高性能网站工具的基础。在案例研究中将看到的性能调优工具 NetKernel 用于优化网页构建的方法。

10.2   案例研究：用 NetKernel 优化网页内容组装

这个案例研究阐述了如何结合函数式编程和 REST 服务两种技术优化动态内联结构的创建过程。我们将用新闻网站主页的构建作为示例。通过这个例子，我们将探讨一个用被称为面向资源计算（resource- oriented computing，ROC）的技术实现的商业框架——NetKernel。

10.2.1   组装嵌套内容，追踪组件依赖

假设你正在运营一个在网页正中间展示新闻的网站。这个网页是由页眉、页脚、导航菜单和围绕在新闻内容四周的广告板块动态组成的。图 10-12 的左边部分展示了一个布局样例。像图 10-12 右边部分展示的一样，你用一个依赖树来决定每个网页组件在何时需要重新生成。

鉴于我们认为公共 URL 是网页和图片的标识，你也可以对依赖树中的每个子组件运用同样的原理。每个组件都被认为是一个单独的资源并会被分配一个被称为"统一资源标识符（URI）"的标识符。在网页模型中，网页的每个区域都是一个可以结合其他静态和动态资源完成组装的资

源。每个不同的资源都拥有自己的 URI。

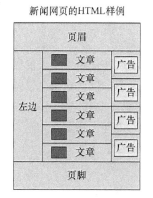
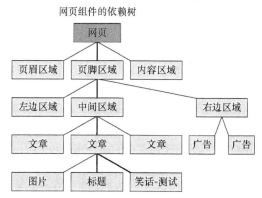

图 10-12 一个典型新闻网站的网页是用一个树形结构生成的。网页的所有组件都可以表示在依赖树上。如果是像新闻或广告这样的底层内容发生改变，那么只有网页中依赖它们的组件需要重新生成。如果是底层组件发生改变（粗线的连接），那么所有祖先节点都必须重新生成。例如，如果新闻文章中的某些文字发生改变，那么这种更改将会触发中间区域、中央内容区域和整个网页的重新生成。像页边界这样的其他部件则可以复用缓存层中的内容而不需要重新生成

前一节讲述了函数式编程通过引用透明技术用缓存结果替换函数调用输出的方法。我们将把相同的概念应用到网页构建上。可以用 URI 来确认一个函数调用是否已经在相同的输入数据上执行过了，而且你可以通过追踪依赖来了解函数间的调用关系。如果这样做，就可以避免在相同的数据上执行同样的函数，从而复用那些耗时的信息片段。

NetKernel 清楚什么输入数据执行了什么函数，并用 URI 标识函数是否已经用相同的输入数据生成过结果了。NetKernel 也会跟踪 URI 依赖的函数。这样就能在输入数据发生变化时只重新执行相关函数。这个过程被称为黄金线程模式。为了阐述这一过程，让我们这样想象。假如你正在将已经干净的衣物挂在晾衣绳上，如果晾衣绳断了，那么衣物就会掉在地上，需要重新清洗。类似的，如果位于依赖树底层的一个输入项发生了改变，那么所有依赖于它的内容的其他元素就必须重新生成。

NetKernel 会自动重新生成缓存中的内部资源。同时，它还会轮询外部资源的请求时间戳来检查其是否发生了改变。为了确定任意一个资源是否发生改变，NetKernel 采用了结合 XRL 文件（一个用于跟踪资源依赖的 XML 文件）和轮询与过期外部资源时间戳的机制。

10.2.2 用 NetKernel 优化组件再生成

NetKernel 系统采用了一种系统化的方式来跟踪缓存数据以及需要重新生成的数据。NetKernel 会根据依赖树构建所有的 URI 并用模型计算出重新生成内容所需的工作量，而不是用

数据的散列值作为缓存的键值。NetKernel 使用了智能缓存内容优化策略和基于资源生成总工作量的缓存过期策略等优化策略。NetKernel 采用 ROC 方式来确定重新生成资源所耗费的工作量。尽管 ROC 是 NetKernel 中的一个术语，但它却展示了一种不同类型的计算理念，启发着你重新思考计算的不同实现方式。

　　ROC 结合了这样两种理念：一个是 UNIX 中的让数据在由小转化模块组成的管道中完成整个转化的理念；另一个则是 REST、URI 和缓存的分布式计算理念。这些想法全都基于引用透明和保证缓存数据正确的依赖跟踪这两种技术。ROC 将 URI 和每个产生数据的组件一一对应起来，如查询、函数、服务、代码等。通过组合这些 URI，可以构建一个唯一签名并用它来确定某个资源是否已经在缓存中了。图 10-13 是一个 NetKernel 应用层次架构样例。

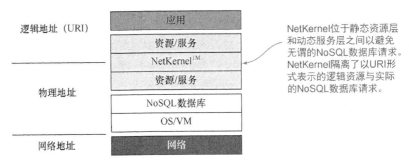

图 10-13　NetKernel 与 memcache 系统的工作原理类似，都将应用层和数据库
隔离开。而与 memcache 不同的是，它与围绕逻辑 URI 并能够跟踪可被缓存的长
耗时计算对象的依赖关系的中间层强相关

　　从图 10-13 中可以看到，NetKernel 软件本身被放置在资源层和服务层之间。资源可以被看作静态文档，而服务则可以看作动态查询。这意味着使用一个位于数据库和应用之间的面向服务的中间层对于优化过程来说非常关键。当然，仍然可以采用 NetKernel 和传统的一致性散列策略，而不引入服务层，但那样的话，就不能享受到 ROC 方式提供的智能缓存的优势了。

　　通过使用 ROC，NetKernel 将 REST 这一理念扩展到在 Web 服务器上缓存图片或文档之外的一个新层次。缓存将不再只采用基于时间戳的简单过期策略，而是将最具价值的元素保留下来。NetKernel 可以配置使用复杂算法来计算缓存某个数据项的工作量，并据此只过期那些耗费较少或极少被用到的缓存数据。为了获得最大收益，应该采用面向服务的 REST 方式并且这些服务背后需要有能返回引用透明结果的函数的支撑。只有在系统真正摆脱副作用的情况下，你才能够开启这段旅程。而这意味着你可能需要更仔细地评估系统使用的语言。

　　总的来说，如果你将输出结果和引用透明的函数和服务关联起来，那么像 NetKernel 这样的框架将带来如下好处。

- 为用户提供更快的网页响应。
- 减少相同数据在同样函数上的重复执行。
- 更高效地使用前端内存缓存。

- 降低数据库、网络、磁盘等资源的负载。
- 一致性的开发架构。

需要注意的是，在这个前端案例研究中用到的概念也可以应用到其他与后端分析相关的主题中。在任何时候，如果发现了函数在同样的数据集上出现重复调用，那么就有机会采用这些技术来实现系统优化。

在下一节中，我们将讨论函数式编程语言和它们具有的特性解决特定类型的性能和扩展问题的方式。

10.3　函数式编程语言示例

现在，你大概知道了函数式编程的工作原理和它们与指令式编程的不同之处。接下来，让我们来看一些真实世界中的函数式编程语言示例。LISP 编程语言一般被认为是函数式编程的先驱，它的核心设计理念是无副作用的处理列表的函数，它经常用到的一个概念就是列表递归。Clojure 语言是现代 LISP 的分支，它在继承了许多函数式编程优点的同时，更为关注多线程系统的开发。

开发内容管理和单源发布系统的开发人员可能会使用像 XSLT 和 XQuery（第 5 章中介绍过）这样的转化语言。文档存储从利用递归处理的函数式语言中受益已经不新鲜了。文档这种嵌套层次结构非常适用于递归转化过程，因此我们可以容易地用递归函数遍历转化文档结构。XQuery 语言完美契合文档存储的原因就是它支持递归和函数式编程，并能利用数据库索引实现元素的快速获取。

开发高可用系统的开发人员一直都对一门被称为 Erlang 的函数式编程语言充满兴趣。Erlang 已经成为编写 NoSQL 数据库最流行的函数式编程语言之一。它最初由瑞士电信公司爱立信开发，并用来支撑分布式的高可用的电话交换机。Erlang 提供的特性可以支持无中断的运行时库更新。像 CouchDB、Couchbase、Riak 和亚马逊的 SimpleDB 服务等关注高可用性的 NoSQL 数据库都是采用 Erlang 编写的。

用于统计分析的 Mathematica 语言和 R 语言也采用了函数式编程架构。这些概念允许它们可以扩展到运行在大量处理器上。甚至是 SQL 也拥有某些函数式语言的特性，如不允许可变值。运行在 Hadoop 上的类 SQL 的 Hive 语言和 Pig 系统也同样引入了函数式理念。

业界也创建了许多混合编程模式的语言为指令式系统和函数式系统架起交互桥梁。Scala 编程语言就是以为 Java 添加函数式编程特性为目标创建的。微软为使用微软工具的开发者创建了 F#语言，以满足函数式编程需求。这些语言的设计目标就是让开发者可以在同一个项目中使用包含指令式和函数式在内的多种编程模式。因此它们的一大优势就是指令式语言和函数式语言编写的库都可以被复用。

将函数式编程结构引入分布式系统的语言有很多并且仍在持续增长。这种现象可能是人们在编写 MapReduce 任务时需要有一种感觉比较顺手的语言形成的。现今，MapReduce 作业已经被十多种语言实现过了，并且可以实现的语言列表还在持续增长。只要程序没有副作用，那么几乎所有语言都可以用来实现 MapReduce 作业。虽然用允许副作用的指令式语言实现需要更多的自律和培训，但这种方式也是可行的。

这样就使得函数式编程不是某个特定语言独有的特性，而是一个编程语言的特性集合。这些特性使得解决某些特定性能、扩展和可靠性问题变得更为简单。这就意味着可以通过向旧的面向过程或面向对象的语言添加这些特性来使其行为更为靠近纯函数式语言。

10.4   完成指令式编程到函数式的编程转变

我们已经花了大量时间定义函数式编程并描述它和指令式编程的不同。所以，你应该对函数式编程有了一个清晰的定义。接下来，让我们来看看那些将会改变你和你团队的事情。

10.4.1   使用函数作为函数的参数

我们中的多数人习惯于将不同数据类型的参数传递给函数。例如，一个函数可能拥有字符串、整型、浮点型、布尔型或元素列表等类型的输入参数。函数式编程新增了另一种参数类型——函数。在函数式编程中，可以将函数作为参数传递给另一个函数。而实践证明，这个特性非常有用。例如，如果你有一个 zip 压缩文件，你可能想向解压方法传递一个过滤函数使其只提取指定的数据文件，而不是先提取所有文件再编写另一个函数过滤输出。这个过滤器将会在文件解压存储前拦截它们并完成过滤。

10.4.2   使用递归处理非结构化文档数据

如果熟悉 LISP，你就知道递归（recursion）是函数式编程中一个非常受欢迎的想法。递归是指一种使函数自己调用自己的过程。就我们的经验来看，人们不是喜爱它，就是憎恶它，很少有处于中间立场的。如果对递归感到不舒服，那么你就很难构建递归式程序，而它们却是能够得到最佳结果的最小巧程序。

虽然函数式程序不管理状态，但它们确实会用一个调用栈（call stack）在遍历列表时记录当前调用位置。函数式程序通常会分析列表的第一个元素来检查列表中是否还有数据，如果有则以剩下的元素为输入调用它们自己。

和列表一样，这个过程也可以应用到像 XML 和 JSON 文件这样的树形结构上。如果有包含各种元素的非结构化文档并且不能确定这些元素的顺序，那么递归处理可能是消化这些数据的一个好方法。例如，在编写一个段落时，你就预测不到粗体或斜体字会以什么顺序出现在这个段落中。像 XQuery 和 JASONiq 这样的语言就是因此而支持递归的。

10.4.3   使用不可变变量而非可变变量

我们已经提到过，函数式编程中的变量一旦被创建就不能在特定的环境中被更改。这意味着没有必要存储一个变量的状态，因为你可以无副作用地重新执行转化而不必担心变量值会再次被增加。而不便之处则是员工可能需要时间来摆脱旧的编程习惯，并且你可能也需要重写现有代码以适应函数式编程环境。其中一项就是，每当看见变量出现在赋值符号左右两边时，你就不得不重写该处代码。

在移植指令式代码时，需要重构算法并从循环中移除所有用到的可变变量。这意味着必须使用"遍历每个元素"这样的函数，而不是在 for 循环中使用会递增或递减变量值的计数器。

另一种转换代码的方式是在同一段代码块中多次引用同一个变量时，引入新的变量名称。通过这种方式，就可以在赋值语句右边使用嵌套引用完成计算。

10.4.4　去除循环和条件语句

在进入函数式编程世界时，指令式程序员最先想到的事情之一就是将他们原有的编程思想带进来。这些思想包括循环、条件、对象方法调用等概念。

但是这些技术是转移不到函数式编程世界的。如果你才开始函数式编程并且你的函数中还充斥着带有多层嵌套 if/then/else 语句的复杂循环，那么这就是在告诉你是时候重构代码了。

函数式编程人员关注的是将循环和条件重新分解为小巧且互相隔离的数据转化，而这样做的结果就是可以构建出清楚什么样的输入数据应该调用哪些函数的服务。

10.4.5　新的思维方式：从状态记录到转化隔离

指令式编程有一个比较一致的问题解决（或思维）风格，那就是需要开发人员观察周围的世界并记录其状态。一旦这个世界的初始状态被准确地捕捉并存储到内存或对象状态中，开发人员就会开始编写经过精心设计的方法来更新交互对象的状态。

而函数式编程中使用的思考方式则与之完全不同。函数式程序员将世界视为数据从原始形式到其他有用形式的一系列转化过程，而非捕捉数据状态。转化可能将原始数据形式转变为索引中的形式，也可能是用于网页展示的 HTML 格式，还可能是生成用在数据仓库中的聚合值（计数、总和、平均值和其他值）。

面向对象和函数式编程两者也确实共享一个相似的目标——构建使软件可以复用代码并易于使用和维护的代码库。从面向对象这个角度来说，复用代码最主要的方式是使用继承。通过向上移动公共数据和方法到超类，它们就可以被其他继承自超类的对象所复用。而从函数式编程角度看，目标则是构建可复用的层次化转化函数。层次结构中的每个组成部分将在其依赖部分数据发生变化时重新生成。

所选择的编程风格影响到的最关键一点是系统可扩展性的好坏。如果选择了函数式编程，转化将能扩展到在由成百上千节点组成的大型集群上运行。如果选择了指令式编程模式，那么在有许多线程同时访问对象状态时，就必须小心翼翼地维护复杂网络中这些对象的状态。这样的话，就将不可避免地遇到第 6 章中大数据情况下图存储面临的可扩展性问题：巨大的对象网络可能放不进内存；系统加锁会占用越来越多的 CPU 时间；缓存也不能有效地被使用。如此将会花费大量 CPU 时间四处移动数据和管理锁。

10.4.6   质量、校验和一致性单元测试

不管是使用指令式编程还是函数式编程，有一个评价指标是不会变的。那就是只有经过充分测试的程序才是最可靠的程序。我们见过太多优秀的熟悉测试驱动开发的指令式程序员在跃进到函数式编程后迷失了方向，以至于忘记了所有曾经熟悉的测试驱动开发方法。

函数式程序似乎天然地看起来更为可靠。它们不用去关心哪些对象需要回收资源和什么时候需要释放内存。它们更多关注的是消息，而不是内存锁。一旦一项转化完成了，那么它的唯一产出物就是输出文档。所有的中间值都可以轻松地移除掉，而没有副作用则使得函数的测试是一个原子性操作。

函数式编程语言也可能会有输入输出参数的类型检查以及校验输入元素的校验函数。这使其能更容易地执行编译时检查并产生准确的运行时检查结果，从而帮助开发人员快速定位问题。

然而所有的这些保障措施都不能替代一个健壮一致的单元测试流程。为了避免受损、非一致和缺失的数据发送到函数，所有项目都应该有一个全面且完整的测试计划。

10.4.7   函数式编程的并发

在需要多处理器可靠地共享本地或网络数据的情景下，函数式编程系统是非常受欢迎的。在指令式世界里，进程间共享数据会涉及多进程读取和写入共享内存和并配置被称为锁的内存地址来确定谁拥有修改内存的排他性权利。这种关于谁可以读写共享内存值的复杂问题被称为并发问题。下面是试图共享内存时会产生的问题。

- 程序在使用一个资源前可能对它加锁失败。
- 程序可能会对一个资源加锁，但忘了解锁，这样就会阻止其他线程使用这个资源。
- 程序可能会长时间锁住一个资源并阻止其他程序长期使用它。
- 当两个或两个以上的线程为了等待其他资源解锁而永久阻塞时，死锁现象就会发生。

这些问题并不新鲜，也不是传统系统独有的。传统系统和 NoSQL 系统在分布式系统的网络不稳定时都会面临资源锁管理的挑战。我们的下一个案例将会探讨另一种管理分布式系统并发的方法。

10.5   案例研究：用 Erlang 构建 NoSQL 系统

Erlang 是一种专为高可用性分布式系统优化过的函数式编程语言。我们之前已经提到过，Erlang 已经被用来构建了数个包括 CouchDB、Couchbase、Riak 和亚马逊的 SimpleDB 在内的流行 NoSQL 系统。但是 Erlang 更多的是用于编写需要高可用性的分布式数据库。流行的分布式消息系统 RabbitMQ 也是用 Erlang 编写的。这些系统都是以优异的高可用性和可扩展性著称可不是什么巧合。在这个案例研究中，我们将探讨 Erlang 如此流行的原因和这些 NoSQL 系统是怎样从 Erlang 专注于并发和消息传递的架构中受益的。

我们已经讨论过了在多线程平行系统中维护内存的状态的一致性的困难。只要系统中有多个

线程在运行，就需要考虑两个线程同时试图更新共享内存的后果。计算共享内存中驻留变量的方式有多种。其中最常见的是制定严格的规则来要求所有共享内存都必须由加锁解锁函数所控制。任何想要访问全局值的线程都必须先加锁，再执行修改，最后释放锁。锁和发生错误时的重置是不同的。在分布式系统中加锁被认为是整个计算机领域中最困难的问题之一。Erlang 则是直接通过避免锁的方式解决了这个问题。

Erlang 用了一种图 10-14 演示的 Actor 模式。

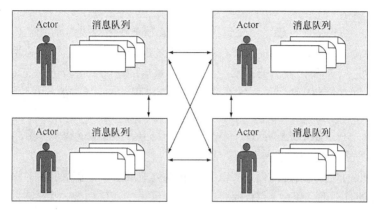

图 10-14　Erlang 采用 Actor 模式。在这种模式中，每个进程有都一些只能读消息、写消息和创建新进程的代理。如果采用了 Erlang 的 Actor 模型，软件无需改变代码，在单处理器或上千台服务器上都能运行

Actor 模型和人们通过协同工作来解决问题的方式比较相似。当人们协作完成任务时，我们的大脑并不需要共享神经或访问共享内存。我们通过谈话、聊天或发送电子邮件等所有的消息传递（message passing）方式来一起工作。Erlang 中的 Actor 也是同样的原理。如果程序是用 Erlang 编写的，就不需要考虑在共享内存上加锁，只需要编写和外界通过消息传递方式通信的 Actor 就可以了。每个 Actor 维护了一个消息队列并从中获取消息和执行任务。当一个 Actor 需要和其他 Actor 通信时，这个 Actor 会向它们发送消息。另外，Actor 也是可以创建新 Actor 的。

通过采用这种 Actor 模式，Erlang 程序可以在单处理器上良好运行，并且也有能力将它们的任务通过向远程节点发送消息的方式扩展到大量处理节点上运行。这种单一消息模型提供了包括高可用性和从网络和硬件故障中优雅地恢复在内的多种好处。

Erlang 还提供了一个被称为 OTP 的大的代码模块库，从而使得解决分布式计算问题更为简单。

什么是 OTP

OTP 指的是可以被 Erlang 应用复用的众多开源函数模块集合。OTP 最初是指开放电信平台（Open Telecom Platform），表明 Erlang 的设计初衷是用来运行需要不间断工作的电话交换机。但现今 OTP 已经被应用在电信行业之外的许多应用中，所以 OTP 这个名词就不再是专指电信通信行业。

将 Erlang 和 OTP 模块结合可以为应用开发人员提供以下特性。

- 隔离——系统某部分的错误将会对其他部分产生最小的影响。你将不会见到像 JAVA 中导致 JVM 崩溃的空指针异常（NPE）。
- 冗余和自动故障转移（监管）——如果某个组件失效了，另一个备用组件则会介入进来以代替它在系统中的作用。
- 故障检测——系统可以快速检测故障并在错误发生时采取行动。这一过程还包括了预警和提醒工具。
- 错误定位——Erlang 提供了定位错误产生位置和查找错误根本原因的工具。
- 在线软件更新——Erlang 提供了在不关闭系统的情况下更新软件的方法。这和某个版本的 Java OSGi 框架比较类似，都能在不需要重启的情况下进行远程安装、启动、关闭、更新以及卸载模块和方法。这个功能也是许多需要不间断运行的 NoSQL 系统所缺少的关键特性。
- 冗余存储——虽然不是标准 OTP 模块中的一部分，但 Erlang 提供了额外的模块来支持数据的多位置存储，以防硬件失效。

因为基于 Actor 模型和消息通信，所以 Erlang 天然地继承了可扩展特性。这也就使用户不用将这些特性添加到自己的代码中。仅仅是使用 Erlang 提供的基础框架，就能够获得高可用性和可扩展性等特性。图 10-15 给出了 Erlang 组件如何适配在一起。

图 10-15　Erlang 应用运行在一系列像 Mnesia 数据库、标准认证安全层（SASL）
组件、监控代理和 Web 服务器等服务上。这些服务调用与 Erlang 运行时系统交互
的标准 OTP 库。用其他语言编写的程序不能获得和 Erlang 应用相同的特性支持

因为 Erlang 将代理模型实现在了它自身的虚拟机中，所以为了获得一致性和可扩展性等特性的支持，所有的 Erlang 库的构建都需要基于这个基础架构。因为 Erlang 语言依赖于 Actor 模型，所以它很难在和像 Java 库这样的指令式系统集成时仍保有高可用性和可扩展性等特性。用来执行一致性转化的指令式函数是可以直接使用的，但需要管理外部状态的对象框架则需要谨慎地包装后才能使用。因为 Erlang 是基于 Prolog 的，所以它的语法在熟悉 C 和 Java 的人看来可能有些不熟悉，因此 Erlang 的使用也需要一个熟悉过程。

采用 Erlang 已经是一种被证明了的可以获得高可用性并能扩展分布式应用的有效方式。如果你的团队可以克服它陡峭的学习曲线，那最终也能获得巨大的收益。

10.6 实践

Sally 正在开发一个商业分析仪表盘项目。这个仪表盘由数个网页组成，而这些网页又包含了许多小的子视图。多数子视图都包含了一些基于前一周销售数据生成的图。每个星期日早上，数据仓库中的数据会被刷新。95%的用户将看到一份同样的基于上周销售数据生成的图表，但某些人则会收到根据他们项目定制的视图。

目前使用的数据库是一台已经超负荷的关系型数据库服务器，并且在日间高峰时响应很慢。在这段时间内，报表生成可能需要花费 10 分钟乃至更多的时间。Sally 的上司 Susan 非常关注这一性能问题。她告诉 Sally，这个项目的关键目标之一就是通过交互式监控和挖掘的方式来帮助人们更好地做决定。她还告诉 Sally，虽然不确定，但她认为用户不会接受生成一个报表结果需要花费 5 分钟甚至更多的时间。

Sally 收到了来自两个承包商的不同提案。图 10-16 展示了两个系统的架构。

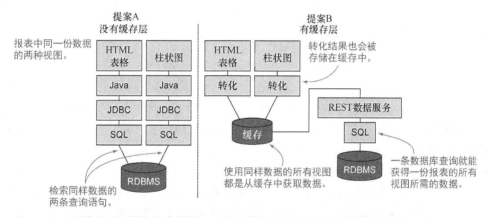

图 10-16　两种商业智能仪表盘架构。左边的架构显示每个图表都需要由多个 SQL 语句来生成，因此会拖慢数据库。右边的架构则展示了另一种方式：所有基于相同数据的视图都可以由读取缓存的转化生成，从而降低了数据库的负载，提升了性能

每当仪表盘上的一个小工具被查看时，提案 A 都会用 Java 程序去调用 SQL 数据库并为每个仪表盘上的所有图表生成合适的 HTML 与位图。在这种情况下，两个包含相同数据的视图，如某个视图中的一个柱状图和另一个视图中的 HTML 表格，将会在数据仓库中重复执行完全一样的 SQL 代码。这个提案完全没有用到缓存层。

提案 B 则提供了一个函数式编程的 REST 服务层。这个服务层会先为每个用户接口视图生成基于 SQL SELECT 语句的 XML 响应，然后将这个数据缓存起来。接着，它会将这些处于缓存中的数据转化为多个像图表这样的视图。系统会查看数据库中最后修改日期信息来决定缓存中的数据是否需要刷新。

提案 B 还提供了可以在仓库数据更新时为常用报表预填充缓存的工具。虽然这个系统贵了 25%，但厂商宣称他们的解决方案的运维成本会因为较少的数据库服务器负载而更低。他们还宣称，如果数据在缓存中，仪表盘视图的平均生成时间将在 50 ms 以内。厂商还说，如果 Sally 使用 SVG 矢量图而不是更大的位图，那么缓存一张 SVG 图表仅占用 30 KB 大小的缓存，压缩后的 SVG 图表大小甚至可以降低到 3 KB。

尽管提案 B 的初始成本更高，但 Sally 在评估了两个提案后仍选择了它。同时，她还保证了应用服务器内存已经从 16 GB 升级到了 32 GB，以保证为缓存提供更多内存空间。根据她的计算，这个大小的内存已经足够存储接近 1 000 万压缩后的 SVG 图表。Sally 还在星期日晚上定时运行脚本来为最常用报表预填充缓存。这样的话，在星期一早上，使用最频繁的报表已经在缓存中了。而在报表已经在缓存中的情况下，数据库服务器几乎是没有负载的。当这个项目正式上线时，平均的页面加载时间将会在 3 s 以内，包括那些有 10 个图表的页面。Susan 对此感到非常高兴并在年终时为 Sally 发放了奖金。

在这个例子中需要注意的是，软件中额外的 REST 缓存层并不依赖于使用的 NoSQL 数据库。因为多数 NoSQL 数据库自身就提供了缓存友好的 REST 接口，所以它们也为系统提供了另外的缓存使用方式，以降低数据库调用次数。

10.7   小结

本章学习了函数式编程，并了解了它与指令式编程的不同。你也了解了分布式系统上执行互相隔离的数据转化过程更倾向于函数式编程的原因以及使用函数式编程可以让系统更具可扩展性和可靠性的原理。

理解函数式编程的优势能够在多方面受益。首先，它可以帮助你明白状态管理系统是很难扩展的。而要能够真正从横向扩展中获益，你的团队就必须完成一些编程模式的转换。其次，你将看到在设计中就考虑并发和高可用性两方面问题的系统能更容易地扩展。

但这并不意味着你需要用 Erlang 函数编写所有商业应用。某些公司是这么做的，但这些人一般编写的是 NoSQ 数据库和高可用消息系统，而非真正意义上的商业应用。像 MapReduce 这样的算法和像 Hive 与 Pig 这样的语言共享了一些底层的函数式编程理念，因此使用这些语言也应该可以让你获得函数式语言提供的横向可扩展性和高可用性优势。

在下一章中，我们将走出抽象化思维和计算资源最小化理论的世界，进入一个更为具体的话题：安全。你将了解到 NoSQL 系统阻止未授权用户查看或修改数据的原理。

10.8   延伸阅读

- "Deadlock." Wikipedia. http://mng.bz/64J7.
- "Declarative programming." Wikipedia. http://mng.bz/kCe3.

- "Functional programming." Wikipedia. http://mng.bz/T586.
- "Idempotence." Wikipedia. http://mng.bz/eN5G.
- "Lambda calculus and programming languages." Wikipedia. http://mng.bz/15BH.
- MSDN. "Functional Programming vs. Imperative Programming." http://mng.bz/8VtY.
- "Multi-paradigm programming language." Wikipedia. http://mng.bz/3HH2.
- Piccolboni, Antonio. "Looking for a map reduce language." Piccolblog. April 2011. http://mng.bz/q7wD.
- "Referential transparency (computer science)." Wikipedia. http://mng.bz/85rr.
- "Semaphore (programming)." Wikipedia. http://mng.bz/5IEx.
- W3C. Example of forced sequential execution of a function. http://mng.bz/aPsR.
- W3C. "XQuery Scripting Extension 1.0." http://mng.bz/27rU.

第11章　安全:保护 NoSQL 系统中的数据

本章主要内容

- NoSQL 数据库的安全模型
- 安全系统架构
- 安全维度
- 应用层和数据库层级别的安全利弊分析

安全措施只有在充分的时候才显得多余。

——Robbie Sinclair

如果你只是使用 NoSQL 数据库支撑单一应用,那么数据库级别的强安全性在很大程度上就不是必须的。但是随着 NoSQL 数据库的流行和多应用间的共享,你将需要处理跨部门的信任边界问题。此时,就应该考虑添加数据库级别的安全措施了。

组织必须遵从一些决定系统架构的政府法规,并使应用能提供任何时候某人读取或修改数据的详细审核记录。例如,美国医疗记录就是受到健康信息保密责任法案(Health Information Privacy Accountability,HIPAA)和经济和临床健康法案信息技术(Health Information Technology for Economic and Clinical Health Act,HITECH Act)的约束。这些法规规定任何可以访问包含病人隐私数据的人都需要事先完成审核流程。

许多组织会要求实现一些细粒度的访问控制,比如哪些项可以被哪类用户浏览。你可能会将员工薪资信息存储在数据库中,但希望这些信息只能严格地被员工自己和特定职位的人力资源人员访问。关系型数据库提供商已经花费了数十年的时间在他们的数据库中创建安全规则。这些规则将为单个用户和团体用户查看他们表中数据授予行列级别的访问权限。随着我们推进本章内容,你将看到 NoSQL 系统可以提供大规模企业级安全措施的原因。

总的来说,NoSQL 系统是专注于扩展问题并用应用层实现安全功能的新一代数据库。在本章中,我们将讨论一个项目中需要的安全措施维度。我们也将介绍有助于决定是否在数据库中引入安全特性的工具。

一般来说，因为关系型数据库是拥有多个安全关口的多层架构中的一部分，所以它们不提供
REST 服务。虽然 NoSQL 数据库提供了 REST 接口，但却不支持与关系型数据库相同级别的保
护。所以为这些数据库谨慎地考虑安全措施就显得比较重要了。

11.1 NoSQL 数据库的一种安全模型

当开始一个数据库选型流程时，你一般会先和业务用户坐下来确定系统的整体安全性需求。

通过如图 11-1 所示的环形模型，我们将从一些
术语解释开始帮助你理解保护数据的基本安全
模型的构建方法。

这个模型对于作为开始的单应用与单数据
集场景来说非常理想。这是一个根据用户访问类
型和组织中角色分类的简化模型。你的任务是，
以一个数据库架构师的身份选择一个满足这个
组织安全性需求的 NoSQL 数据库。就像你接下
来将看到的一样，数据库支撑的应用数目、数据
分类、报表工具和组织中的角色种类等因素将会
决定 NoSQL 数据库需要包含的安全特性。

如果你的同心圆模式可以保持简单，多数
NoSQL 数据库都可以满足你的需求。这样的话，
安全问题就可以在应用层处理。但是有复杂安
全性需求的大型组织一般会有由数十种角色与
多种映射版本组成的上百个互相重叠的同心
圆。他们将会发现只有少数 NoSQL 系统可以满

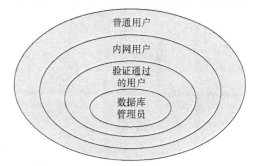

图 11-1　可视化数据库安全系统的一个最好方法是
将其想象为一系列围绕着数据的同心圆，就像一面面
墙一样。最外层的同心圆由访问公开网址的用户组
成。公司内部员工可能包含了每个被本地网络验证过
的内网用户。而在这个用户组内，可能有些子用户组
被授予了特殊的访问权限，如登录数据库的用户名密
码。在数据库中，可能会有用来为特定用户授予特殊
权限的结构。数据库管理员这个特殊类别的用户会被
授予系统的所有权限

足他们的安全性需求。我们在第 3 章中已经讨论过，多数关系型数据库拥有可以在行列级别做到
细粒度权限控制的成熟安全系统。另外，数据仓库的 OLAP 工具也允许添加规则来保护基于单元
格数据的报表。图 11-2 说明了报表工具一般需要整个数据库直接访问权限的原因。

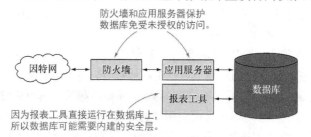

图 11-2　如果数据库位于一个应用服务器的后面，这个应用服务器可以保护数据库不被未授权
访问。而如果有包括报表工具在内的很多应用，就应该考虑一些数据库级别的安全控制措施了

有几种方法可以用来保护数据子集，而且多数报表工具可以定制为只访问 NoSQL 数据库中的指定部分。但遗憾的是，并不是所有组织都有能力定制报表工具或限制报表工具可以访问的数据子集。为了良好的运行，像 MapReduce 这样的工具也需要知道你的安全策略。随着组织中数据库使用的增长，数据访问的需求也将跨越组织间的信任边界。最终，数据库内部的安全特性也将完成从"不要求"到"最好能有"再到"必须有"的转变。图 11-3 就展示了这一过程。

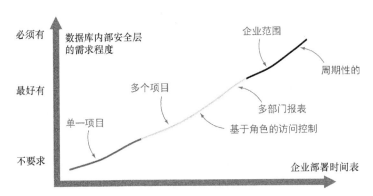

图 11-3　随着使用了数据库的项目数量的增长，数据库安全性方面的需求也将随之增长。当一个组织需要将从多个集合中的运营数据中生成综合的实时报表时，拐点也就随之到来

接下来，我们将介绍两种组织可用来减少对数据库内部安全模型需求的方法。

11.1.1　使用服务减少数据库内部的安全性需求

组织需要做的最耗时间和金钱的转变之一是将运行在单个数据库上的独立应用迁移到企业范围内的中央数据库上。而这两种数据库又有着不同的安全模型。但是如果组织将他们的应用切分为一系列可复用的数据服务，那么他们就能避免或推迟这个费力的工作。通过将每个服务提供的数据从其他数据组件中分离出来的方式，这些服务就能够继续运行在独立的数据库上。

回想一下我们在 2.2 节中讨论过的应用层概念。在那里，我们比较过在关系型数据库中分散功能的方式和 NoSQL 系统通过添加服务层以达到同样目的的方式。可以采用相同的方法来构建基于服务的应用。这些服务可以运行在互相分离的内建了不同安全模型的轻量级 NoSQL 数据库上。

为了贯彻这个服务驱动的策略，你可能需要提供不只是接受输入并返回输出的简单的请求响应式服务。这个策略在搜索或查询服务上可以很好地执行，但如果有需要合并或与其他大数据集联合的数据时，你应该怎么办？为了满足这些需求，你必须同时为用户提供全量和增量的更新数据。在某些情况下，这些服务可以被直接应用到特定用途的报表工具中。

这种面向服务的策略在多长的时间内是有效的？在数据容量和同步复杂性方面的开销变得难以承担时，这种策略就不再适用了。

11.1.2　使用数据仓库和 OLAP 减少数据库内部的安全性需求

报表工具的安全需求是企业要求数据库级别而不是应用级别安全措施的主要原因之一。让我们来谈谈这项需求在某些时候不是非常重要的原因。

我们假设，你需要使用中央数据仓库将一个单独运行的 NoSQL 数据库的数据生成特定用途的报表。保持 NoSQL 系统独立性的关键是有一个可以复制 NoSQL 数据库信息到数据仓库的流程。你可能可以回想起，在第 3 章中，我们回顾过从运营系统中抓取数据并存储到数据仓库的事实表和维度表的方法。

这种方式就将安全性需求的负担从独立运行的性能驱动的 NoSQL 服务转移到了 OLAP 工具，而 OLAP 工具自身就提供了许多用于包括基于单元格在内的保护数据的选项。可以设置一些规则来限制某些报表只能在数据量达到某个最小值时生成。如此，个人就不能被指认出来，隐私数据也不能被浏览。例如，只有在某个特定类别的学生人数超过 10 个时，我们才能生成展示 3 年级平均数学考试分数的分类报表。

将 NoSQL 系统数据转移到 OLAP 数据立方体中的过程和从关系型数据库中转移的过程比较类似。其中的不同之处在于所用到的工具。NoSQL 数据库可能会在每天晚上使用 MapReduce 过程提取新增和修改的数据，而不是整夜执行 ETL 任务。文档存储可以用 XQuery 或另一种查询语言生成报表。图存储则是用 SPARQL 或图查询报表工具提取新的运营数据并加载到一个中央中间暂存区，然后再加载到 OLAP 数据立方体。虽然这些架构上的改变可能并不适用于每个组织，但它们展示了这样一个理念：为满足特定性能和扩展需求而选择的特定数据库也是能够集成到整体企业架构并为安全性和定制报表需求服务的。

到这里为止，我们已经探讨了在应用级别保持系统安全性的方法。接下来，我们将总结两种方式的收益。

11.1.3　应用级安全措施和数据库级安全措施的收益总结

每个构建了数据库的组织都可以选择将安全措施放在应用级别或数据库级别。但和其他事情一样，两种方式都有需要考虑收益和局限的地方。在评审过组织需求后，你就能够判断出哪种方式是最适合的。

应用级别安全措施的收益。

- 更快的数据库性能——数据库不必花费时间去检查一个用户是否有某个数据集或数据项的权限。
- 更少的磁盘使用——数据库不需要存储访问权限列表或数据可见规则。在多数情况下，访问权限信息占用的磁盘空间是微不足道的。但有些数据库会把访问权限存储到每条数据的键中，对于这些系统，存储安全信息的磁盘空间就被必须考虑进来了。
- 用受约束的 API 实现额外控制——因为生成多种类型的特定用途报表会消耗 CPU 资源，

所以数据库可能不会支持生成这些报表。虽然 NoSQL 系统可以利用多 CPU，你可能还是想限制用户可以生成的报表数。通过约束某些角色对报表工具的访问，他们就只能生成应用中提供给他们的报表。

数据库级别安全措施的收益。

- 一致性的安全策略——不用在每个应用中都放置定制化的安全策略和限制特定用途报表工具的功能。
- 执行特定用途报表的能力——因为用户常常不清楚他们到底需要什么类型的信息，所以他们会先创建一个初始报表，而这个报表只展示了足够他们用来进一步挖掘的信息。将安全措施放在数据库内部使得用户能够生成他们自己的特定用途报表，并且不需要应用去限制用户可以生成的报表格个数。
- 集中化审查——在像医疗这样的受到严格监管的行业中运营的组织需要集中化审查。针对这些组织，数据库级别的安全措施可能是唯一的选择。

现在，你知道了 NoSQL 系统融入企业业务的方法。接下来，我们将讨论如何通过评估 NoSQL 数据库在处理认证、授权、审查和加密等方面的能力来确定它是否符合要求。采用结构化的方法比较 NoSQL 数据库在这些方面的能力能够提升组织对 NoSQL 数据库可以满足安全性考虑的信心。

11.2　收集安全需求

选出的 NoSQL 系统是否合适取决于安全需求复杂性和这个 NoSQL 数据库内建安全模型的成熟度两方面因素。在开始着手一个 NoSQL 试点项目之前，应该花点时间去理解组织的安全需求。我们鼓励用户将安全需求分为 4 大块，如图 11-4 所示。

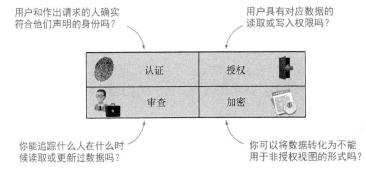

图 11-4　一个安全的数据库需要处理的 4 个问题。需要确保只有特定的用户才可以访问数据库中对其开放的数据。同时，还需要记录他们的访问请求并安全地向数据库获取和提交数据

本章剩余部分将会通过 3 个案例研究来集中回顾认证、授权、审查和加密过程。这 3 个案例都会对用到的 NoSQL 数据库应用某种安全策略。我们首先讲解在安全需求中构建认证流程的方法。

11.2.1　认证

认证用户是保护数据的第一步。认证是指校验特定个体或服务请求的身份的过程。图 11-5 展示了一个典型的认证过程。

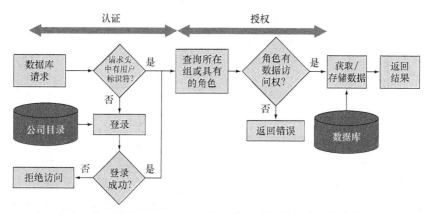

图 11-5　在数据库中执行基于网页请求的查询之前，系统校验这个请求的典型流程。第一步是检查 HTTP 请求头中的标识符是否存在。如果存在，认证过程就会按图左边部分展示的流程继续下去。如果不存在，系统会要求用户登录并且根据公司目录验证这个用户的登录名和密码。展示在图右边部分的授权过程会查询这个用户角色并获取到和他关联的角色列表。如果其中任何一个角色有对应的权限，系统就会执行这个查询并向远程用户返回结果

就像你所看到的，有许多种方式去验证用户的身份，而这也是许多组织选择外部服务完成验证过程的原因。好消息是许多现代数据库只会用于网页访问，这就意味着它们可以使用数据库之外的网页标准和协议验证用户。在这种模型之下，只有校验通过的用户可以连接到数据库，并且用户的标识符可以直接被放在 HTTP 请求头中。接着，数据库就可以利用这些信息从外部或内部数据源中查询每个用户的角色和组。

在大型公司中，数据库为了校验一个用户证书可能会和一个中央化的公司服务通信。一般来说，这个服务是被设计来被公司内的所有数据库使用，并被称为单点登录（single sign-on）或 SSO 系统。如果公司没有提供一个 SSO 接口，你的数据库就不得不采用目录访问 API 校验用户。这种 API 中最常见的版本被称为轻量级目录访问协议（Lightweight Directory Access Protocol，LDAP）。

接下来，我们将介绍 6 种认证方式：基本访问认证、摘要访问认证、公钥认证、多要素认证、Kerberos 认证和简单认证和安全层（SASL）。

1.　基本访问认证

这是认证数据库用户最简单的一种方式。这种方式会将用户名和密码以明文的形式放在 HTTP 请求头中。因此在公共网络上使用这种方式时，应该一直采用安全套接字层（SSL）或传

输层安全协议（TLS）等技术。对于内部测试系统来说，这种方式可以认为是足够的。另外，它不要求使用浏览器 cookies 或额外的握手。

2．摘要访问认证

摘要访问认证稍微复杂一些。它会要求客户端和数据库进行一些额外的握手过程。在低风险的场景下，可以用它在一个未加密的非 SSL/TSL 连接中完成认证。因为摘要认证采用的是标准的 MD5 散列加密技术，所以除非已经实现了其他的一些步骤，否则这种方式就不是一个强安全性认证。尽管如此，在 SSL/TSL 中采用摘要访问认证仍然是提升密码安全性的好方法。

3．公钥认证

公钥认证采用的是不对称加密技术。在这种技术中，用户持有一对互相独立的键。用其中一个键加密的信息需要与之对应的另一个键才能解密。通常情况下，用户会公开这对键中一个，并保证另一个键完全私密化（从不将其给予其他任何人）。在授权中，用户用他们的私钥加密一小段数据，然后接收方通过用户的公钥验证加密后的结果。安全壳（SSH）命令使用的就是这种认证方式。它的局限性在于如果黑客攻破了你的本地计算机并获取到了私钥，那么他们就可以获得数据库的访问权限。数据库安全性和私钥的安全性是强相关的。

4．多要素认证

多要素认证依赖于两种或两种以上的认证要素。例如，其中某个要素可能是你必须持有如门禁卡这样的某个物品，而另一个要素则是知道如 PIN 这样的某个信息。为了获取访问权限，你必须同时持有这两种要素。最常见的方法之一是使用每 30 s 就显示一个 6 位数字的安全硬件令牌。密码序列会按照一个精确的时钟同步到数据库中。这个时钟会在每次生产密码的时候被重新同步。在认证过程，用户通过输入他们的密码和令牌显示的 PIN 获取数据库的访问权限。如果密码或 PIN 中的任意一个是错误的，那么访问就会被拒绝。

另外，还可以约束数据库只接受某个 IP 段的方法，以此作为一个额外的安全措施。但这种方式中存在的问题是分配给远程用户的 IP 地址可能经常变化，而且 IP 地址还可能是复杂软件伪装过的。所以这种类型的过滤通常会放置在数据库防火墙之后。多数云托管服务都是允许用户通过网页更新这些规则。

5．Kerberos 协议认证

如果你需要在一个不安全的网络中和其他计算机安全地通信，你应该考虑使用 Kerberos 系统。Kerberos 采用加密算法和受信第三方服务授权一个用户的请求。一旦一个受信网络设置完成，你的数据库就必须转发这个信息到另一个服务器上去验证用户证书。这种方式允许我们用一个中央认证系统控制每个会话访问策略。

6.　简单认证安全层

简单认证安全层（Simple Authentication and Security Layer，SASL）是一个通信协议中的标准认证框架。SASL 定义了一系列认证中面临的挑战和响应。这些定义可以被应用到任何 NoSQL 数据库认证网络请求的过程中。SASL 实现了校验请求与校验某个网络请求的底层实现机制之间的解耦。许多 NoSQL 系统就只是定义了一个 SASL 层，以此说明一个有效请求会通过这个层进入数据库。

11.2.2　授权

一旦验证通过用户（或他们的代理）的身份，你就可以为他们授权部分或全部数据库访问权限。图 11-5 展示了这一授权过程。和每个会话或查询请求都会发生的认证不同，授权是一个更为复杂的过程。因为它涉及了在全公司范围内对许多数据元素应用一个复杂的访问控制策略。如果不谨慎地实现授权过程，那么它将会对复杂查询的性能产生负面影响。因此针对安全性，我们需要考虑的第二个方面就是安全性粒度问题和它对性能的影响。图 11-6 简单说明这方面的内容。

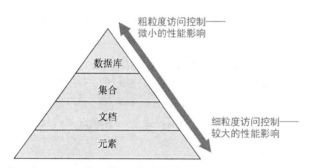

图 11-6　在构建一个 NoSQL 应用前，必须先考虑应用所需要的安全措施粒度——是采用整个数据库级别还是集合级别的访问控制。细粒度控制允许你控制集合、文档或文档中的元素的访问。但是它可能会对系统的性能造成影响

随着完成认证步骤转而进入查询的授权阶段，通常会有一个标识符指明这个查询由哪个用户发起。你可以用这个标识符查询每个用户的信息。例如，可以通过标识符知道这个用户的部门、组、与哪些项目相关以及被指派为什么角色等信息。在 NoSQL 数据库内部，你可以将这个信息看做个人的智能卡标牌，而数据库则是一栋有着一系列房间并且房间门前有安全检查点的建筑。但多数用户接口采用的是包含其他文件夹的文件夹图标的表示方式。在这种表示方式中，每个文件夹就对应数据库中的目录（或集合）和文档。在其他系统中，同样的文件夹概念则是用桶（bucket）描述文档集合。图 11-7 就是这种文件夹/集合概念的一个例子。

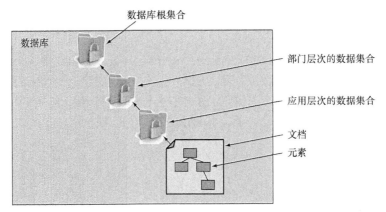

图 11-7　一个文档存储就像一个文件夹集合一样，而且这个集合中的每个元素都有一把
自己的锁。为了获取到文件中特定的元素，需要访问包含着这个元素的所有容器。这些容
器包括了该文档和它的所有父文件夹

接着，你就用这个用户和他所在组的授权信息决定他们是否有权限访问某个文件夹和可以执
行的哪些操作。这意味着如果想读取一个文件，就需要包含这个文件的目录的读取权限。同时，
还需要数据库中在该文件夹之上包括根文件夹在内的所有文件夹的读取权限。因此，在一个目录
中走得越深，需要执行的检查就越多。所以如果文件夹中还有很多其他文件夹的话，检查过程就
需要快速地完成。

在多数大型数据库系统中，授权过程会首先查询用户的一些额外信息。其中最典型的信息可
能是你在公司中是为哪个组织工作、与你关联的项目或组是哪些以及你被指派了什么角色。虽然
你可以在数据库中直接用用户标识符，但即使是在少量用户和记录的情况下采用 UNIX 权限模
型，持续地记录每个用户和他们的权限也会很快地变得复杂起来

1. UNIX 权限模型

让我们首先看一个保护资源的简单模型。这个模型就是 UNIX、POSIX、Hadoop 和 eXist 本
地 XML 数据库所采用的权限模型。在接下来的段落里，我们将用资源（resource）这个名词来指
代目录或文件。

在 UNIX 模型中，当创建任何资源时，需要关联一个用户和组作为它的拥有者。接下来，可
以为拥有者、组内用户和组外用户分别设置一个长度为 3 位的权限信息。图 11-8 详细介绍了这
一模型。

UNIX 文件系统权限模型的优点之一是高效。因为只需要计算这个长度为 9 位的信息对系统
的影响。但问题是它不具可扩展性。因为每个资源（文件夹或文件）一般都只属于一个组，而不
允许为多个组赋予访问权限。这就阻止了组织在数据库级别应用细化的访问控制策略。接下来，
我们将探讨一个替代模型——基于角色的访问控制。而这个模型是可以根据有着许多部门、组、
项目和角色的大型组织的需求进行扩展的。

图 11-8　UNIX、POSIX、Hadoop 和 eXist-db 都采用了一种简单的安全模型实现方式。这个模型只为每个资源分配长度为 9 位的权限信息。因此检查过程会既简单又快捷，而且在大量文档集合上执行复杂查询时也不会拖慢性能

2. 采用角色模型管理访问控制

对于大型组织来说，另一种将权限和角色进行绑定的授权模型则被证明更具可扩展性和优越性。它就是被称为基于角色的访问控制（role-based access control，RBAC）模型。图 11-9 介绍了它的一个简化模型。

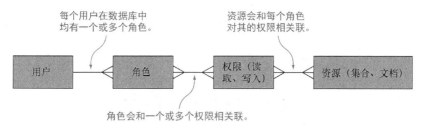

图 11-9　这个图展示了一个简化的基于角色的访问控制（RBAC）模型。它会将每个用户和一个或多个角色关联起来。接着，角色就会和每个资源进行绑定并设置一个权限代码。这个权限代码代表着是否允许角色执行读取、写入、更新、删除等操作。因为没有将用户和某个资源绑定，所以 RBAC 模型使得维护安全策略更为容易

基于角色的访问控制模型要求组织定义自己所需角色及其关联的权限信息。一般来说，应用会管理许多数据集合，所以每个应用可能会拥有一组角色。当角色类型被确定后，每个用户就会被指派一个或多个角色。应用则会查询每个用户的角色信息并在应用层级别应用这些角色的权限，从而判断出用户是否具有访问权限。

我们很清楚的一点是，多数大型组织无法用类似 UNIX 的 9 位简单权限结构实现一个详尽的访问控制策略。而应用架构师面对的最难以解决的问题之一则是访问权限是否可以在应用层实现控制，而非数据库层。

值得注意的是，除了读写访问控制，一些应用还需要支持其他类型的权限控制。例如，内容管理系统可以限制谁可以执行更新、删除、搜索、复制或在创建新文档时引入其他文档组件等操作。这些在数据集上执行的细粒度操作的权限控制一般都是在应用层级别实现的。

11.2.3　审查和日志记录

清楚谁在什么时候访问或更新过哪些数据是数据库审查组件的职责所在。在出现安全违规或系统失效时，一个好的审查系统应该可以完成详尽的操作重现和事件序列检查。审查系统关键的一点是能在搜索信息之前记录下详尽程度合适的日志。在事件发生之后才说"是的，我们应该记录这些事件"是永远解决不了问题的。

审查过程可以看作是事件日志记录和分析过程。因为多数编程语言都提供了方法添加事件信息到日志文件，所以几乎所有应用都能够在应用层实现事件日志的记录。但也有些例外，比如在使用源代码不可修改的第三方应用时。在这些情况下，可以使用数据库触发器记录所需信息。

多数成熟的数据库都提供了一组可扩展的审查报表。这些报表展示了详尽的和安全相关的数据库活动。

- 网页请求——哪些网页被请求了、是什么用户请求的以及他们是什么时候请求的。诸如响应时间这样的额外信息也可以记录到日志文件。这项功能一般由不同的 Web 服务器实现，然后这些信息会被合并到总的访问日志文件中。
- 最后登录用户——从排序后的最近登录用户报表的第一行记录得到最后登录数据库的用户。
- 最后修改用户——在数据库中执行更新操作的最后一位用户。这些报表可以提供按修改日期或集合排序的选项。
- 尝试登录失败次数——间隔时间较短的数据库登录失败次数。
- 重置密码请求——最近的重置密码请求列表。
- 导入/上传操作——最近的数据库导入或批量装载操作列表。
- 删除操作——最近的数据库记录删除操作列表。
- 搜索——数据库执行的最近的搜索操作。这些报表还可以展示某个给定时间段内执行最频繁的查询语句。
- 备份操作——执行数据备份或从备份中恢复数据库的日期。

除了这些标准审查报表外，还可以生成许多基于你实现的安全模型定制的报表。例如，如果采用的是基于角色的访问控制，你可能会想知道关于哪个用户在什么时候被指派了什么角色的详细记录。

应用可能也需要向日志文件中添加特定的审查信息，比如可能会对组织造成较大影响的操作行为。这些信息可以在应用层被记录下来。而且如果你可以管理到所有应用，这种记录方式也是比较合适的。另外，某些额外的日志记录操作也应该在数据库层完成。在关系型数据库中，可以编写触发器在插入、更新或删除等操作发生时记录日志。在使用了集合的 NoSQL 数据库中，也可以在集合上添加触发器实现日志记录。在由许多应用可以更改数据的情况下，基于触发器的日志记录是一种非常理想的实现方式。

11.2.4　加密和数字签名

NoSQL 安全性中的最后一个方面是数据库的加密方式和验证文档未被更改的数字签名生成方式。这些流程是可以在应用级别或数据库级别完成的。NoSQL 数据库本身是没有包含实现这些功能的库的。但对于某些应用的规范监管来说，知道数据库没有被未授权用户更改是非常关键的。

加密过程使用的工具和我们在第 2 章中介绍的散列函数比较类似。其中的不同是加密过程会结合公钥私钥和证书对文档加密和解密。作为架构师，你的工作是决定加密过程应该放在应用层还是数据库层。

如果在数据库层加入这些功能，你就对数据的存储访问方法有了一个中央化控制机制。而在应用层添加这些功能则要求每个应用都要去控制所使用的加密库质量。加密工具质量相关的关键问题并不是加密算法本身，而是要确保加密算法没有被未授权第三方留后门。

一些 NoSQL 数据库，特别是用在存在高安全风险项目中的 NoSQL 数据库会被要求由独立的审查者认证它们所使用的加密算法。美国国家技术标准协会（NIST）已经发布了联邦信息处理标准（Federal Information Processing Standard，FIPS）的公开出版物 140-2。这项标准制定了多个加密库的认证级别。如果数据库中存储了在传输前必须严格加密的数据，那么数据库可能就需要遵守这些标准。

XML 签名

万维网联盟定义了用 XML 签名为一个 XML 文件的任意部分进行数字签名的方法。XML 签名允许你验证包括 XML 文档及其任意部分等任意经过加密散列算法加密过的 URI 资源的真伪。你还可以精确地指定一个大型 XML 文档中的哪个部分应该被加上数字签名以及签名被引入XML 文档中的方式。

为整个 XML 文档签发数字签名的最大挑战之一是一个文档可能会以多种方式表示在一个字符串中。为了使数字签名可以被验证，签发者和接收者两方必须对 XML 文件的一致性表示方法有一个共识。例如，你可能同意这些规则：元素不应该在单独的一行或是有缩进空格；属性应该按字母顺序排序；字符应该按 UTF-8 格式编码。但是数字签名也可以规避这些问题，其方法就是为 XML 元素内的数据签发签名，而不是为元素或属性名签名。

举个例子，美国联邦法律要求包含有受管制药物的医生处方在计算机系统间执行任何传输前都必须进行数字签名。但是我们并不需要验证整个处方，只有像医生的药物描述、药品名称和药品数量等关键性元素需要进行数字签名和验证。代码清单 11-1 就展示了其中的一个例子。这个清单演示了在签名之前如何指定提取文档部分文本的规则。在这个例子中，处方医生（药品执行机构中的身份号码）、药品描述、数量和日期均进行了数字签名，但文档的其他部分则没有被包含在最终进行签名的字符串中。

代码清单 11-1　为文档添加数字签名

```
<ds:Signature>
  <ds:SignedInfo>
    <ds:CanonicalizationMethod Algorithm="xml-exc-c14n#"/>
    <ds:SignatureMethod Algorithm="xmldsig#rsa-sha256">      ← 采用 SHA-256 散列算法
      <ds:Reference>
        <ds:Transforms>
          <ds:Transform
            Algorithm="http://ww.w3.org/TR/1999/REC-xpath-19991116">
            <ds:XPath> concat(Message/Body/*/Prescriber/Identification/DEANumber/text(),
            Message/Body/*/MedicationPrescribed/DrugDescription/text(),
            Message/Body/*/MedicationPrescribed/Quantity/Value/text(),
            Message/Body/*/MedicationPrescribed/WrittenDate/text())
            </ds:XPath>
          </ds:Transform>
        </ds:Transforms>
        <ds:DigestMethod Algorithm="http://www.w3.org/2000/09/xmldsig#sha256"/>
        <ds:DigestValue>UjBsR09EbGhjZ0dTQUxNQUFBUUNBRU1tQ1p0dU1GUXhEUzhi
        </ds:DigestValue>
      </ds:Reference>
  </ds:SignedInfo>
  <ds:SignatureValue>XjQsL09EbGhjZ0dTQUxNQUFBUUNBRU1tQ1p0dU1GUXhEUzhi
  </ds:SignatureValue>
  <ds:KeyInfo>...
  </ds:KeyInfo>
</ds:Signature>
```

从你签名的文档中获取文本的规则

数字签名中的一个有用规则是"只为用户看见的内容进行签名"。为了得到一致的 XML 文件数字签名并避免改变元素名称和规范，可以使用 XPath 表达式只提取 XML 元素的值而将所有元素名称和路径排除在被签名的字符串之外。只要文件发送方和接收方使用同样的 XPath 表达式，数字签名就能够匹配上。DigSig 标准允许使用精确的路径表达式为文档签名。

11.2.5　保护公开网站免受拒绝服务攻击和注入攻击

提供公开接口的数据库在面对两种特殊类型攻击时是很脆弱的。这两种攻击就是拒绝服务攻击（denial of service，DOS）和注入攻击（injection attack）。

DOS 攻击过程是这样的：为了搞垮你的服务器，某个恶意的组织试图通过向你的网站重复发送查询的方式压垮它，从而阻止其他有效用户的访问。避免 DOS 攻击最有效的方法是检查频繁的重复请求是否来自同一个 IP 地址。

注入攻击则是某个恶意的组织通过在网站输入框填入特殊字符串的方式达到控制数据库的目的。例如，某个 SQL 注入攻击可能会在搜索框中执行一条获取系统用户列表的 SQL 查询语句。保护 NoSQL 数据库免遭这种的攻击的方式和关系型数据库使用的策略是一样的。那就是像搜索框这样的公开输入框在发送数据前都应该过滤任何不合法的查询语句。另外，每个公开接口也必须在真正执行查询之前过滤掉不合法的查询。

一般来说，防止这些类型的攻击不是数据库应该承担的职责，而应该是前端应用或防火墙的职责范围。但每个数据库提供的库和示例代码中也应该有防止这些攻击的例子。

我们关于安全需求的讨论就到此为止了。下面，让我们介绍 3 个案例研究。它们分别是一个键值存储、一个列族存储和一个文档存储的安全实践。

11.3　案例研究：键值存储的访问控制——亚马逊的 S3

亚马逊简单存储服务（Amazon Simple Storage Service，S3）是一个可以让你在云端存储数据的基于网页的键值存储。我们的用户时不时会问这样一个问题："你难道不担心云端的安全性吗？你如何确保数据是安全的？"。

对于保护数据不被非法访问来说，认证机制是其中非常重要的一环。像医疗行业、政府机构、法律法规（如 HIPAA）这些领域会要求保障用户数据的隐私性和安全性，并使其不受意外事故影响。

在 S3 中，像图片、文件或文档这样的数据（被称对象）会被安全地存储在桶中。只有桶或对象的拥有者才能访问它们。为了访问一个对象，你必须调用合适的亚马逊 API 并结合证书才能获取到它。

因此，为了访问一个对象，你首先必须根据日期、GET 请求、桶名称和对象名称等信息创建一个签名（见代码清单 11-2）。

代码清单 11-2　用 AWS 证书创建签名字符串的 XQuery 代码

```
let $n1 :="&#10;" (: then newline character :)
let $date := aws-utils:http-date()
let $string-to-sign := concat('GET',$n1, $n1, $n1, $n1, 'x-amz-date:', $date, $n1, '/', $bucket,
'/', $object)
```

一旦构建好了签名字符串，你就可以加密这个签名和你的 S3 密钥。代码清单 11-3 展示了这一过程的方法。

代码清单 11-3　用 AWS 密钥和 hmac()函数为一个字符串进行签名的 XQuery 代码

```
let $signature := crypto:hmac($string-to-sign, $s3-secret-key, "SHA-1", "base64")
```

最后，系统就会根据这些信息构建好请求头并发送获取这个对象的请求。就像在代码清单 11-4 中看到一样，加密后的签名会先在请求头中和你的 S3 密钥组合起来，然后系统会将请求头传递给获取方法并执行。

代码清单 11-4　在 REST 的 HTTP GET 请求中使用 AWS 证书的 XQuery 代码

```
let $headers:=
<headers>
    <header name="Authorization" value="AWS {$s3-access-key}:{$signature}"/>
    <header name="x-amz-date" value="{$date}"/>
</headers>
let $url := concat($amzon-s3:endpoint, $bucket, '/', $object)
let $results := httpclient:get($url, false(), $headers)
```

在获取对象的安全性方面，S3 还提供了允许他人查看、下载、更新桶和对象的额外的访问控制机制（ACM）。例如：

- 身份和访问管理（Identity and Access Management，IAM）；
- 访问控制列表（Access-control list，ACL）；
- 桶策略。

11.3.1   身份和访问管理（IAM）

IAM 系统允许你在一个 AWS 账户中创建多个用户，并为其颁发证书以及管理每个用户的权限。一般来说，IAM 系统的使用常见于期望在一个 AWS 账户中为多个员工授权的组织中。为了实现这一目的，IAM 系统会用一组绑定到每个用户的 IAM 策略来管理用户权限。

例如，你可以为一个名叫 `dan` 的用户赋予在你的 `Web-site-images` 桶中执行添加和删除操作的权限。

11.3.2   访问控制列表（ACL）

访问控制列表可以用来为用户赋予桶或某个对象的访问权限。和 IAM 系统类似，它们只能授予权限，而不能在账户级别拒绝或限制访问。换句话说，你只能为其他 AWS 账户授予你的亚马逊的 S3 资源访问权限。

每个访问控制列表可以最高包括 100 条授权，这些授权既可以授予某个账户，也可以授予某个亚马逊预定义的组用户。预定义组包括如下几个。

- 已认证用户组——包括了所有 AWS 账户的组。
- 所有用户组——包括了所有人。请求可以是签名后的，也可以是未签名的。

在使用 ACL 时，授权者可以是某个 AWS 账户，也可以是亚马逊的 S3 预定义组之一。但他不能是 IAM 用户。

11.3.3   桶策略

桶策略是安全控制中最为灵活的一种方式。因为这种方法可以在账户和用户级别授权或拒绝某个桶中部分或所有对象的访问。

尽管你可以将桶策略和 IAM 策略结合起来使用，但你也可以单独使用桶策略并得到相同效果。例如，图 11-10 演示的就是两个用户（Ann 和 Dan）均被授予了在一个名叫 `bucket_kma` 的桶中放置对象的权限。

你可能想知道桶策略和 ACL 分别应该用在什么场景中。这个问题的答案取决于你想实现什么目标。访问控制列表提供了一种粗粒度的方式来授权桶或对象的访问。与之相反的是，桶策略是一种细粒度的授权方法。在如下情况中，我们可以考虑结合使用桶策略和 ACL。

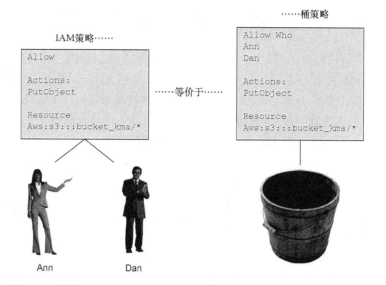

图 11-10 你可以在不使用 IAM 策略的情况下用桶策略为用户授予访问 AWS S3 对象的权限。在图的左边部分，IAM 策略允许了一个 AWS 账户对 bucket_kma 桶执行 PutObject 操作，并为 Ann 和 Dan 两个用户授予该账户或该操作的访问权限。在图的右边部分，桶策略被绑定到了 bucket_kma 桶上，并和 IAM 类似的为 Ann 和 Dan 授予了在这个桶上执行 PutObject 操作的权限

- 想在对象上授予多种类型的权限，但只有一个桶策略。
- 桶策略配置文件大小超过了 20 KB，而一个桶策略文件最大就是 20 KB。如果有大量对象和用户，可以用 ACL 进行额外的授权。

但在结合使用桶策略和 ACL 时，有一些事情是需要牢记心中的。

- 如果组合使用了 ACL 和桶策略，S3 会使用它们两者共同决定某个账户是否有权限访问某个对象。
- 如果一个账户在 ACL 中有权限访问某个对象，那么它就可以访问到该桶或对象。
- 在使用桶策略时，拒绝语句会覆盖授权语句，从而限制某个账户访问某个桶或对象的权利。基于此，桶策略最终会覆盖 ACL 中授予的权限。

如你所见，S3 提供了多种机制保障数据在云端的安全性。鉴于此，我们能否在不影响性能的情况下为表结构数据赋予系细粒度的安全保障呢？让我们看看 Apache Accumulo 如何用基于角色的策略控制用户访问数据库中存储的机密信息。

11.4 案例研究：在 Apache Accumulo 中使用键可见性技术

Apache Accumulo 项目和其他列族架构是比较类似的，但有一个小改动。Accumulo 中使用了

一种创新性方法，这种方法可以灵活地在表结构数据上执行细粒度安全授权并且对系统性能方面没有负面影响。

Accumulo 在数据库层保护细粒度数据的方法是直接将角色、权限或访问列表信息放在键值存储的键中。考虑到组织可以使用不同的访问控制模型，这种方法可能会使键的体积比较庞大并使其占用可观的磁盘空间。因此 Accumulo 只添加了一个被称为可见性（Visibility）的通用域，而不是将多个安全模型放置到一个键中的多个域中。在每个查询每次访问这个键时，系统都会计算这个键中的这个通用域并返回 true 或 false。图 11-11 说明了这一过程。

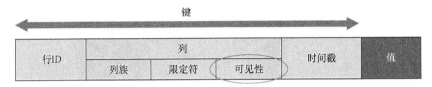

图 11-11　Apache Accumulo 在每个键中的列部分添加了一个可见性域。这个可见性域包含了一个由授权令牌组成的布尔表达式。每个授权令牌均会返回 true 或 false 作为计算结果。当一个用户试图访问这个键时，系统会计算整个可见性表达式。如果它的计算结果是 true，那么系统就会返回这个键对应的值。通过约束可见性表达式只能返回布尔值，即使是在处理大数据集时，系统性能损耗也可以实现最小化

这个可见性域的格式并没有使其限制在单个用户、组或角色上。因为可以在这个域中放置任何布尔表达式，所以你可以使用多种不同的访问控制机制。

每当你访问 Accumulo 时，你的查询上下文中都会有一组关联到会话上的布尔授权令牌。例如，你的用户名、角色和参与项目可能就会被设置为授权令牌。每对键值的可见性是通过计算授权字符串组合的逻辑与（&）和逻辑或（|）的值得到的。因此可见性的计算结果必须是 true 或者 false。接着系统就会根据这对键值的可见性决定用户是否可以查看这对键值中的值。

举一个例子，如果你在可见性域中添加了表达式(admin|system)&audit，那么你就需要有 admin 或 system 授权和 audit 权限才能读取这条记录。

虽然将计算的实际逻辑放在键自身内部并不寻常，但它却使得同一个数据库中可以实现多个不同的安全模型。

只要严格保证可见性计算是简单的布尔表达式计算，系统的性能影响就可以实现最小化。

在最后一个案例研究中，我们将介绍使用 MarkLogic 基于角色的访问控制安全模型进行安全发布流程的方法。

11.5　案例研究：在安全发布流程中使用 MarkLogic 的 RBAC 模型

在这个案例研究中，我们将探讨基于角色的访问控制（RBAC）如何保护大型组织中保存的高度敏感性文档并提供细粒度安全状态报告。在这个例子中，我们将演示一个由身处各地的作者、

编辑和审校组成的团队创建管理机密文档并阻止未授权用户访问机密文档的过程。

假设你是一个图书出版商，正拿着一本关于一个将在几个月内发布的全新的热点 NoSQL 数据库的新书的出版合同。但问题是开发这个数据库的公司要你保证在开发期间只有一个小列表中的人可以看到这本书的内容。合同上特别指明，这个列表之外的员工不能查看这本书的内容。并且，只有保障了这本书内容的机密性，你才能得到付款。合同还规定编写团队之外的人只能查看高层的图书指标报表。

出版系统定义了 4 种角色：作者、编辑、出版商和审校。作者和编辑可以更改内容，但只有拥有出版商角色的用户才能使文档为审校可见。审校有配置好的集合，因此可以在评审意见记录中添加他们的意见，但不能修改主文档内容。

11.5.1　使用 MarkLogic 的 RBAC 安全模型保护文档

MarkLogic 内建了数据库级别的基于角色的访问控制，我们在 11.2.2 小节中将其描述为 "采用角色模型管理访问权限"。MarkLogic 安全模型在应用了许多 RBAC 概念的同时，还实现了一些增强功能。

MarkLogic 将其安全策略应用在了集合和文档级别并且允许用户创建具有更高权限的方法。这项特性使得在不影响性能的前提下做到选中文档上的元素级别控制成为可能。

这个案例研究首先回顾 MarkLogic 的安全模型，然后再展示将其应用到安全出版示例的过程。最后，总结这个模型带来的商业性收益。

图 11-12 展示了一个 MarkLogic 安全模型工作的逻辑图。如下几点则是 MarkLogic 的 RBAC 安全模型中令人感兴趣的元素。

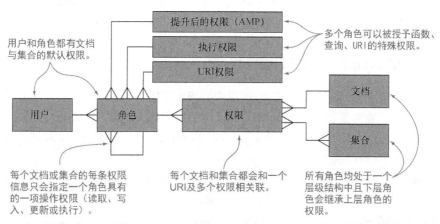

图 11-12　MarkLogic 的安全模型是一个基于角色的访问控制（RBAC）模型，并且对其做了允许在提升了权限的环境下执行特定函数或查询的扩展。文档和集合两者各自包含了一组由定义角色及其可执行操作的数据对组成的权限信息

- 角色层次——因为角色被设置在了一个层次结构中，所以较低层级的角色会自动继承所有父角色的权限。
- 默认权限——用户和角色都可以拥有集合和文档两个级别的默认权限。
- 权限提升函数——可以在提升了安全级别的环境中执行的函数。提升的安全级别只在函数内部有效。当函数执行完成后，安全级别也随之会降下来。
- 附加安全组件——一个由可选许可证提供的处于 RBAC 范围之外的附加安全层。附加的安全组件允许你在安全策略上关联含有复杂布尔值与或计算的业务规则。

11.5.2　在安全出版中使用 MarkLogic

为了强制执行合同上的条款，你需要使用基于网页的角色管理工具为这个项目创建一个名为 `secret-nosql-book` 的角色并将其关联到包含这本书内容的集合上，而这本书的内容包括了文本、图片以及审校的评审反馈等数据。接着，需要为这个 `secret-nosql-book` 角色配置该集合的读写权限。同时，还需要将授权组之外其他人的读取权限从该集合的权限列表中剔除掉。你需要保证的一点就是在这个集合创建的所有新文档和文档子集都使用了正确的默认权限配置。你需要做的最后一步是将这个 `secret-nosql-book` 角色分配给被指派了这个项目的用户。

这个项目还有要求提供一个可以被外部项目经理按需生成的书籍进度报告。这个报告计算了本书的章节数、字数以及图表数，并估算每章的完成百分比。为了实现这个需求，你将需要用到采用了权限放大配置的方法。这种方法可以在生成报表时提升权限去访问本书内容。因为这个配置了放大权限的报表生成函数只会返回指标数据而非本书的真实文本，所以外部项目经理不需要也不能查看到本书内容。

需要注意的是，在这个例子中，应用层级别的安全措施将不会有效。如果你采用了应用级别的安全措施，任何可以访问报表工具的用户都可以在你的机密文档上执行查询。

11.5.3　MarkLogic 的安全模型的优势

这个结合了权限提升函数的 RBAC 模型最关键的一点优势是，访问控制可以由一个稳定的控制中枢驱动并且不能被报表工具绕过。特定任务仍然可以在受权限保护的集合上执行元素级别报表。这种实现方式使得系统可以在性能受到最小影响的情况下获得灵活性，这对于巨大的文档集合来说是非常关键的特性。

因为 MarkLogic 在美国政府系统和企业级出版这两个领域中有着许多客户，而这些行业对数据库安全和审查方面有着非常严格的要求，所以 MarkLogic 拥有一个 NoSQL 数据库中最健壮、灵活、安全的模型之一。

MarkLogic 的安全模型一开始可能会让人觉得比较复杂。但只要理解了角色驱动安全策略的原理，你就会发现你可以在保证文档安全性的同时让报表工具仍可以全面访问数据库层。

有经验的 MarkLogic 开发者认为系统的安全模型设计应该在项目初期完成以保障正确的访

问权限被授给合适的用户。为了保障安全策略的正确执行，每个项目都应该小心地定义需要的角色。只要角色被清晰地定义好了，实现策略就会是一个水到渠成的过程。

除了 MarkLogic 支持的 RBAC 安全模型外，一些特制的 MarkLogic 版本还允许创建作为高度机密文档存储容器的集合。这些容器为机密文件的存储和审查提供了额外的安全特性支持。

MarkLogic 在它的安全模型中也集成了审查报表功能。每当用户或角色发生修改时，审查人员都可以查看到一个由权限提升函数生成的审查报表。并且，系统还可以为每个项目生成一份详细的角色修改历史报表。这些报表显示了安全策略的执行情况以及哪个用户在什么时候有访问集合内容的权限。

RBAC 模型并不是 MarkLogic 为了满足客户安全性要求而实现的唯一特性。其他和安全相关的特性包括了防篡改的网络加密库、扩展的审查工具和报表、第三方安全审查库等。对于 NoSQL 数据库来说，这些特性中的每一项都会随着有安全意识的用户群体的增大而变得越来越重要。

11.6　小结

在本章中，你了解到了简单应用会对 NoSQL 数据库提出最基本的安全性需求。随着应用复杂性的增加，安全性需求也将随之增加直到数据库层的企业级安全性需求。

你还学习了使用面向服务的架构可以最小化数据库级别安全性。服务驱动的 NoSQL 数据库对数据库级别的安全需求较低，并且可以提供能被应用层复用的定制化数据服务。

早期的 NoSQL 数据库实现关注于有着强大扩展性能的新型架构。安全性并不是首要目标。在案例研究中，我们介绍了几种现有的有着灵活安全模型的 NoSQL 数据库，包括键值存储、列族存储和文档存储。我们也有理由相信其他 NoSQL 数据库也会随着它们的成熟而引入额外的安全特性。

到目前为止，我们已经探讨过许多概念了。接下来，我们将通过介绍示例、案例研究的方式为你具象化这些概念并强化你对它们的理解。在最后一章中，我们将结合之前的所有内容并展示将它们应用到数据库选型过程的方法。

11.7　延伸阅读

- Apache Accumulo. http://accumulo.apache.org/.
- ——"Apache Accumulo User Manual: Security. " http://mng.bz/o4s7.
- ——"Apache Accumulo Visibility, Authorizations, and Permissions Example. " http://mng.bz/vP4N.
- AWS. "Amazon Simple Storage Service (S3) Documentation. " http://aws.amazon.com/documentation/s3/.
- "Discretionary access control. " Wikipedia. http://mng.bz/YB0o.
- GitHub. ml-rbac-example. https://github.com/ableasdale/ml-rbac-example.

- "Health Information Technology for Economic and Clinical Health Act. " Wikipedia. http://mng.bz/R8f6.
- "Lightweight Directory Access Protocol. " Wikipedia. http://mng.bz/3124.
- MarkLogic. "Common Criteria Evaluation and Validation Scheme Validation Report. " July 2010. http://mng.bz/Y73g.
- ——"Security Entities. " Administrator's Guide. http://docs.marklogic.com/guide/admin/security.
- ——"MarkLogic Server Earns Common Criteria Security Certification. " August 2010. http://mng.bz/ngJI.
- National Council for Prescription Drug Programs Forum. http://www.ncpdp.org/standards.aspx.
- "Network File System. " NFSv4. Wikipedia. http://mng.bz/11p9.
- NIAP CCEVS—http://www.niap-ccevs.org/st/vid10306/.
- "Role-based access control. " Wikipedia. http://mng.bz/idZ7.
- "The Health Insurance Portability and Accountability Act. " US Department of Health & Human Services. http://www.hhs.gov/ocr/privacy/.
- W3C. "XML Signature Syntax and Processing. " June 2008. http://www.w3.org/TR/xmldsig-core.

第12章 选择合适的NoSQL解决方案

本章主要内容

■ 数据库架构选型过程中的团队变化

■ 架构上的权衡过程

■ 解构分析

■ 沟通结果

■ 质量树

■ 遵从金发女孩原则的试点项目

如果草率地选择系统架构，那么你将后悔莫及。

——Barry Boehm（摘自 Clements 等人编写的《软件架构评估：方法和案例》）

如果曾经买过汽车，你就能体会那种不知道选择哪款车型的挣扎。你想要一辆不贵但又有一个优秀加速器的汽车。它还要能装下 4 个人（外加野营装备）而且还省油。很快，你就会明白没有一款汽车可以满足上面所有的要求，每一款都有些你喜欢的地方和不喜欢的地方。你真正需要考虑的是哪些功能是你确实需要的以及这些功能在你的需求中所占的比重，并根据这些因素做出最终决定。如果想找到最适合你的汽车，那么明白你最需求哪种功能就显得特别重要。因为一旦清楚了这点，你就可以为你的需求列出优先级、查验汽车的配置并客观地权衡利弊。

选择适用于业务问题的数据库架构与买车是类似的。首先，你必须理解需求并根据其对项目的重要性进行排序。然后，你需要列出数据库候选方案并客观地量化候选数据库在每个需求场景中的表现。一旦算出了每个数据库选项的在每个需求场景中的得分，你就可以根据需求重要性对每项得分进行加权并最终得到每个候选项的总得分。看起来很简单，是吧？

遗憾的是，事情往往不会像看起来的那样简单直接，而总是会出现各种复杂细节需要处理。首先，团队中的重要成员可能会对项目各部分的优先级存在分歧。其次，负责评估每个 NoSQL 数据库的团队对该数据库没有实践经验，而可能只是对关系型数据库比较熟悉。使事情更为复杂的是解决方案可以有多种组件组合方式，而是否能够在应用层和数据库层迁移函数则让候选方案的比较变得更具挑战性。

抛开这些挑战不谈，许多项目和公司的命运与正确的架构决定息息相关。如果选择了一个与问题非常契合的解决方案，你的项目就能更容易地被实现并为你的公司在市场竞争中取得先机。因此，你需要一个客观的过程从而作出正确的决定。

在本章中，我们将使用一个被称为架构利弊分析的结构化方法来找寻适合项目的数据库架构。我们将从两个方面依次介绍这一流程。这两个方面就是搜集正确的信息与构建客观的架构排名系统。在阅读完本章后，你将学会客观分析多种数据库架构优势的基本方法以及构建质量树和向项目核心人员展示选型结果的方法。

12.1   什么是架构利弊分析

架构利弊分析是指客观地选择最契合业务问题的数据库的过程。图 12-1 展示了这个过程的一个概括说明。

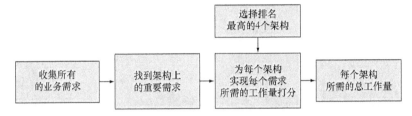

图 12-1   数据库架构选型过程。这个图展示了为业务问题选择合适数据库架构的流程。它以收集业务需求和分离架构性的重要元素开始。然后测试每个最可能候选方案所需工作量。从这个步骤中，你就可以根据每个架构候选项的总工作量得出一个客观的候选排名

软件应用的质量受许多因素影响。虽然清晰的需求、训练有素的开发人员、优秀的用户接口以及详尽的测试（包括功能和压力测试）等方面一直以来都是成功软件项目的关键性要素，但遗憾的是，如果后端数据库架构不合适，那么这些因素都将无足轻重。在项目进行过程中，你可以为测试团队和开发团队雇用更多的人手，但变更项目架构则会导致成本的大幅上升并严重推迟项目进度。

对于许多组织来说，选择合适的数据库架构意味数百万美元的开支节省。而对于另一些组织来说，选择了错误的数据库架构可能会使他们在数年内无法进入市场竞争。现今，商业风险是非常高的，而且会随着新数据源数目的增长而成比例增加。

一些人将架构利弊分析看作一个保险措施。因为如果已经接触过许多 NoSQL 数据库，那么选型团队中的资深架构师可能会对适合新应用的数据库架构有一个直觉性的认识。但你的分析工作将不仅仅只是起到确定团队的选择是正确的这一个作用，还要能够帮助每个人理解架构契合的原因。

架构利弊分析可以在数周内完成，并且应该是在项目初期就已经完成。项目后续阶段可以复用这个过程的产物。整个过程的成本小，但一个合适架构的收益将会很大。

选择合适架构的过程应该在你开始查看不同产品、供应商以及托管模式之前进行。每个开源或商业产品都会增加额外的复杂性。因为它们引入了价格、供应商的售后服务以及托管成本等变数。而且顶层数据库架构将会保持长时间不变，所以这项工作不会在短期内重做。综合以上考虑，

我们认为在引入产品和供应商之前选择好架构是最好的方法。

完成一个正式的架构利弊分析有许多好处。下面列出了一些被常被提及的几点。

- 更好地理解需求及其优先级。
- 更详尽地需求和用例文档。
- 更好地理解项目的目标、做的权衡和存在的风险。
- 项目核心成员间能有更好的沟通和交流。
- 团队决定更具信服力。

这些收益已经超越了有关产品和托管模式的决定所能影响的范围。这个过程中产出的文档在整个软件生命周期内都是可以复用的。你的团队将不仅仅是得到一个详尽的成功关键性因素列表，而且是这些因素已经被分好类，排好优先级了。

受限于法律，许多政府机构会被要求参考多个超出一定开销总数的软件系统报价。本章中提出的分析过程可以用来起草一份正式的需求建议书（request for proposal，RFP）并发送给潜在供应商和集成商。在法律上，书面回应 RFP 的供货商有义务阐述清楚他们是否符合这项需求。这就给予了买家在通常情况下无法获得的多方面控制权。

接下来，让我们回顾一下一个 NoSQL 数据库架构选型团队的组成和结构。

12.2　数据库架构选型团队的组成变化

架构选型项目的目标是选择一个最契合业务问题的数据库架构。为了实现这个目标，应该采用一个客观、公正且令人信服的选型过程。如果在选型过程中你能和核心成员达成共识，那就是最理想的情况了。因为在选项项目完成时，每个人都会支持最终的决定并努力使这个项目成功。为了达到这一愿景，你需要将多方面因素纳入考虑范围并恰当地评估需求的权重，如图 12-2 所示。

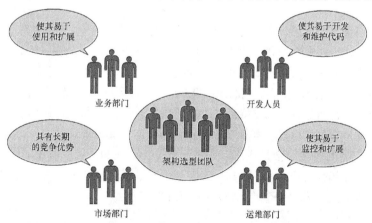

图 12-2　架构选型团队应该将许多不同的方面纳入考虑范围。业务部门想要一个易用且易扩展的系统。开发者则更倾向一个易于开发维护的系统。运维人员想要一个易于监控和在集群中添加新节点就能完成扩展的数据库。市场人员更多地想要一个对其他公司更具长期竞争优势的系统

12.2.1　选择合适的团队

在开始分析之前，你需要考虑的最重要事情之一是哪些人将参与到决策制定过程。选择合适的成员并将这个团队控制在最小是非常重要的一件事。一个超过 5 个人的团队会显得臃肿，而且参考众多人的日程信息安排会议也将会是一个噩梦。选人的关键在于团队应该能代表每个利益相关人的观点并设置合适的权重。如果你有一个指定功能优先级的正式投票流程，团队人数保持在奇数或有一个打破平局的人会是一个好的主意。

这是一个简略的关于团队组成方面需要考虑的关键性问题列表。

- 这个团队较为完整地代表了多方利益相关者吗？
- 团队成员熟悉架构利弊分析过程吗？
- 每个成员都有支持他们圆满完成任务的充足的背景知识、时间和兴趣吗？
- 团队成员都愿意为了这个客观分析过程而蓄势待发吗？他们会将项目目标放置于个人目标与之上吗？
- 团队成员有和每个利益相关者沟通的能力吗？

如果团队里有不熟悉架构选型流程的成员，你可能会想先花点时间讲解这个过程并让每个成员都能跟上进度。而且如果你做得比较好，其中的讲解资料还可以作为团队新成员的公共学习材料。这些步骤还是达成共识阶段中的一些先期步骤。这些共识不仅包括了项目关键的成功因素，还包括了系统每个功能的相对优先级。在一个项目的初期达成共识是获得多方投资者投资并支持在建项目的关键。

让你的架构选型团队找准方向甚至是坚定并充满热情地支持你的决定涉及的方面将不仅是技术上的决定。经验告诉我们，一个项目快速成功部分归功于良好的组织管理，部分归功于沟通交流，还有部分则归功于架构分析。稳健的执行力支持、一个资深项目经理以及一个开明的项目主导者都将是能为原型项目的最终成功做出贡献的重要因素。

选型过程中可能产出的最坏结果之一是选择出的数据库只受到一个利益相关者的喜欢，而遭其他所有人嫌弃。好的选型流程和有效的沟通可以帮助每个人明白这样一个事实，那就是不存在一个可以满足所有人需求的数据库，因此你必须要做出妥协。同时，你还需要明确可能出现的风险并制定应对计划。项目经理要能够判断出团队成员是真心为项目着想还是在用过于激进的行为破坏项目。即使在所有团队成员都支持最终决定的情况下，是否采用新技术仍然会是一个艰难的决定。如果再加上成员间的分歧，那么整个过程将会变得更加困难。

保持数据库选型的客观性会是任何数据库选型过程面临的最难以解决的问题之一。你会看到，像经验、雇用外部咨询师这样的因素会影响到选型过程的推进。但是，如果时刻考虑到了这些方面，你还是能够随之做出调整并保持选型过程的客观性。

12.2.2　考虑经验偏好

在进行架构利弊分析的过程中，你必须牢记一个事实——涉及的每个人都有着他们自己的兴趣和基础。如果你的团队成员拥有某项技术的使用经验，那么他们就会自热而然地用他们所熟悉的解决方案去解决当前问题。他们会在脑海中将已有的匹配上模式的解决方案直接应用到新问题上，而不经过理性思考。但这并不意味着他们是将个人偏好摆在了项目目标之上，因为这只是人类天性而已。

如果团队中有非常擅长本职工作并且已经干了很久的成员，那么他们会试图用自己之前项目中用到的技能与经验去解决当前问题。这种类型的人可能更偏好于已有技术，并很难客观地将现有业务问题和不熟悉的新技术对应起来。因此，为了能得到一个令人信服的推荐选项，团队中的所有成员都必须承诺将他们个人技能和观点放置在组织需求的大前提之下。

这并不意味着不考虑现有员工或技术人员，而是说在评估的过程中，架构利弊分析小组中的成员必须优先基于组织需求，其次才是个人的技术和经验。

12.2.3　雇用外部咨询师

每个架构选型小组都应该考虑的一件事情是团队是否应该引入外部咨询师。如果要，那么他们的角色定位应该是什么？专精数据库架构选型的咨询师可能会更了解各个数据库的强项和短板，但他们也有很大可能不熟悉你所在的行业、你的组织或是你的内部系统。雇用这些咨询师的成本最小化的关键在于他们能多快地理解需求。

如果你能提供编写详尽清晰的需求文档，那么外部咨询师能够很快地赶上项目进度。编写详尽的系统需求文档和解释内部技术、用途、缩略词的业务术语表可以降低数据库选型成本并提升其客观性，这又为利益相关者添加了一个额外的保障。

高质量的需求文档不仅可以帮助新成员赶上进度，还可以被之后的应用开发所复用。最后，你还需要团队中有人能知道每个架构的工作原理。如果内部员工缺少相应的经验，那么你就应该考虑雇用外部咨询师了。如果团队已经组建完成，那么你就可以开始进行架构权衡分析过程了。

12.3　架构权衡分析步骤

现在，你已经组建好了一个客观且代表了多方利益相关者观点的架构选型团队，那么你也就为一个正式的架构权衡过程做好了准备。下面列出了这个流程中涉及的典型步骤。

- 介绍流程——作为开始，为每个团队成员解释清楚架构权衡流程和团队使用这个流程的原因是很重要的。从这个阶段开始，团队应该就团队成员组成、决策制定流程以及过程产出达成一致。这个团队应该了解到这个方法已经久经考验并且有着可查询的正确成功案例。
- 收集需求——接下来，在可操作的情况下收集尽可能多的需求，并将它们存放在一个可以搜索和生成报表的中央化存储结构中。需求数据是典型的半结构化数据。因为它们包含了结构化的数据项和描述性文本两种数据。那些不用数据库存储需求的组织通常将他们的需求放在 Word 文档或电子表格中，而这种方式使得这些数据非常难以管理。

- 选出会影响架构的重要需求——在收集完需求之后，应该对它们进行审核并选出一个决定架构选择走向的需求子集。过滤出决定架构的核心需求的过程从某种程度来说是很复杂的，应该由团队中有相关经验的成员完成。有时一个很小的需求可能就会要求在架构上做出巨大的变更。选择出的影响架构的重要需求的确切数目取决于项目，但范围一般限制在 10 ~ 20 个。

- 选择 NoSQL 架构——选出你想纳入候选项的 NoSQL 架构。最可能的候选项一般会包括标准关系型数据库、OLAP 系统、键值存储、列族存储、图存储和文档存储。在这个阶段，不深入具体的产品或实现细节而是了解架构是否契合当前业务问题就显得非常重要了。多数情况下，你可以首先剔除一些明显不合适的架构。例如，如果需要实现事务性更新，那么可以直接将 OLAP 实现方式剔除掉。如果需要根据键值对中的值部分搜索，那么你还可以将键值存储剔除出去。但这并不意味着你不可以在一个混合系统中引入这些架构，而仅仅是说明它们自身不能解决当前问题。

- 为关键需求创建用例——用例是阐述用户或机会如何与系统交互的描述性文档。它们由清楚业务细节的领域专家（subject matter expert）或业务分析师（business analyst）编写。用例应该足够详尽，这样才方便工作量的分析。根据项目大小和需要的细节，用例可以是简单的句子，也可以是长达数页的文档。许多用例都是围绕数据的生命周期构建的。例如，你可能会有 4 个用例：一个添加新记录用例，一个展示记录列表用例，一个搜索数据用例，还有一个导出数据用例。

- 估计每个用例在每个架构下所需要的工作量级别——针对每个用例，需要确定一个粗略的工作量需求级别并制定一个打分标准，例如，1 表示最难，5 表示最容易。在确定好工作量后，需要将为每个用例选择一个合适的数字并填入一个像图 12-3 一样的电子表格中。

Architectural Trade-off Analyis for Project ABC

Category	Use Case	Database Architecture					
		RDBMS	OLAP Cube	Key-Value Store	Col-Family	Graph	Document
Injest	Load data						
	Load code tables						
	Add record						
Validate	Structure						
	Required fields						
	Optional fields						
Update	Batch						
	Record-by-record						
Search	Fulltext						
	Change sort order						
Export	Reports in HTML						
	Export as XML						
	Export as JSON						
	Totals						

图 12-3　将用例分类的项目的架构权衡打分表样例。简单起见，所有用例的权重都是相同的

- 用加权后的打分结果排名候选架构——在这个阶段，你将结合工作量和某种加权策略为每个架构计算出一个得分。与项目成功相关的关键性元素和易于实现的元素的得分最高，而低优先级和不易实现的元素则会得到较低的分数。通过像图 12-4 这样将加权后的得分相加的方式，你将会得到可以用于比较每个架构的综合性得分。

		RDBMS	Native XML	Document Management	Hybrid
Critical					
Import XML Data		0	4	4	4
Index Imported Documents		0	4	4	4
Indexes		4	4	0	4
Use XML		2	4	3	4
Web Access		2	4	3	3
weighted subtotal - 100% weight		8	20	14	19
Very High					
Display as HTML		2	4	2	3
Easy to Modify Business Rules		2	3	1	2
Leverage OpenSource Software		3	4	4	3
Search Score		0	4	4	3
Standards		3	4	2	3
weighted subtotal - 75% weight		7.5	14.25	9.75	10.5
High					
Use Standards to Express Business Rules		3	3	0	3
Customizable by Non Programmers		3	3	0	1
Transform		1	4	0	1
weighted subtotal - 50% weight		3.5	5	0	2.5
Medium					
Source Customizable Search Rank		0	3	4	4
weighted subtotal - 25% weight		0	0.75	1	1
Total Score		19	40	24.75	33

图 12-4　一个状态管理系统软件选型的加权打分表。这个表格描述了 4 种候选架构上执行某个任务的难易程度。分数范围是 0～4，其中 4 代表最少的工作量。在表格中，最为关键的功能会在最后结果中占有最高的权重

在第一次加权时，工作量的估计可能比较粗略。可以先用一个像高、中、低这样的简单级别分类。随着对结果的估计越来越准确，就可以选用一个像 1～5 这样的较细粒度的分类，其中数字越大则工作量越少。

每个用例相对其他用例的加权结果也应该能帮助你的团队在每项功能的相对重要性上达成共识。用例还可以用来理楚项目中存在的风险因素。在做项目风险管理的时候，被标记为关键的功能需要项目经理加以特别重视。

■ 文档输出——在架构权衡过程的每个步骤都会产出一系列文档。这些文档可以综合到一份报表中并被发给利益相关者。这份报表将会包含一些与你需要和利益相关者沟通交流的话题有关的背景信息。这些文档可以以各种形式进行共享，如报表构成的网站、Word 文档、电子表格、幻灯片、墙面大小的彩色海报以及我们在本章稍后的部分会提到的质量树。

■ 结果交流——一旦准备好相关文档，你就可以展示最终结果了。选用的展示方式的关注点应该集中在体现选型团队决定的可信度。用电子邮件附件的方式发送一份长达 100 页的报告不会引起相关人士的兴趣，但如果通过一种互动的方式展示结果，就可以用一些听众可以理解的词汇使他们感到事情的紧迫性。

在确保利益相关者明白你想要交流的关键点之前，沟通任务不算完成。编写一份在线问卷通常会引起人们的反感，你需要采用的是一种可以双向对话的沟通方法。这种方法可以在沟通中验证信息已经正确传达并被理解，从而使利益相关者可以推进项目到下一个阶段。

图 12-4 展示了一个加权后的评分表样例。

我们想再次强调的一点是我们倾向于在选用某个 NoSQL 数据库之前进行架构选型。我们曾

经遇到过一个团队试图在两个采用了不同架构的产品中做出选择的情况。这个团队必须将架构决策和供货商细节两方面的问题混在一个过程中解决。造成的结果就是这个团队不能透彻地分析出底层架构是否契合当前问题。

将我们介绍的权衡分析流程的步骤与卡内基梅隆大学软件工程研究所（SEI）开发的类似流程做一个比较可能会是一件有趣的事。图 12-5 介绍了由卡内基梅隆大学研发的架构权衡分析方法（Architecture Trade-off Analysis Method，ATAM）的总体描述。

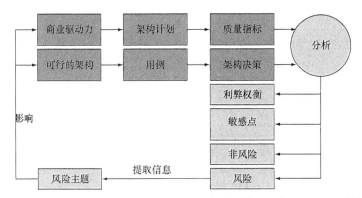

图 12-5   SEI ATAM 流程的高层信息流向。虽然这个流程并不是专为 NoSQL 数据库选型所制定，但它和我们在本章中推荐的选型过程共享了许多步骤。业务需求（由市场驱动）和候选架构（取决于你现有的 NoSQL 经验）会经过两个不同的先期过程，然后再开始之后的分析流程。这个流程的分析输出是一组描述架构优缺点的文档

最初，这个 ATAM 过程被设计用来分析某个架构的强项和短板，并指明项目风险。它的实现方式是这样的：首先明确系统的主要需求，然后确定给出的架构契合关键需求的难易程度。接下来，我们会将用一个经过略微修改的 ATAM 流程比较不同的 NoSQL 架构。

12.4   解构分析：质量树

客观评价的核心方法是将一个大型应用分解成小且离散的组成部分，然后再确定每个架构满足系统要求所需的工作量。这是一个标准的分而治之的解构分析过程。所谓解构，就是你不断地将复杂功能分解为小的组件，直到你能理解并比较每个架构在应用关键部分上的相对优缺点。

虽然解构的方法有很多种，但最佳实践是将应用的总体功能分解为可以描述用户和系统交互方式的小流程。我们将这些流程称为场景（scenario）或用例（use case）。每个过程都会被记录在描述用户和系统交互方式的文档中。它们可以像"装载数据"一样简单，也可以像"升级软件到新发布版本"一样复杂。针对每个流程，你需要比较每个系统执行这个任务的难易程度，而采用一个简单的分类方式（简单、中等、困难）或 1～5 的排名会是一个好的开始。

实现客观比较的关键之一是将需求按逻辑层次分组。层次结构中的每个上层节点都会有一个

标签。你的目标则是构建一个由不超过 10 个具有有意义标签的顶级分支组成的层次结构。

一旦你选好架构，就可以开始构建质量树了。质量树是一个衡量你面对的场景与所选择的系统的契合程度的质量属性层次结构。这些质量属性包括我们之前讲过的可扩展性、可搜索性、可用性、敏捷性、可维护性、可移植性以及可支持性等。

12.4.1 质量属性样例

现在，你对质量树的概念有了一个大概的了解并知道了用它分类系统需求的方法。接下来，让我们介绍几个在 NoSQL 数据库选型中可能会考虑的质量属性。

- 可扩展性——你是否能通过向集群中添加新节点的方式获得持续的性能提升？一些人将其称为线性可扩展性或横向可扩展性。添加或移除节点的难易程度是多大？在集群中添加或移除节点会带来多大的额外运维成本？需要注意的是，针对以上的问题，读取可扩展性和写入可扩展性可能会有着不同的答案。

  在架构质量树中，我们会试图避免使用"性能"这个词，因为它对不同的人意味着不同的东西。性能可能指关系型数据库中的每秒处理事务数、键值存储中每秒处理的读或写请求数或 OLAP 系统中展示总数的响应时间。性能一般会和特定的测试以及测试基准强相关。只要能完全保证团队中的每个人都有同样的性能定义，你就可以将其做为一个质量属性的顶层分类。而如果存在歧义，那么使用的描述越精确越好。

  体现量化性能困难性的一个好例子是 NoSQL 数据库缓存层缓存的数据比例。一项基于获取不同数据的测试可能在你的系统上运行得很缓慢，但它可能并没有代表应用在真实情况下的查询请求分布。

  在第 6 章中，我们已经探讨过许多与大数据情景中的横向扩展相关的问题。而在第 10 章中，我们也已经谈到了许多引用透明及缓存问题。

- 可用性——如果一个或多个组件失效，系统是否仍能持续运行？一些团体将其称为可靠性，但我们更倾向于"可用性"这个说法。我们在第 8 章中探讨过高可用性问题，还包括了性能量化的细节以及不同分布式模式的优缺点。

在第 2 章和其他案例研究中我们还讨论过许多 NoSQL 系统允许你决定在出现网络故障时系统应该如何处理分区容忍性问题。

- 可支持性——数据中心的员工可以监控系统性能并在问题影响到用户之前主动地解决问题吗？是否有高质量的监控工具可以用来监控资源的状态，如 RAM 缓存、查询的输入输出、集群中每个节点上发生错误等。是否接收了来自像 SMNP 这样的标准监控系统的数据？

需要注意的是，可支持性是与可扩展性和可用性相关的。在某个节点失效的情况下，一个可以自动平衡集群中数据的系统的可扩展性、可用性及可支持性都会得到一个很高的分数。

- 可移植性——在不进行重大修改的情况下，你可以将基于一个平台编写的代码移植到另一个平台上吗？这也是许多 NoSQL 系统做得不好的一个方面。许多 NoSQL 数据库的用户接口和查询语言都是专为它们自己服务的，这使得应用移植非常困难。这也是 SQL 数据库比要求开放人员使用合适接口的 NoSQL 数据库有优势的方面之一。

能让系统获得可移植性的方法之一是使用一个围绕你的数据访问方法构建的独立于数据库的包装库。移植到新的数据库就只需要实现一个包装了该数据库接口的新版本包装库。和我们在第 4 章中讨论过的一样，如果是像 GET、PUT 和 DELETE 这样的简单 API，那么构建包装库就会很容易。但如果数据库存在许多复杂的 API 调用，那么这种添加包装层提升可移植性的方法的成本就会变得越来越高。

- ■ 可持续性——开发者和供应商将来会持续地对这个产品或这个版本的产品提供支持吗？使用的数据模型是否和其他 NoSQL 系统兼容？有多大的可能性组织会支持这个软件？如果软件是开源的，你会雇用开发人员修复缺陷或开发扩展吗？

  用路径表达式搜寻文档片段的方式是一个在所有文档存储中都通用的数据访问模式。因此路径表达式将会长时间地存在下去。与之相反的是，有许多新的键值存储将结构存储在值部分，并且有访问这些数据的方法也是它们独有的。我们很难预测这些方法是否会在以后变成标准，所以这方面的风险就会很高。

  需要注意的是，可持续性和可移植性是互相关联的。如果应用采用的是标准的查询语言，那么它就更具可移植性，并且关于可持续性的担忧也就会更少。如果 NoSQL 解决方案只允许你使用这个解决方案独有的查询语言，那么你就被限定在了这个解决方案之内了。

- ■ 安全性——可以提供合适的访问控制并保证只有授权用户可以查看对应数据吗？使用的数据库可以提供哪个级别的安全性保证？

  我们考虑的关键因素是应该依靠数据库层内部的安全措施还是在应用层实现保障安全的方法。

- ■ 可搜索性——可以在数据库中快速地查找到你想要的数据吗？如果有海量的文本数据，你可以用关键字或段落信息搜索吗？你可以将搜索结果按记录与关键字匹配的程度排名吗？我们在第 7 章中已经讨论过这些问题了。

- ■ 敏捷性——为了适应业务需求的变化，软件可以多快地完成修改？我们倾向于使用敏捷性而不使用可修改性，因为敏捷性和业务实体联系得更为紧密。但这两个术语我们都曾经见到过。有关敏捷性的话题我们已经在第 9 章中做过阐述了。

警惕由供货商资助的性能基准测试和高可用性声明

多年以前，我们中的一位曾经在一个数据库选型项目中工作过。一个团队成员撰写了一份宣称供货商 A 有比其他供货商优秀 10 倍的性能表现的报告。但经过数天的调查，我们发现开发这个基准测试的"独立"公司被供货商 A 资助过。这个所谓的独立公司会选择有利样本并优化资助它的供货商的产品配置，而其他数据库则不会根据测试调优配置。多数外部的数据库性能基准测试是以通用读写及搜索指标设计的，而不会为了某个项目的需求进行调优。也正因为此，这些测试的结果对于准确的比较不会有太大帮助。

在性能比较过程中，我们会避免使用外部基准测试。如果你准备进行性能比较，就必须保证每个数据库都进行过恰当配置，并且来自每个供货商的专家都有充足的时间完成基于你的工作负载的软硬件调整。还需要保障的一方面是基准测试必须精确地匹配上你将要使用的数据类型和你预测的高峰期读取、写入、更新和删除请求的负载。另外，你还需要确保基准测试包含重复查询的情况，以测试缓存可以提供的性能提升。

供货商宣称的高可用性也应该通过访问记录了服务级别的其他客户站点的方式进行验证。如果某件事听起来好得不像是真的，那么它多半就没那么好。任何做出了令人吃惊声明的供货商应该同时提供支持这份声明的坚实证据。

12.4.2　评估混合架构和云架构

很多情况下，没有一个数据库产品能满足应用的所有需求。即使是利用了搜索库和索引库这样的其他工具的全面的 NoSQL 解决方案也可能在功能性上存在差距。对于像图片这样的数据管理和以读为主的 BLOB 存储，你可能会想将一个键值存储融合到另一个数据库中。这经常会要求架构评估小组谨慎地将业务问题切分为多个领域并根据领域的关注点进行分组。

本书的一个主要观点是简单且模块化的数据库组件可以像乐高玩具一样组建在一起。这种模块化架构使得为应用的某个部分定制服务级别变得更为容易。但它也使得我们更难完成一个类似苹果对苹果的比较。相比为数据、搜索、键值存储各运行一个集群来说，运维一个数据库集群可能更为低成本。

这也是我们在许多评估表中为混合解决方案引入单独的一列的原因。这种混合架构会根据应用的不同方面采用不同的组件。支撑多个集群可以允许团队使用针对不同任务优化过的专门数据库。为每个集群调优都需要专门的预算并且会持续多年。

一种最佳实践是在可能的情况下尽可能地使用基于云端的服务。这些服务可用降低你的运营支出。而且，在某些情况下，还能使你的运营支出更容易预测。预测基于云端的 NoSQL 服务可能会很复杂，因为这些服务的收费会基于很多因素，如磁盘空间使用量、输入输出的数据量以及处理的事务数等。

还有些情况是不应该采用云计算的，比如你面对的是一个需要持续地将数据在私有数据中心和云端做迁移的业务场景。如果用户基于互联网使用你的系统，那么将所有静态资源存储在公有云上是有效的。因为这意味着你本地的用户 I/O 会比较低。考虑到 I/O 有时是一个网站的系统瓶颈，将静态资源从网站中剔除出去是降低整体成本的好方法。

在完成分析之后，应该开始考虑一种与团队和利益相关者交流你的发现和推荐结果的最佳方式并将项目推进到下一个阶段。

12.5　与利益系相关者沟通结果

为了推进你的 NoSQL 试点项目，你需要为利益相关者呈现出一个令人信服的论点。多数情况下，做出重要决策的人一般也是组织中最不懂技术的人。为了获得重视，你必须以一种每个人都能明白的方式清晰且简明地阐述你的发现和结果。画一个详细的架构图只有在你的听众都能明白图中的框框线线的含义时才是有意义的。

许多项目确实选出了一个最契合业务问题的 NoSQL 架构，但他们却没能很好地与合适的人沟通交流决策制定的细节，并最终导致努力白费。架构权衡分析过程中应该包括一个项目沟通计划。为了得到一个成功的结果,你需要在最终的交流中抛开分析师的身份,转而站在市场人员的角度考虑问题。

12.5.1   用质量树作为导航图

本书的目标之一是构建一张词汇表和一组工具去帮助包括非技术人员在内的每个人理解数据库选型中的关键问题。

向利益相关者展示结果时,最困难的部分之一是构建一个每个人都明白的导航图去帮助他们找到最终到达评估结果的分析路径。导航图可以帮助利益相关者明确他们的需求是否被满足以及解决方案能多好地解决他们的顾虑。

例如,如果某些利益相关者表达了他们想采用角色授权用户访问数据的想法,那么他们就应该能猜测到角色信息应该会被列在导航图中标注为安全的区域。再具体一点,他们应该能在授权板块中看到基于角色的访问控制被列在其中。尽管有多种方式可以用来呈现这些主题导航图,但其中最流行的方式之一是树形图的展现方式。在这个图中,最左边部分展示的是最高层次的关注点,而越向右边的节点则展示的是越具体的关注方面。我们可以将其称为质量树。图 12-6 就展示了一个质量树的示例。

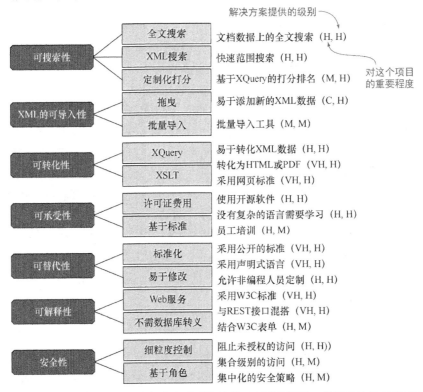

图 12-6   质量树样例——如何分组多个质量属性并对其进行打分。放置在左边的高层分类会被细分为多个较低层级的分类。质量属性简短的文字描述后面会跟上表示重要性和提案满足需求程度的字母代码(其中 C 代表关键,VH 代表非常高,H 代表高,M 代表中等,L 代表低)

这个例子使用的是一个将项目关注点分解为了 3 个层级的树形结构。最左边的 7 个质量属性都被进一步切分为更具体的子层级。受限于单页中的小字体阅读问题，一个典型的单页质量树通常会在第 3 层上结束。你还可以利用某些软件工具以互动的方式深度挖掘需求数据库和查看每个需求的用例。

质量树是利用图形化的展示手段向利益相关者快速地解释项目执行流程和结果的方式之一。有时候，合适的图表或比喻将会使事情的结果完全不一样。让我们来看看在引入新技术时，使用合适的比喻是如何影响最终结果的。

12.5.2　实践

Sally 目前工作的团队正在评估两个可用于数据库扩展的候选方案。这家公司目前为大概 100 个大型企业用户提供数据服务。而且，这些用户只会在他们自己的数据上生成报表，但有些该公司内部报表会包含多个客户的数据。现在，公司要求 Sally 所在的团队完成这样一个任务：想出一个可以支撑用户规模持续增长并不影响性能的数据库架构。

这个团队目前选出了在一个服务器集群中分布式存储用户数据的两种候选方案。候选方案 A 是先将所有客户数据存储在一台服务器上，再根据用户规模的增长情况添加新的服务器，从而实现集群扩展。当添加新服务器时，他们会根据客户名称的首字母将数据分布到每台服务器上。候选方案 B 则是利用散列函数将客户数据均匀地分布到多台服务器上。这样的话，每个客户的数据都会分布在集群中的每个节点上并被复制 3 份以提供高可用性。

Sally 的团队担心某些利益相关者可能理解不到其中的利弊权衡，并认为将所有客户数据存储在一台服务器上再辅以复制机制的方案会是一个更优的选择。但是如果团队选择实现候选方案 A，集群中一半的节点将会处于空闲状态，并且只有当出现故障时才会有用处。

因此，这个团队想向每个人解释清楚他们决定的依据。那就是将查询分发到集群中的节点上将会获得更快地返回结果，即使是查询被分发到集群中的每个节点上。但是，经过长时间的讨论后，该团队仍不能说服他们的上司并让其相信他们的计划更具优势。而且因为担心机场候机的人太多而赶不上飞机，团队中的一位成员还不得不提前离开了。突然，Sally 心中有了一个想法。

在第二次会议开始时，Sally 向与会人员展示了如图 12-7 所示的示意图。

接下来，Sally 用她关于飞机场的比喻描述了这样一个事件。那就是即使在有用户已经为一个长报表等候了数小时的情况下，集群中的多数节点仍然会处于空闲状态。而通过在集群中均匀地分发数据的方式，负载会被均匀地分散，报表生成也能运行在每个节点上直到最终完成而不用等待。

Sally 的比喻使得项目中的每个人都了解到了数据在集群中未均匀分布的后果。同时，还让他们明白了使用合适的架构能够降低成本并提升性能的。尽管你能创建一份用列表详细阐述了扩展架构能够更好工作的报表，但图形、模型、图表或每个人都明白的比喻能让人更快地深入问题核心并加快决策制定流程。

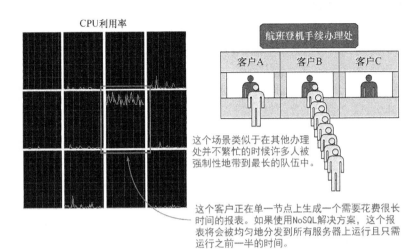

图 12-7　与其只编写一份阐述某个候选项能够更好地将负载分发到整个集群上的报告，
不如用图表和比喻的方式描述其中的关键不同点。许多人都见到过 CPU 利用率图，在
机场中排队登机会是一个每个人都很可能有过的经验

　　就像买一辆汽车，你很少会找到一个满足所有需求的车型。定制化数据库的数量每年看起来
都在增长，但并没有许多免费且符合标准的开源软件能很好的扩展并能在没有程序员和运维介入
的情况下自动地存储所有的数据类型。如果有，那我们就会已经在使用它们了。因此，在现实世
界中，我们常常需要做出困难的决定。

12.5.3　使用质量树进行项目风险交流

　　和我们之前提到的一样，架构权衡过程会输出可用于项目后续阶段的文档。其中一个很好的
例子是你可以基于一个质量树定位和交流项目的潜在风险。那么就让我们来看看如何使用它去交
流项目风险。

　　一棵质量树包含了一个按逻辑分组后的需求层次结构。其中，每个有着高层级描述的分支都
能让你查看其下更为具体的需求。树中的每个叶子包含了一个需求的文字描述以及两项打分。
第一项打分是整个功能对于整个项目的重要性，第二项打分则是整个架构或产品在这个功能上
的表现。

　　风险分析是指定位和分析功能重要性与架构在该功能上表现状况间差距的过程。这个差距越
大，项目的风险就越大。如果一个数据库没有实现一个对于你的项目来说优先级较低的功能，那
么它就可能不会是一项风险。但是如果一个功能关系到项目的成功与否，但是选择的架构又没有
提供支持，那么你的架构就与当前需求存在差距，而差距就意味着项目风险。因此，与利益相关
者交流项目风险及其影响是非常必要的。图 12-8 介绍了这个交流过程。

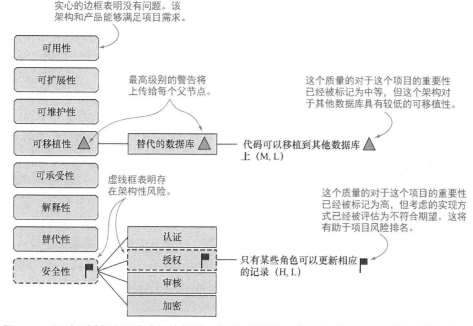

图 12-8　用质量树交流风险分析的例子。你可以用颜色、图案和符号展示低层级功能中存在的差距占整个项目风险的比重。我们的方法是让树中的每个分支继承子元素中的最高等级风险

12.6　找到合适的验证架构的试点项目

在完成架构权衡分析并选出了一个架构之后，你就可以开始下一个阶段了。那就是构建一个验证架构（proof-of-architecture，POA）的试点项目。有时，我们也称之为概念验证项目。选择合适的 POA 项目并不总是容易的，而如果选择一个错误的项目则可能使新技术不能在组织中获得认同。

在 NoSQL 试点项目选择过程中，最关键的因素是明确一个项目是否满足合适条件。和金发女孩等待着找到"刚刚好的"物品一样，你需要选择一个契合你推荐的 NoSQL 技术的试点项目。

一个好的 POA 项目会考虑如下方面。

- 项目周期——试点项目的周期应该属于中等长度。如果项目不能在一周之内完成，那么它可能就会因为太细节化而被抛弃。并且，如果一个项目的周期是数月，那么它就会变成那些反对者提议采用新技术的依据。所以，为了成功，这个项目应该有足够的实现时间并验证策略的正确性，但实现时间又应该足够短使其不用不断地修正预算和变更策略方向。

尽管将在组织中引入一项新技术描述成新旧观念间的战争可能有点危言耸听，但如果事先就预测到可能出现变更的所有方面，那么就可以对应地调整计划并确保其成功。

- 技术转化——如果只让外部咨询师构建试点项目而不让内部员工与之互动，内部员工可能就不能理解系统的工作原理，也不能对新技术有足够的接触和了解。同时，这也让你的团队无法找到可以合作的团队并建立起沟通的桥梁。因此，最好的办法是将经验丰富的 NoSQL 开发人员与支持和扩展数据库的内部员工结成一对组建试点项目开发团队。

- 正确的数据类型——每个 NoSQL 项目处理的数据类型都不尽相同。它们的数据可能是二进制数据、纯文本或文档等形式。你必须确保试点项目采用的数据契合你正在评估的 NoSQL 解决方案。

- 有意义且有质量的数据——试点项目选用某些 NoSQL 项目的原因可能就是因为数据类型的多样性。不可否认，这个原因确实是抛弃 SQL 数据库的一大方面。但 NoSQL 数据库仍然需要数据具备严格的语义结构及质量。因为 NoSQL 并不是一个神奇的工具可以将无效数据变得有意义。现在，那些不需要预定义结构的系统可以用多种方式接收数据输入并对其进行统计分析。另外，它们还可以结合机器学习技术分析数据。

- 清晰的需求和成功条件——我们已经探讨了易于理解且文档化的需求描述对于 NoSQL 项目的重要性。一个 NoSQL 试点项目也应该清晰地定义表示其成功需要满足的条件，并且这些条件也应该有整个团队都同意的可量化的指标与之关联。

找到一个合适的试点项目作为切入点引入一个新的 NoSQL 数据库对于一个项目的成功采纳非常关键。如果 NoSQL 试点项目失败了，即使失败的原因和所选架构契合度无关，这个失败也会消减组织将来引入新数据库技术的意愿。在预见与新架构无关的问题时，缺少强大执行力和领导力支撑的项目将会很难甚至是不可能继续推进。

从我们的经验来看，为新系统获取到高质量数据有时是让用户采纳新系统所面临的最大问题。但这常常不是新架构的原因，而是一个组织缺乏验证、清洗和管理元数据能力的表现。

在从架构选型阶段行进到试点阶段之前，你需要停下来仔细考虑一些事情。有时，一个团队会因为想摆脱旧架构而充满了对新架构的干劲，以至于想实现一些不可能的任务来证明新架构的优越性，而想立刻编写代码的急迫心情有时也会遮蔽我们的理智。我们的建议是不接受被首先建议的项目，而是找到合适的项目后再进行下一步。有时，等待才是通向成功的捷径。

12.7　小结

在本章中，我们介绍了用正式的架构权衡流程为某个业务项目选择合适的数据库架构的方法。当候选的架构数目较少时，这个流程会显得比较简单并且可以由一组内部专家非正式地完成，他们也没有必要详细地解释他们的决定。但是随着候选的 NoSQL 数据库数目的增多，这个选型过程也会随之变得复杂。你会需要一个客观的排名系统帮助你缩小选择范围并比较选项的优劣。

在阅读了这些案例研究后，我们确信 NoSQL 运动已经并将持续地引发应用构建成本的大幅下降。但越来越多的新候选项也让客观地选择合适的数据库架构变得更为复杂。我们希望本书可以帮助指导团队推进这个重要但有时又比较复杂的过程，节省团队的时间与金钱以及提升应变业务条件变化的能力。

当查尔斯·达尔文考察加拉帕戈斯群岛时，他从这些岛屿上收集到了许多不同种类的鸟。回到英格兰后，他发现一种雀已经进化出了大概 15 种不同类别。他注意到这些鸟为了进食种子、仙人掌或昆虫而进化出了不同大小和性质的喙。每个岛屿的环境都不尽相同，鸟儿们也就适时地随之进化以满足环境要求。

> 当看到一个小且血缘亲近的鸟群中存在着一个有层次且多样化的结构时，最容易引人想象的可能就是从这个群岛中存在的一个原始鸟类种群开始，一个种群是如何被塑造为不同形态的。（查尔斯·达尔文，《"小猎犬"号科学考察纪》）

NoSQL 数据库就像达尔文的鸟雀。满足不同数据类型的新型 NoSQL 数据库将会不断地演进。试图使用单个数据库处理不同类型数据的公司最终将会被淘汰。你的任务则是将合适的数据类型与对应的 NoSQL 解决方案关联上。如果这个任务完成得好，你就能够打造出一个健康、有远见并敏捷的组织，并在风云变幻的市场中取得先机。

即使考虑到多样性带来的种种好处，标准仍然会是一个必选项。因为标准能让你复用工具和培训方法，并且可以利用预构建的和已存在的解决方案。网络协议中的梅特卡夫定律揭示了标准的价值会随着用户数的增长而呈指数级增长，而这一定律也同样适用于 NoSQL 领域。多样性与标准化间的矛盾不会离我们而去，在未来的数十年里，它仍会在数据库技术中扮演重要角色。

在为那些考虑 NoSQL 试点项目的组织编写报告时，我们会想象查尔斯·达尔文坐在一方而梅特卡夫坐在另一方——两个有着远见卓识的人运用世界背后的规律帮助组织做出正确的决策。这些决策是关键的，因为许多工作的前景将取决于是否做出了正确的决策。

希望本书能为你展示出一个富有启发性且极具前途的未来。

如果想了解有关当前的 SQL 和 NoSQL 组合架构的最新分析，请访问 http://manning.com/mccreary 或 http://danmccreary.com/nosql。

祝你好运！

12.8 延伸阅读

- Clements, Paul, et al. Evaluating Software Architectures: Methods and Case Studies. 2001, Addison-Wesley.
- "Darwin's finches." Wikipedia. http://mng.bz/2Zpa.
- SEI. "Software Architecture: Architecture Tradeoff Analysis Method." http://mng.bz/54je.